建设社会主义新农村图示书系

轻轻松松

学养猪

周元军　编著

中国农业出版社

内容提要

本书介绍了养猪生产的现状与发展趋势、猪的生物学特性与行为特点、猪的品种、猪的杂交与杂种优势利用、猪的营养与饲料、猪场建设与设备、猪的饲养管理、现代化养猪与传统养猪的区别、生物环保养猪新技术等。全书内容系统全面，讲解深入浅出、通俗易懂，图文并茂，突出科学性、针对性、实用性和趣味性，在生产中更具有可操作性，使读者一看就懂、一学就会、用之就有效、轻轻松松学养猪。本书是规模猪场及广大专业户解决养猪生产中所遇到的问题、提高经济及社会效益的良师益友，也是科技工作者的实用工具书。

目　　录

一、养猪生产的现状与发展趋势

目标
- 了解我国养猪生产的现状
- 了解我国生猪生产的发展趋势

(一) 我国养猪生产的现状

1. 养猪业在国民经济中的重要作用

畜牧业是国民经济的基础产业和农村经济的支柱产业，养猪业是畜牧业的重要产业部门，大力发展养猪业，对我国的社会主义建设具有重大的经济意义和政治意义(图 1-1)。

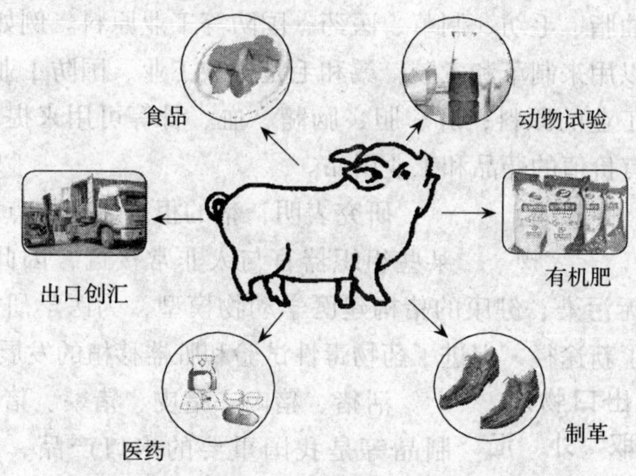

图 1-1　猪全身都是宝

①目前，我国人均年消费猪肉量，城市为 47 千克，农村为 28 千克。同时，猪肉消费占居民肉类消费的 65.73%。

提供猪肉 猪具有多生、快长、早熟的特性。猪肉营养丰富、含能量高（表 1-1），是我国城乡居民的主要副食品①。因此，发展养猪业对扩大人类的肉食来源、改善膳食结构和提高人民的生活水平具有重要意义。

表 1-1 猪瘦肉的化学组成和所含能量

	水分（%）	蛋白质（%）	脂肪（%）	矿物质（%）	能量（兆焦/千克）
生 肉	69.5	19.5	9.5	1.0	7.1
熟 肉	57.0	29.5	12.0	1.3	9.6

②有机肥指各种动物废弃物和植物残体，经过一定时期发酵腐熟后形成的一类肥料。

提供肥料 猪粪尿属于有机肥②，不仅含有农作物必需的氮、磷、钾等元素，还含有大量有机质，对改善土壤理化性状及其结构、提高土壤肥力和吸附保墒能力具有良好的作用，为无机化学肥料所不及。但若处理不当，也会带来环境污染。因此，备受关注。

提供工业原料 猪的全身都是宝，猪的肉、脂、皮、骨、毛、脑、内脏等可作为食品、油脂、毛纺、制革、医药、国防等工业原料。例如，皮可以用来制革和煮胶；鬃和毛是机械工业、国防工业、毛纺工业的原料；肝、胆、脑髓、血、骨等可用来提取各种有价值的药品和工业用品。

提供试验动物 研究表明，猪的很多生理特点和某些组织器官与人非常接近，因此，利用无污染、健康的猪构建医学动物模型，为医学研究开辟了新途径，促进了药物毒性试验和脏器移植的发展。

提供出口物质、换取外汇 活猪、猪肉、猪皮、猪鬃、猪肉制品等是我国重要的出口产品，猪鬃、火腿、肠衣等在国际市场上享有很高的声誉。发展

养猪生产可以扩大对外贸易，为我国现代化建设积累资金。2006年，我国生猪产品（包括鲜冷冻猪肉、加工猪肉、猪杂碎和活猪）出口额为9.83亿美元，同比增加了3.84%（图1-2）。

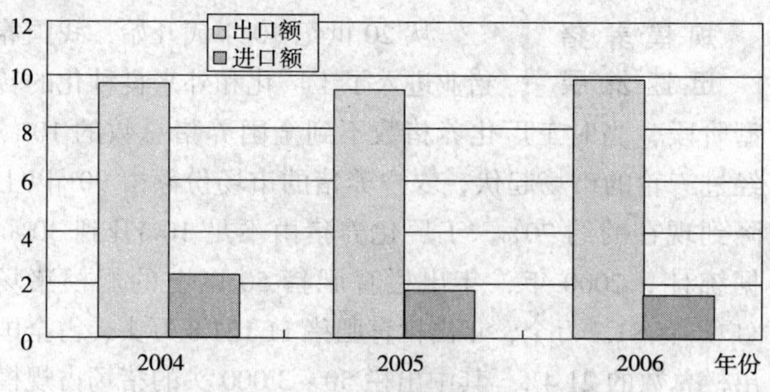

图1-2　2004—2006年我国生猪产品贸易额

增加收入　我国养猪业历史悠久，长期以来，猪对改善人民生活质量、增加农民收入起到了巨大的作用，尤其是近年来，随着市场经济的发展，养猪已成为不少地方农民的摇钱树。发展生猪生产，可以充分利用自然资源和工农业副产品，对实现农民增收、农业结构调整和振兴农村经济具有重要意义。

2.我国养猪生产所取得的成就

猪的存栏数和猪肉产量持续快速增长　自1978年以来，养猪生产得到了快速的发展（表1-2），养猪业已经成为我国畜牧业经济的主体部分。

表1-2　我国生猪的生产变化表

项目	存栏		出栏		产肉	
	年末存栏量（亿头）	年均增长率（%）	出栏量（亿头）	年均增长率（%）	猪肉产量（万吨）	增长率（%）
1978年	3.01		1.6		1 000	
2008年	5.2	2.5	5.65	6.16	4 615	7.54

人均猪肉占有量大幅度提高 1952年我国人均猪肉占有量为5.95千克，1978年9.0千克，2002年34.31千克，2004年36.28千克，2006年47.73千克，2008年人均达到55.66千克，人们对猪肉的消费正在逐渐向重视猪肉制品的质量方向转变。

规模养猪迅速发展 从20世纪80年代开始，我国养猪业进入了工厂化和外来良种化的转型阶段，当时工厂化养猪数不到全国养猪总数的10%。经过三轮的市场起伏，农户养猪的市场份额由90%以上降到现在的约70%，工厂化养猪由不足10%升到30%。据统计，2000年，年出栏育肥猪50以上的规模猪场（户）有81.2万个，年出栏育肥猪11 121.8万头，占全国出栏总数的21.4%。其中出栏50～3 000头的猪场占规模猪场的99%，出栏猪占81.4%；3 000头以上的猪场有1%，但出栏数占18.6%。到2007年全国规模猪场（户）发展到103.5万个，比2000年增加了22.3万个，增长了27.46%。出栏育肥猪16 597.88万头，比2000年增加了5 476.08万头，增长了49.24%，占全国当年出栏总数的29.28%。

开放市场，改善经营 1985年起，我国取消了生猪的统购、派购，生猪价格由市场来决定，使养猪业运转体制发生了可喜转变，牧工商一体化的经营体制改变了产、供、销分割的局面，促进了养猪产业化和产品商品化的发展。

加强猪种资源保护和良种引进 新中国成立后，多次对全国猪种种源进行调查，出版了《中国猪种》、《中国猪品种志》、《中国地方猪种种质特征》等著作。为适应养猪生产发展的需要，我国积极引入国外良种（图1-3），进行新品种（品系）培育和杂种优势利用的研究，育成了40多个新品种（系）①，研究不同地区、

①种是现代生物学分类上的一个基本单位。在畜牧业中把同一个种的家畜中差异较显著的不同类群叫做品种。

品系是组成品种的一部分。在一个品种内，分化成若干个具有不同特点的类型，使种形成丰富的内部结构，促进品种的繁荣和发展，这种分化类型就是品系的基本含义。

图 1-3　引入国外优良品种①

①如图 1-3 所示，2007 年我国从国外引进的种猪有 3000 多头，2008 年为 4 000 头以上，育成了 40 多个新品种（系）。

不同品种的杂交组合，筛选出了一批优异的商品瘦肉型猪的杂交组合。

饲料工业发展迅速　20 世纪 80 年代初，我国的饲料工业尚处于起步阶段，目前已成为仅次于美国的世界第二饲料工业大国。1980—2007 年，饲料产品产量由 110 万吨增加到 12 331 万吨，27 年增长了 112 倍，年递增率为 19.1%。1990—2007 年，饲料加工业产值由 1 119 亿元增长到 3 335 亿元。

养猪水平迅速提高　生猪出栏时间由 1978 年的 300 天左右缩短到现在的 170 天左右，猪配合饲料转化率由 4∶1 提高到 2.8∶1。

疫病防制成绩显著　我国彻底消灭和不同程度地控制了一些疫病的发生，如口蹄疫、猪瘟、高致病性蓝耳病等烈性传染病。某些疫苗的研制居世界领先水平，基因工程苗②的研制获得了重大突破。

②基因工程苗指将用基因工程方法或分子克隆技术分离出病毒的保护性抗原的基因转入原核或真核系统中表达而制成的一类疫苗。

高新技术的研究与应用取得可喜进展　以现代生物技术为主的高新技术，将养猪业的发展推向新的高度。基因工程、计算机信息技术、设施技术、环境生物技术等的研究与应用，对遗传资源的保存、评价和开发利用，对培育和创造新的品种，对挖掘生产潜力和提高生产水平，对改进产品品质和环境保护等方面起到了明显的作用。

养猪业法规、标准不断完善 《种畜禽管理条例》、《饲料与饲料添加剂管理条例》、《动物防疫法》、《生猪定点屠宰管理条例》、《兽药管理条例》等法规已颁布实施，《瘦肉型猪选育技术规程》、《瘦肉型猪杂交组合试验技术规程》、《猪新品种验收办法》、《人工授精规程》、《种猪测定规程》、《种猪登记办法》、《中、小型集约化养猪场建设的国家标准》、《无公害猪肉卫生检验规程》等一批行业技术和产品标准已经实施或正在制定之中。

3. 我国养猪生产发展中存在的问题

生产水平低 我国猪存栏数占世界40%以上，居世界首位，但出栏率较低。从2001年主要国家养猪生产水平看，中国猪的出栏率为122.66%，比丹麦低51.36%，比日本低46.27%，比美国低42.96%，比世界平均水平低4.36%[①]。我国存栏猪的平均胴体重77.6千克，已达世界平均水平（77.3千克），但较美国87.1千克低9.5千克，较法国85千克低7.4千克（表1–3）。

①2001年，丹麦猪的出栏率为174.02%，日本为168.93%，美国为165.62%，世界平均水平为127.02%。

表1-3　2006年世界主要国家猪生产统计（据FAO）

国别或地区	存栏量（千头）	屠宰量（千头）	肉产量（千吨）
世界总计	990 130	1 354 623	110 840.4
中　国	510 625	693 029	58 327.0
美　国	61 449	104 845	9 549.9
巴　西	34 064	38 400	3 140.2
德　国	26 521	48 252	4 500.0
波　兰	18 881	13 380	1 559.2
墨西哥	15 370	14 312	1 103.3
加拿大	14 690	21 795	1 898.3
印　度	14 000	14 200	5 03.0
俄罗斯	13 455	19 300	1 602.1
菲律宾	13 047	21 742	1 466.8

投入不足，畜禽良种繁育等基础设施总体薄弱 在我国虽已基本形成以国家级育种中心、良种场、繁育场、人工授精站为主的繁育体系，但由于经费投入不足，良种繁育体系并不完善，种猪生产水平也较低。

养猪技术落后 全国除发达地区和后来兴建的一些猪场设施较好以外，很多规模猪场的设备老化、结构不合理，无法提供现代生猪生产所需的良好环境，更无法发挥其生长潜能。对养猪实用技术的应用还比较欠缺，对先进技术的应用也只能算是某些猪场的专利，不重视选种选育、不推广人工授精的比比皆是。

安全问题较为突出 近20多年来，由于环境污染、疫情严重、相关标准(兽药、饲料和食品）不健全、检测手段和设备落后、监管不严以及生产和流通过程中的经济利益驱动等主客观原因，导致各类药物、化学物质、重金属、生物激素残留等对猪肉卫生质量的危害日益突出。

疫病防制与环境保护工作亟待加强 当前，我国对某些疫病的控制能力尚低，在疫病监测、诊断、预防、扑灭等环节，还存在体系不健全、设施简陋、技术手段落后等许多问题。由于工业和乡镇企业造成的环境污染，生态环境变劣，给养猪生产带来了重大损失。同时，由于养猪生产不重视粪污处理，疫病蔓延，反过来又对环境造成了严重污染。

（二）我国养猪生产的发展趋势

1. 猪肉供求量

在未来的10～30年内，我国的人口还要增加，人均猪肉占有量也要增加。据有关部门统计，如果按每年平均新增人口 1 320 万人计算，到 2010 年，我国人口将达到14.04 亿，如果人均肉类消费水平为 70 千克（按中等发达国家水平计算），其中猪肉约占 65%，即 45.5 千克。全国猪肉需求量为 6 388.2 万吨，比 2002 年增加 1 928.3 万吨，以每头胴体重 76 千克计，需出栏肉猪 84 055.3 万头。如按出栏率 150%计算，需养存栏猪 56 036.9 万头，比 2002 年增加 9 567.4 万头。但是，中国粮食产量有限，要在占全世界 6.44%的土地上，解决占世界 1/5 人口的食品问题，这是一个相当艰巨的大问题。

解决的办法是：降低猪肉在肉类消费中的比重，达到 55%左右，即人均年食猪肉 38.5 千克，将年出栏肉猪控制在 70 000 万头左右；在数量基本不增加的情况下，提高出栏率和母猪年生产力。

2. 养猪主体工厂化

农户散养比例大幅度下降，工厂化养猪比例快速上升。2010 年后，工厂化养猪所占比例将超过 50%。2020 年后，工厂化养猪比例有望上升到 70%左右。由农户养猪主导的大起大落的养猪市场经济，将转为较为平缓的由工厂化主导的养猪市场经济，再加上国家的环保和市场准入机制，协会进行的母猪基数调控，将使养猪业稳定、健康发展，养猪市场经济将由疯狂逐渐走向理性。

3. 猪肉品质与安全性

21 世纪的农业正在由数量农业向质量农业转变。我国猪肉生产从人均 35 千克增加到 39 千克，人们对猪肉品质会有更高的要求，不仅要求瘦肉多、脂肪适度、无 PSE 肉①，而且要求猪肉中没有抗生素、激素、农药、化肥、重金属、有机磷等残留。

①PSE 肉指猪屠宰后肉色淡白、质地松软、有汁渗出的肉，亦称白肌肉。

4. 科学合理的发展模式

在农户养猪时代，养猪既吃肉又积肥；工厂化养猪的发展初期，是生产与水土污染；未来的养猪业是养猪环保与资源的综合开发利用。规模化猪场，特别是大型猪场对周围环境的污染是21世纪需要解决的问题。如果这些污水不经过适当处理，直接排入江河湖泊，就会对周围环境造成极大的污染。因此，加强对粪便及污水处理技术的研究，减少污水的排放，实施污水的处理排放和沼气的生产利用，实现猪粪的复合肥加工利用，促进饲料、粪肥与农业的良性互动发展，也是今后研究的重要课题。因此，近年来迅速发展的生态环保节能养猪法（如自然养猪法）备受人们的关住（图1–4和图1–5）。

图1–4　猪在生物垫料床上拱食①

图1–5　猪在生物垫料发酵床上睡觉①

①如图1–4和图1–5所示，自然养猪法就是利用当地的土著微生物等自然资源，有效地处理猪粪便，达到零排放、无污染，以生产优质猪肉产品为目的一种健康清洁型、环保型、生态型的有机养猪技术。

5. 规模化饲养与组织化形式的创新

从20世纪80年代开始，广东省率先兴建大型化养猪场，引进发达国家的先进设备、技术和管理经验，对我国养猪生产起到了很大的启迪作用。进入21世纪和加入WTO后，我国的规模化养猪仍在进一步发展。

规模化养猪的发展必然要导致生产组织形式的创新。在市场经济条件下，养猪生产要创造更高的效益，只有走产业化规模化（图1–6）的道路，采取产、供、销一条龙产业化生产经营模式，从生产者变成生产经营者（图1–7）。只有这样，养猪企业才能在激烈的国内、国际竞争中占有一席之地。

当然，由于每个养猪场（户）的饲养规模大小不一，不可能个个养猪场（户）都搞养殖、加工、销售一条龙，这就要引导养猪场（户）走联合的道路，可以通过合作社、联合体、养猪协会等各种形式，把养猪场（户）组织起来，根据自愿、互利的原则，联合办屠宰场、加工厂、销售部，使生产者和经营者形成一个利益共同体，对生产者实行利润的两次分配。这样，我国的养猪业才能适应激烈的市场竞争。

图 1–6　规模化养猪场母猪舍

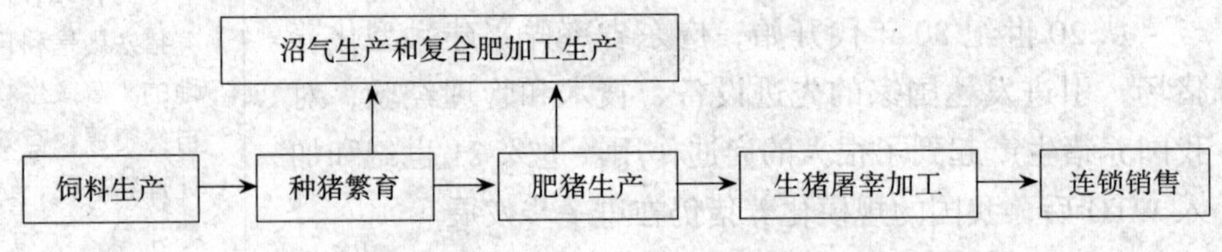

图 1–7　一条龙产业化养猪生产模式

二、猪的生物学特性与行为特点

目标

- 了解猪的生物学特征
- 熟悉猪的行为特点

（一）猪的生物学特性

1. 猪的食性广，饲料转化率高

猪是杂食动物，能利用多种动植物和矿物质饲料。猪有择食习性，喜爱甜味，采食量大，消化力强[①]，对精饲料消化率可达 75%，对粗纤维的消化率较差，但我国地方猪要比国外引入猪种强得多[②]。

图 2-1　我国地方猪种模式图

2. 繁殖力强，世代间隔短

猪是多胎高产家畜，为其他家畜所不及，一般 4 ~ 5 月龄达到性成熟，6 ~ 8 月龄就可以开始配种。妊娠期短，平均为 114 天。在正常饲养管理条件下，一年能分娩两

①猪的门齿、犬齿发达且齿冠尖锐，咀嚼能力强。猪的口腔腺发达，每天可分泌 12 升唾液。

②如图 2-1 所示，中国地方猪种从体形外貌、生产性能等诸多方面与国外引入品种具有很大的差别。

胎，世代间隔比较短。初产母猪一般窝产仔 8 头左右，二胎以上母猪可产 10~12 头，三胎以上可达 14 ~ 16 头，个别猪种可达 20 头以上，甚至更多[①]。

①中国猪种的繁殖力比引入猪种的高。如太湖猪窝产活仔数平均超过 14 头，最高记录窝产仔数达 42 头。

图 2–2　猪的繁殖力高

3. 生长期短，积脂力强

猪的生长发育速度很快，一般 60 日龄时体重约为初生重的 8 ~ 9 倍，8 ~ 10 月龄体重即可达到成年猪体重的 50%左右，早熟肥育猪 6 月龄体重可达 90 ~ 100 千克。以后生长速度变慢，并且体内沉积脂肪的能力增强，特别是我国地方猪更明显[②]。

②一般情况下，育肥猪以体重在 90 ~ 110 千克出栏为宜。

4. 肉质好，屠宰率高

猪的屠宰率因品种、体重、膘情不同而有差别，一般可达到 65% ~ 80%。猪的骨骼细，因而可供食用的肉食部分比例大。猪肉中的水分含量少，脂肪含量和蛋白质含量很高，矿物质、维生素的含量也很丰富，因而猪肉的品质优良、风味可口。

5. 嗅觉发达，听觉灵敏，视觉不发达

猪的嗅觉非常灵敏，可以嗅到和辨别各种气味。猪的听觉也相当发达，即使很微弱的声音，都能敏锐地觉察到。母、仔相认主要靠嗅觉和听觉。猪的视觉不发达，不靠近物体就看不清东西。猪对光刺激一般比声刺激出现反射慢得多，对光的强弱和物体形态的分辨能力也弱，辨声能力也差。人们常利用这一特点，用假母猪进行公猪采精训练（图 2–3）。

图 2-3　公猪爬跨假母猪①

①如图 2-3 所示，现代养猪多采用人工授精技术。一头种公猪一次的采精量可以给 10 头左右的发情母猪配种，这样，既提高了种公猪的配种效率，又有利于实现猪群的良种化。

6. 皮质肥厚，耐热性差

猪的汗腺退化，皮下脂肪层厚，体表散热功能很差，在高温环境下散热主要通过增加呼吸次数（喘气）和体表蒸发水分来降温（图 2-4）。猪需要的适宜温度为 20~23℃，超过 30℃时，随温度上升，猪的采食量下降，生长受阻，甚至不能忍受。然而仔猪怕冷，抗寒力差，喜欢扎堆，1 月龄内仔猪的适宜温度为 30℃左右。

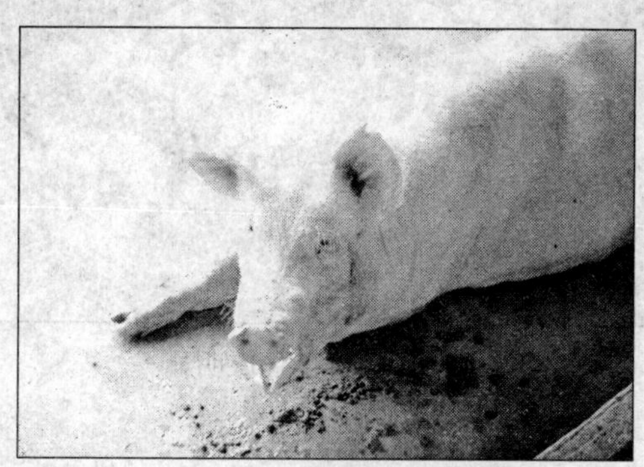

图 2-4　猪只不耐热②

②如图 2-4 所示，猪的汗腺不甚发达，气温过高时，常常卧地张口喘气，靠分泌大量唾液来散热。

7. 喜清洁，易调教

猪有爱清洁的习性，采食、睡眠和排泄都有特定的位置，俗称“三定点”。猪一般喜欢在清洁干燥处躺卧，在墙角或蔽荫、潮湿、有粪便气味处排泄。

猪属于平衡灵活的神经类型，易于调教。在生产实践中可利用猪的这一特点，建立有益的条件反射，如通过短期训练，可使猪在固定地点排粪尿等。

8. 定居漫游，群体位次明显

在无猪舍的情况下，猪能自找固定地方居住，表现出定居漫游的习性。

猪喜欢群居生活，同一小群或同窝仔猪间合群性较好，但不同窝或不同群的猪新合到一起，就会相互厮咬，并按来源分小群躺卧，几天后才能逐渐形成一个有次序的群体。在猪群内，不论群体大小，都会按体质强弱建立明显的位次关系（图 2-5）。若猪群过大，就会难以建立位次关系，相互争斗频繁，影响采食和休息，因此，生产上猪群不宜过大，一般不超过 30 头为宜。

图 2-5　猪群体位次明显[①]

①如图 2-5 所示，猪群位次明显，在一个群体内，体质好、战斗力强的猪往往排在前面，稍弱的排在后面，依次形成固定的位次关系。

(二) 猪的行为特点

1. 采食行为

拱土觅食

猪有坚韧的吻突，拱土觅食是其采食行为的一个突出特征。尽管在现代猪舍内，饲以良好的平衡日粮，猪还是表现出拱地觅食的特征。

竞 争 性 表现为一边吃食，一边用嘴和肩部保护自己所占据的有利位置。一般情况下，群饲的猪比单饲的猪吃得多、吃得快、增重也高（图 2-6）。

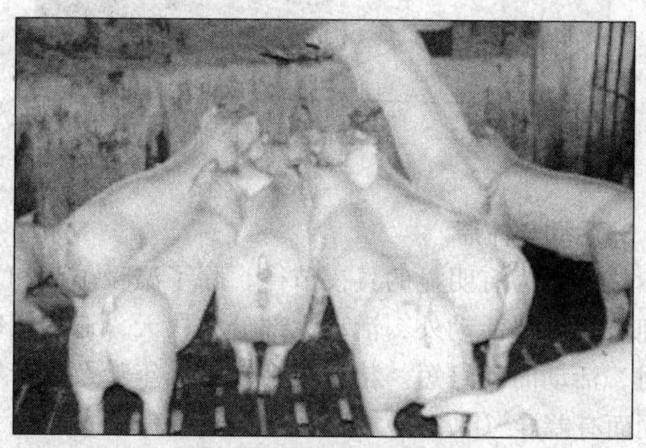

图 2-6 猪采食时互相争抢有利位置①

①如图 2-6 所示，猪在采食时具有竞争性。猪白天采食 6～8 次，比夜间多 1～3 次，白天采食量占全天采食量的 73.8%。猪每次采食时间 10～20 分钟。

选 择 性 猪特别喜爱甜食，研究发现未哺乳的初生仔猪就喜爱甜食。颗粒料和粉料相比，猪爱吃颗粒料；干料与湿料相比，猪爱吃湿料，且花费时间也少。

2. 排泄行为

在良好的管理条件下，猪是家畜中最爱清洁的动物。猪能保持其窝床干净，能在猪栏内远离窝床的一个固定地点进行排粪尿（图 2-7）。据观察，生长猪在采食过程中不排粪，饱食后 5 分钟左右开始排粪 1～2 次，多为先排粪后排尿。在饲喂前也有排泄的，但多为先排尿后排粪，在两次饲喂的间隔时间里猪多为排尿而很少排粪，夜间一般排粪 2～3 次，早晨的排泄量最大，猪的夜间排泄活动时间占一天总时间的 1.2%～1.7%。

图 2-7　猪有定点排泄的习性[①]

①如图 2-7 所示，猪排泄是有一定的时间和区域的，一般多在食后饮水或起卧时，选择阴暗、潮湿或污浊的角落排泄，且受邻近猪的影响。

②如图 2-8 所示，仔猪昼夜休息时间平均 60% ~ 70%，种猪 70%，母猪 80% ~ 85%，育肥猪为 70% ~ 85%。休息高峰在深夜，清晨 8 时左右休息最少。

3. 活动与休息

猪的行为有明显的昼夜节律，除了温暖季节和夏天夜间有采食等活动外，活动大部分在白天，遇上阴冷天气时，活动时间缩短。猪昼夜活动也因年龄及生产特性不同而有差异（图 2-8）。

哺乳母猪的睡卧时间随哺乳天数的增加而逐渐减少，走动次数由少到多，间隔时间由短到长。哺乳母猪的休息分为两种，一种属静卧，一种属熟睡，静卧休息姿势多为侧卧（图 2-9），少为伏卧，呼吸轻而均匀，虽闭眼但易惊醒；熟睡为侧卧，呼吸深长，有鼾声且常有皮毛抖动，不易惊醒。

图 2-8　猪的活动与休息[②]

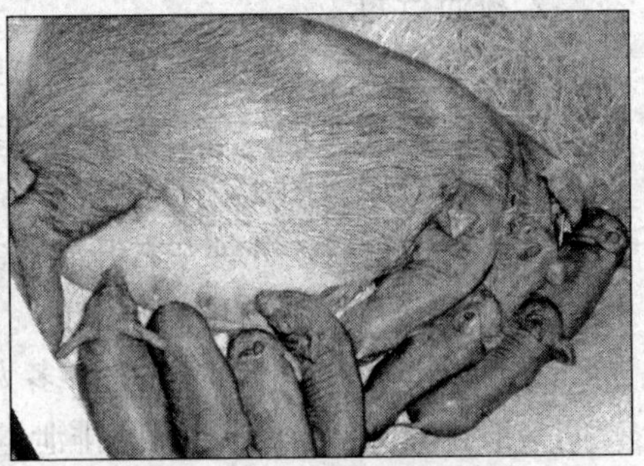

图 2-9　酣睡的仔猪和母猪

仔猪出生后3天内，除吸乳和排泄外，几乎全是酣睡不动。随日龄增长和体质增强，活动量逐渐增多，睡眠相应减少，但至40日龄大量采食补料后，睡卧时间又有增加，饱食后一般较安静睡眠。仔猪活动与睡眠一般都尾随效仿母猪，多同窝群体活动，很少单独活动，睡眠休息主要表现为群体睡卧。

4. 群居行为

猪有合群性，喜欢群居生活。猪群中个体之间存在各种交互作用，其中结对是一种突出的交往活动。猪群体表接触就是身体接触，借以保持听觉的信息传递。

一个稳定的猪群，是按优势序列原则组成有等级制的社群结构，个体之间保持熟悉、和睦相处。当重新组群时，稳定的社群结构就会发生变化，即爆发激烈的争斗，直至重新组成新的社群结构。猪刚出生后不久即形成这种等级层次。仔猪出生后几小时内，就会为争夺母猪前端乳头而出现争斗行为，通常为最先出生或体重较大的仔猪获得最优乳头位置（图2-10）。

同窝仔猪合群性好，它们散开时，彼此距离不远，若受到意外惊吓，会立即聚集一堆或成群逃走。当仔猪同其母猪或同窝仔猪离散后不到几分钟时，就会出现极度不安、大声嘶叫、频频排泄等现象。年龄较大的猪与伙伴分离时也有类似表现[②]。

①如图2-10所示，仔猪有固定乳头吸奶的习性，即生下后起初吸吮哪个乳头，直到断乳时还是固定吸吮哪个乳头。

②如图2-11所示，猪只易受惊吓，从而影响采食和休息。因此，应给猪只一个良好的环境，防止其受到惊吓。

图2-10 仔猪固定奶头吮乳[①]

图2-11 猪只易受惊吓[②]

5. 争斗行为

猪的争斗行为包括进攻防御、躲避和守势的活动。在生产实践中能见到的争斗行为一般是因争夺饲料和地盘所引起。新合并的猪群内的相互交锋，除争夺饲料和地盘外，还有调整猪群居结构的作用。当一头陌生的猪进入一群中，这头猪便成为全群猪攻击的对象，攻击往往是残酷的，轻者伤皮肉，重者造成死亡。如果将两头陌生性成熟的公猪放在一起时，彼此会发生激烈的争斗。它们相互打转、嗅闻，有时两前肢趴地，发出低沉的吼叫声，并突然用嘴厮咬、争斗。

猪的争斗行为多受圈栏内饲养密度的影响，当猪群饲养密度过大，每只猪所占空间下降时，猪群内咬斗次数和强度增加，会造成猪群吃料攻击行为增加。新合群的猪群，主要是争夺群居次位，并非以争夺饲料为主，只有当群居构成形成后，才会更多地发生争食和争地盘的格斗（图 2-12）。

图 2-12　猪只争斗厮咬①

①如图 2-12 所示，猪舍内温度过高、饲养密度大时，发生闷热，有陌生的猪只进入时，猪会发生互相厮咬、争斗现象。

6. 性行为

猪的性行为包括发情、求偶和交配行为。母猪在发情期时，可以见到特异的求偶表现，主要表现为卧立不安，食欲忽高忽低，发出特有的柔和而有节律的哼哼声，爬跨其他母猪，或等待其他母猪爬跨，频频排尿，尤其是公猪在场时排尿更为频繁。发情中期，性欲极强时期的母猪，当公猪接近它时，会调其臀部靠近公猪，闻公猪的头、肛门和阴茎包皮，紧贴公猪不走，甚至爬跨公猪，最后站立不动，接受公猪爬跨（图 2–13 和图 2–14）。

公猪一旦接触发情的母猪，会追逐它，嗅其体侧肋部和外阴部，把嘴插到母猪两腿之间，突然往上拱动母猪的臀部，口吐白沫，往往发出连续的、柔和而有节律的哼哼声；当公猪性兴奋时，还会出现有节奏的排尿现象。

①如图 2–13 所示，母猪发情时，常常去爬跨其他猪只。

②如图 2–14 所示，在母猪发情时，用手按压其腰部，母猪会站立不动、腰下沉，接受按压动作。

图 2–13　发情母猪接受公猪爬跨[①]

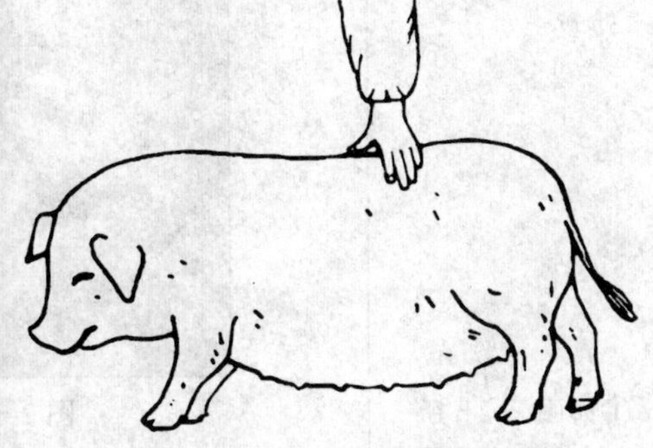

图 2–14　母猪发情鉴定[②]

7. 母性行为

猪的母性行为[③]包括分娩前后母猪的一系列行为，如絮窝、哺乳及其他抚育仔猪的活动等。

母猪临近分娩时，通常以衔草、铺垫猪床絮窝的形式表现出来。如果栏内是水泥地而无垫草，只好用蹄子抓地来表示。分娩前 24 小时，母猪表现神情不安，频频排尿、磨牙、摇尾、拱地、时起时卧，不断改变姿势；分娩时多侧卧，并且选择最安静的时间分娩，一般多在下午 4 时以后，特别是在夜间产仔多见。

③猪的母性行为以地方猪种表现尤为明显。现代培育品种，尤其是高度选育的瘦肉猪种，母性行为有所减弱。

母猪整个分娩过程中，自始至终都处在放奶状态，并不停地发出哼哼的声音，母猪乳头饱满，甚至流出奶水以便仔猪吸吮。

母猪分娩后以充分暴露乳房的姿势躺卧，形成一热源，引诱仔猪（常以低度有节奏的哼叫声呼唤仔猪）挨着乳房躺下吮乳，一次哺乳中间不转身，母仔双方都能主动发动哺乳行为（图 2-15）。有时是仔猪以它的召唤声和持续地轻触母猪乳房来发动哺乳，一头母猪授乳时母仔猪的叫声，常会引起同舍内其他母猪也发动哺乳。

图 2-15　母猪侧卧让仔猪吮乳①

①如图 2-15 所示，当小猪吸吮母乳时，母猪时常采取侧卧、四肢伸直的姿势亮开乳头，让初生仔猪吮乳。

仔猪吮乳过程可分为四个阶段，开始仔猪聚集乳房处，各自占据一定位置，以鼻端拱摩乳房，吸吮，仔猪身向后，尾紧卷，前肢直向前伸，此时母猪哼叫达高峰，最后排乳完毕，仔猪又重新按摩乳房，哺乳停止。

母仔之间通过嗅觉、听觉和视觉来相互识别和联系，猪的叫声是一种联络信息。例如：哺乳母猪和仔猪的叫声，根据其发声可分为嗯嗯声（饥饿叫声）、尖叫声（仔猪的惊恐声）和鼻喉混声（母猪护仔的警告声和攻击声）三种类型，母仔以此不同的叫声互相传递信息。

母猪非常注意保护自己的仔猪，在行走、躺卧时十分谨慎，不踩伤、压伤仔猪。母猪躺卧时，会选择靠栏（墙）三角地，不断用嘴将其仔猪推出卧位再慢慢地依栏躺下，以防压住仔猪，一旦遇到仔猪被压，只要听到仔猪的尖叫声，就会马上站起，再重复一遍防压动作，直到不压住仔猪为止（图 2-16）。

带仔母猪对外来的侵犯，先发出警报的吼声，仔猪闻声逃窜或伏地不动，母猪会张合上下颌对侵犯者发出威吓，甚至进行攻击。刚分娩的母猪即使对饲养人员捉拿仔猪也会表现出强烈的攻击行为。

图 2-16 母猪靠墙角侧卧给仔猪哺乳①

8. 探究行为

猪的探究行为包括探查活动和体验行为。猪的一般活动大部来源于探究行为，大多数是朝向地面上的物体，通过看、听、闻、尝、啃、拱等感官进行探究，表现出很发达的探究躯力②。探究行为在仔猪中表现明显，仔猪出生后 2 分钟左右即能站立，开始搜寻母猪的乳头，用鼻子拱掘是探查的主要方法。仔猪的探究行为的另一明显特点是，用鼻拱、嘴咬周围环境中所有新的东西（图 2-17）。

①如图 2-16 所示，当母猪在放奶时，常靠墙角或栏柱侧卧，充分暴露乳房，让初生仔猪吃乳，以防压伤初生仔猪。

②探究躯力指的是对环境的探索和调查，并同环境发生经验性的交互作用。

图 2-17 猪具有探究行为①

①如图 2-17 所示，猪在觅食时，首先是拱掘动作，先是用鼻闻、拱、舔、啃，当诱食料合乎口味时，便开口采食，这种摄食过程也是探究行为。同样，仔猪吸吮母猪乳头的序位、母仔之间彼此能准确识别也是通过嗅觉、味觉探查而建立的。

9. 异常行为

猪的异常行为指超出正常范围的行为。恶癖就是对人畜造成危害或带来经济损失的异常行为，它的产生多与动物所处环境中的有害刺激有关。如长期圈禁的母猪会持久而顽固地咬嚼自动饮水器的铁质乳头（图 2-18）。母猪生活在单调无聊的栅栏内或笼内，常狂躁地在栏笼前不停地啃咬栏柱。咬栏柱和攻击行为的频率和强度会随着其活动范围受限制程度的增加而增加。口舌多动的猪，常将舌尖卷起，不停地在嘴里伸缩，有的还会出现拱癖和空嚼癖。

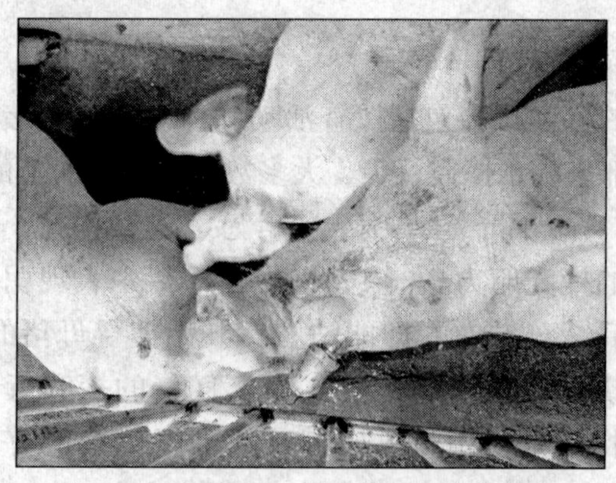

图 2-18 猪咬嚼自动饮水器的铁质乳头②

②如图 2-18 所示，当圈舍拥挤、环境闷热时，猪只会发生啃咬栏柱、饮水器等异常现象。

（三）猪群类别的划分

为了加强猪群的饲养管理，根据各类猪群的生长发育特点，常将不同品种、年龄、体重、性别和用途的猪只划分为不同的群（图 2-19）。

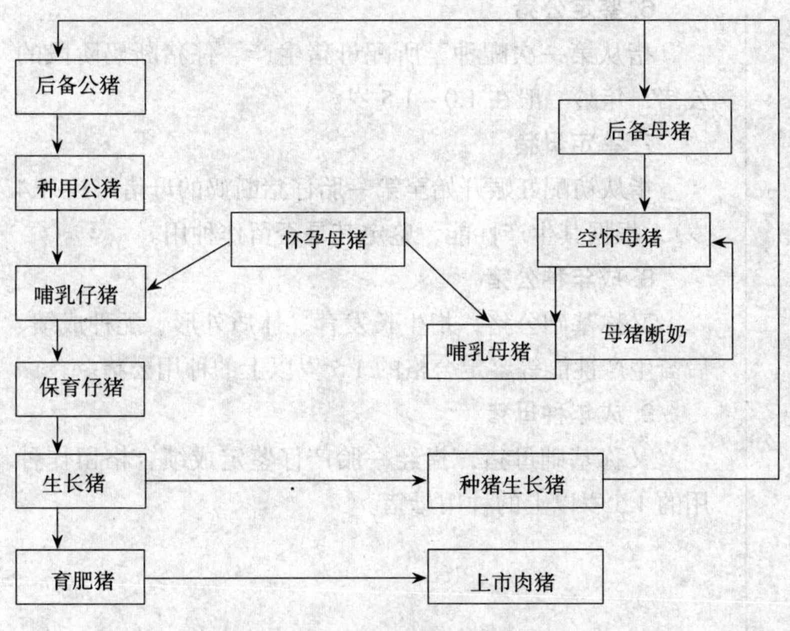

图 2-19　猪群类别划分

1. 哺乳仔猪

指从初生到断奶（现代杂交猪 21～28 日龄）的仔猪。我国传统的仔猪 7～8 周龄断奶。

2. 保育仔猪

又称培育猪或育成猪，指从断奶到 7～8 周龄的仔猪。

3. 生长猪

指仔猪保育结束后到体重 60 千克的猪只，一般又将其阶段分为小猪(保育结束后至 45 千克）和中猪（45～

60 千克）两个时期。

4. 后备猪

指出生后 5 个月龄至初配前留作种用的公母猪。公猪称为后备公猪，母猪称为后备母猪。

5. 肉猪

又叫生长育肥猪，是专门用来生产猪肉的猪。

6. 鉴定公猪

指从第一次配种至所配母猪生产、仔猪断奶阶段的公猪，年龄一般在 1.0 ~ 1.5 岁。

7. 鉴定母猪

指从初配妊娠开始至第一胎仔猪断奶的母猪（1 ~ 1.4 岁），根据其生产性能，鉴定其是否留作种用。

8. 成年种公猪

又称基础公猪，指生长发育、体质外形、配种成绩、后裔生产性能等鉴定合格的 1.5 岁以上的种用公猪。

9. 成年种母猪

又称基础母猪，指经一胎产仔鉴定成绩合格留作种用的 1.5 岁以上的种用母猪。

三、猪的品种

目标

- 了解猪的类型分类特点
- 熟悉中国地方猪种、培养品种的特征
- 掌握国外引入品种的生产性能

猪的代表性品种可以分为两类：地方品种和培育品种。地方品种是原产于我国、培育历史悠久的一些古老品种；培育品种是新中国成立以来，利用我国的地方品种与国外引进良种杂交选育而成的新品种。

据1986年出版的《中国猪种品种志》介绍，我国的地方猪种有48个、培育品种12个、从国外引进并已适应我国气候和生态环境的猪种6个，共计66个（表3-1）。2004年出版的《中国畜禽遗传资源状况》将我国

表3-1　中国猪种

品　种		代　表　猪
地方猪种	华北型	东北民猪、西北八眉猪、黄淮海黑猪、汉江黑猪、沂蒙黑猪
	华南型	两广小花猪、香猪、滇南小耳猪、海南猪、粤东黑猪、槐猪、隆林猪、五指山猪、蓝塘猪
	华中型	金华猪、华中两头乌猪、宁乡猪、湘西黑猪、赣中南花猪、大围子猪、大花白猪、龙游乌猪、闽北花猪、嵊县花猪、乐平猪、杭猪、玉江猪、五夷黑猪、清平猪、南阳黑猪、皖浙花猪、莆田猪、福州黑猪
	江海型	太湖猪、虹桥猪、姜曲海猪、阳新猪、东串猪、圩猪、台湾猪
	西南型	荣昌猪、内江猪、关岭猪、乌金猪、湖川山地猪、成华猪、雅南猪
	高原型	藏猪

（续）

品　种	代　表　猪
培　育	哈尔滨白猪、上海白猪、伊犁白猪、赣州白猪、汉中白猪、三江白猪、新金猪、新淮猪、北京黑猪、山西黑猪、东北花猪、泛农花猪
引　入	大约克夏猪（大白猪）、中约克夏猪、长白猪、杜洛克猪、汉普夏猪、巴克夏猪

猪种资源确定为地方品种 72 个、培育品种 19 个和引入品种 8 个，共计 99 个。

（一）猪的经济类型①

①按经济用途，可把猪划分为三种类型：即脂肪型、瘦肉型和兼肉型。三种经济类型猪在体形、胴体组成和饲料利用方面各具特点。

1. 脂肪型猪

脂肪型猪的特点是胴体脂肪多，一般脂肪占胴体比例的 55%～60%，瘦肉占 40%左右，整个外形呈方砖形，体躯短而宽深，下颌重，垂肉多，肋骨圆拱，背腰短宽，臀部丰满，四肢细而结实，体长与胸围基本相等；皮薄毛稀，体质细致，性温顺，耐粗饲，抗暑热；产仔数较低（图 3–1）。

图 3–1　脂肪型猪

这一类型猪能有效地将饲料中的碳水化合物转化为体脂肪，但将饲料中的蛋白质转化为瘦肉的能力较差，单位增重消耗的饲料较多。以老式巴克夏猪为典型代表。

2. 瘦肉型猪

瘦肉型猪与脂肪型相反，该型猪瘦肉占胴体比例的55%～65%，脂肪占30%左右。体躯长浅，整个身体呈流线型，前躯轻后躯重，头较小，背腰特长，胸肋中满，背线与腹线平直。后躯丰满，四肢高长，粗壮结实，皮薄毛稀，习性活泼，产仔率高，生长发育快，但对饲料要求较高（图3–2）。

图3–2 瘦肉型猪

3. 兼用型猪

兼用型猪肉脂品质优良，风味可口，产肉和产脂肪能力均较强，胴体中肥瘦各占一半左右。体型中等，背腰宽阔，中躯短粗，后躯丰满，体质结实，性情温顺，适应性强。我国地方猪种大多属于这一类型，国外猪种以中约克夏猪、苏白猪为典型代表（图3–3）。

图3–3 兼用型猪

（二）中国地方猪种

①中国是世界上猪品种资源最为丰富的国家，也是在养猪生产中使用品种最多的国家。

1. 中国地方猪种类型[①]

中国地方猪种，依据猪种起源、体形特点和生产性能，按自然地理上的分布，可划分六大类型，即华北型、华南型、江海型、西南型、华中型、高原型。

华北型 主要分布于淮河、秦岭以北。该种类型猪的特点：全身被毛黑色，嘴长，面直，耳大下垂，头纹纵行，体躯长扁，体质好，鬃长毛密，耐粗放饲养，适应性强；繁殖力高，一般产仔12头以上；较晚熟，生长慢，肉质鲜嫩、红润，肌内脂肪含量高，味香浓。

华南型 主要分布于南岭与珠江流域以南，包括云南省的西南和南部边缘地区、广东、广西、福建、海南和台湾等省（自治区）。该种类型猪的特点：个体较小，嘴短，面凹，耳小竖立，头纹横行，毛色多为黑白相间。体躯短矮宽圆，腹大下垂，腿臀较丰圆，皮薄毛稀，鬃毛短少，体质疏松。性成熟早，3～4月龄即可发情，6月龄30千克左右即行配种，每胎产仔8～10头，繁殖力远低于华北型猪；早熟易肥，皮薄脂肪多，屠宰率较高，肉质细嫩。

华中型 主要分布于长江中下游和珠江之间的广大地区。该种类型猪的特点：猪体形与华南型相似，但较华南型猪大，背腰较宽，多下凹，腹大下垂，皮薄毛稀，嘴短面凹，耳朵中等大小、下垂。生长较快，成熟较早，肉质细嫩，一般产仔10～12头，乳头6～7对。

江海型 主要分布于长江中下游沿岸以及东南沿海地区和台湾省西部的沿海平

原。此种类型猪主要是由南北两型杂交而成，其外形和生产性能因类别不同差异较大，毛黑色或有少量白斑，头中等大小，耳长、大、下垂，背腰宽、平直或稍凹陷。沉积脂肪能力强，增重快。繁殖力高，性成熟早，母猪发情明显，一般4~5月龄即有配种受胎的能力，并且受胎率高。乳头8对以上，经产母猪一般产仔数在13头以上，个别猪产仔数甚至超过20头，其中以太湖猪最为突出，平均窝产活仔数超过14头。

西 南 型 主要分布于四川盆地、云南和贵州大部分地区以及湖南、湖北的西部地区。该种类型猪的特点：头较大，颈部多有旋毛或横行皱纹，腿较短而粗，毛色全黑或黑白花。背腰宽、凹陷，腹大略有下垂，背膘较厚。中等繁殖力，性成熟较早，有些母猪90日龄时就能配种受胎。乳头数平均为6~7对，产仔数为8~10头，猪的初生体重小，平均0.6千克。

高 原 型 主要分布于海拔3 000米以上地区，包括西藏、青海、甘肃和四川西部及云南地区。该种类型猪的特点：体躯较小，结实紧凑，四肢发达，蹄坚实而小，嘴尖长而直，鬃长毛密，善于奔走，行动敏捷。抗寒力强，耐粗饲，但生长缓慢，一年可长到20~30千克；2~3年长到35~40千克，屠宰前舍饲2个月可达50千克，肉质鲜美多汁。鬃毛产量高（0.25千克/只）、质量好(长度12~18厘米)，在工业上评价很高。繁殖力不高，乳头以5对居多，每胎产仔5~6头。

2. 中国地方猪种特性

繁 殖 力 高 中国地方猪种性成熟早，排卵数多。一般母猪的初情期平均为94.46日龄，平均体重22.73千克，性成熟时间平均为125.2日龄，其中姜曲海猪仅为76.76日龄；而外国猪种如长白和杜洛克母猪的初情期分别为173日龄和224日龄。我国地方猪种在排卵数量和产仔数目上，也比外国猪种高，如嘉兴黑猪、二花脸猪、姜曲海猪、内江猪，平均产仔为初产母猪10.38头，经产母猪14.24头，母猪奶头多为8～9对（图3–4）而外国繁殖力较高的品种如长白猪、大约克夏猪，产仔数为10～11头，母猪奶头多为6～7对。养猪技术先进的国家，都竞相引进我国的太湖猪和东北民猪与本国品种杂交，以期利用我国猪种的高产基因。

图3–4　我国地方猪种产仔数特别高①

①如图3–4所示，中国地方猪种母性强、繁殖力高，平均产仔数为初产母猪10.38头，经产母猪14.24头。

中国地方猪种公猪精液中首次出现精子的年龄也远比外国猪种早。如大花白猪为62日龄，大围子猪为75日龄，而大约克夏猪为120日龄；配种年龄我国猪种大部分为120日龄，外国猪种在210日龄以上。

此外，中国地方猪种与外国猪种比较，还具备发情明显、受胎率高、产后疾患少、泌乳量多、母性好（不压仔）、仔猪育成率高等优良特性。

肉质好

国外一些高度培育的瘦肉型品种和品系，虽然具有生长快、饲料转化率高和瘦肉产量多的优点，但其肉质不佳，PSE 肉出现比率较高。而中国地方猪种虽然脂肪多、瘦肉少，但是肉质显著优于外国猪种（图 3–5）。

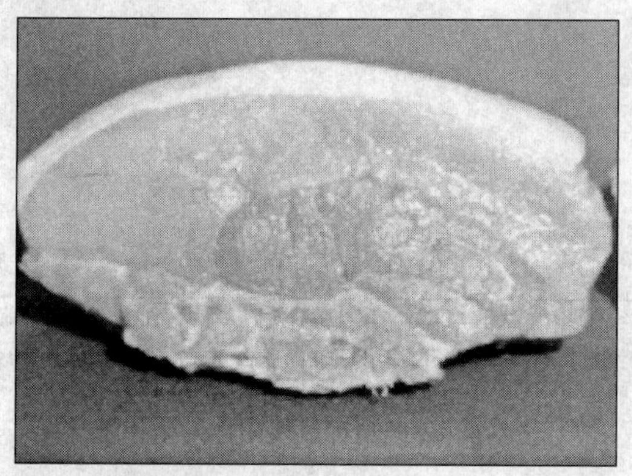

图 3–5　中国地方猪种肉质好①

适应性强　中国地方猪种比任何外国猪种都能更好地适应当地的饲养管理和环境条件，在长期的自然选择和人工选择的品种演变过程中，中国地方猪种形成了对外界不良环境条件的良好适应能力。如民猪、内江猪、二花脸猪、大花白猪、金华猪、大围子猪等在极端不良的气候环境和饲养条件下，比哈白猪、长白猪具有较强的抗逆性，主要表现为抗寒、耐热性能好，耐粗饲，耐饥饿（其低营养的耐受力强），能适应高海拔生态环境。

中国地方猪种抗应激性②强，用氟烷测验测定猪的应激敏感性，没有发现中国地方猪种出现氟烷阳性的报道③，而外国猪种氟烷阳性发生率相当高（图 3–6）。

民　猪　民猪又称东北民猪，原产于东北和华北部分地区，属华北型猪种。分

①如图 3–5 所示，中国地方猪肉色鲜红，肌肉嫩而多汁，肌纤维较细，密度较大，没有灰白色肉，肌肉系水力良好，肌肉大理石花纹分布适中，肌纤维间充满脂肪颗粒，烹调时能产生特殊的香味，适口性良好。

②应激性指一切生物对外界各种刺激(如光、温度、声音、食物、化学物质、机械运动、地心引力等)所发生的反应。它是生物体的基本特性之一，丧失这种特性，生命活动就随之停止。

③氟烷阳性猪遇到应激因素的刺激，绝大部分猪会发生应激综合征（PSS），由此而带来的损失是巨大的。

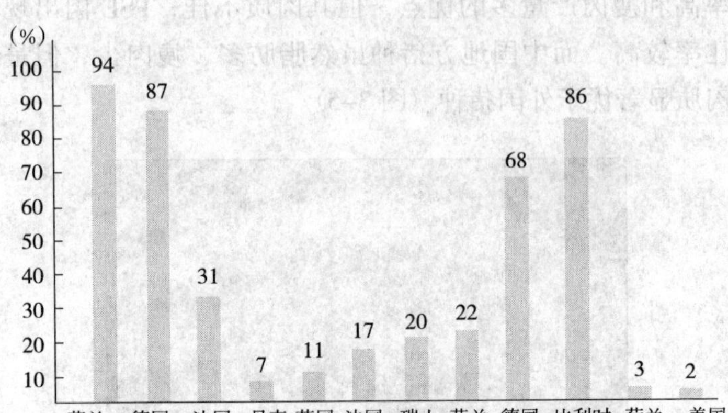

图 3-6　外国猪种氟烷阳性发生率统计

为大、中、小三种类型，体重 150 千克以上的大型猪称大民猪；体重 95 千克左右的中型猪称二民猪；体重 65 千克左右的小型猪称荷包猪。现存的东北民猪多属于中型猪。民猪具有适应性强、繁殖力高、肉质好等优点（图 3-7 和图 3-8）。

图 3-7　民猪公猪①

①如图 3-7 所示，民猪被毛全黑，毛密而长，猪鬃发达，冬季密生绒毛；头中等大小，面直长，头纹纵行，耳大下垂；体躯扁平，肋骨弯曲度较小，背腰狭窄，臀部倾斜，四肢粗壮。

图 3-8 民猪母猪①

民猪性成熟早，母猪初情期在 4 月龄左右，母猪发情表现明显，配种受胎率高。公猪一般在 9 月龄、体重 90 千克左右开始配种；母猪在 8 月龄、体重 80 千克左右初配。初产母猪平均产仔 12.2 头，经产母猪平均产仔 14.6 头，在 -30℃的气温下仍能正常生产。肥育猪日增重 450 ~ 500 克，饲料转化率 4.0 左右，胴体瘦肉率 40% ~ 45%。

金 华 猪 又称两头乌猪。产于浙江东阳、义乌、金华等地，属华中型猪种。该种猪繁殖力高，平均每胎产仔可达 14 头以上，繁殖年限长，优良母猪高产性能可持续 8 ~ 9 年，终生产仔 20 胎左右，乳头数多，泌乳力强，母性好，仔猪哺育率高。性成熟早，小母猪在 70 ~ 80 日龄开始发情，105 日龄左右达性成熟。公、母猪一般 5 月龄左右即可配种生产（图 3-9 和图 3-10）。

以金华猪为母本与外来品种猪杂交所得的杂种猪，瘦肉率明显提高，肉脂品质好，肌肉颜色鲜红，系水力强，细嫩多汁，富含肌肉脂肪。皮薄骨细，头

①如图 3-8 所示，民猪母猪有效乳头 7 ~ 8 对。初产母猪产仔 11 ~ 13 头，经产母猪产仔 14 ~ 16 头。

图 3-9 金华猪[①]公猪

图 3-10 金华猪母猪

①如图 3-9 和图 3-10 所示，金华猪体型中等，耳下垂，颈短粗，背微凹，臀倾斜、蹄质坚实。全身被毛中间白，头颈、臀尾黑。以早熟易肥、皮薄骨细、肉质优良、适于腌制火腿而著称。7～8 月龄、体重 70～75 千克时为屠宰适期，胴体瘦肉率 40%～45%。

小肢细，胴体中皮比例低，可食部分多。以此为原料制作的金华火腿（图 3-11），是中国著名传统的熏腊制品。

太 湖 猪

太湖猪属于江海型猪种，由二花脸、梅山、枫泾、嘉兴黑和横泾等地方类型猪组成，主要分布在长江下游，江苏、浙江和上海交界的太湖流域（图 3-12 和图 3-13）。

太湖猪母性好，高产性能强，初产平均 12 头，经产

图 3-11　金华火腿[①]

图 3-12　太湖猪[②]公猪

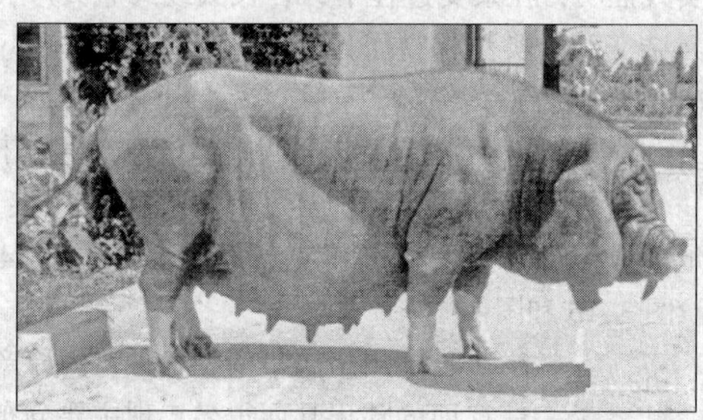

图 3-13　太湖猪母猪

①如图 3-11 所示，金华火腿是中国著名传统的熏腊制品，为火腿中的上品。皮色黄亮，肉红似火，香烈而清醇，咸淡适口，色、香、味、形俱佳，且便于携带和贮藏，畅销于国内外。

②如图 3-12 和图 3-13 所示，太湖猪体型中等，全身被毛黑色或青灰色，毛稀疏。太湖猪的四肢为白色，腹部呈紫红，头大额宽，额部和后躯皱褶深密，耳大下垂，形如烤烟叶。四肢粗壮、腹大下垂、臀部稍高、乳头 8～9 对，最多 13对。

母猪平均16头以上，三胎以后每胎可产20头，优秀母猪窝产仔数达26头，最高纪录产过42头。性成熟早，公猪4~5月龄精子的品质即达成年猪水平。母猪2月龄即出现发情。母猪母性强，仔猪哺育率及育成率较高（图3–14）。

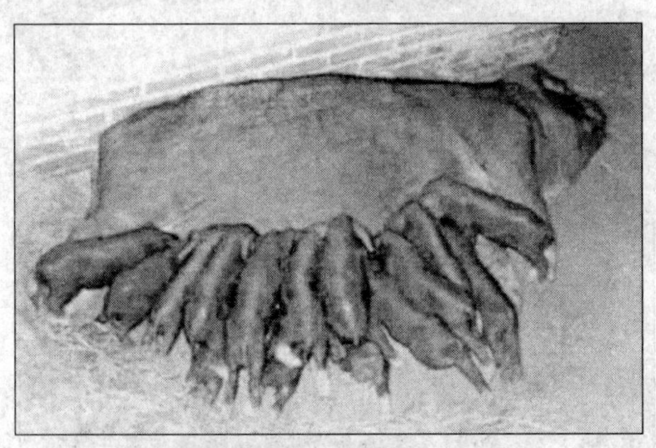

图3–14　太湖猪母猪给仔猪哺乳[①]

①如图3–14所示，太湖猪是世界上产仔数最多的猪种，尤以二花脸、梅山猪最高，享有“国宝”之誉。由于太湖猪具有高繁殖力，世界许多国家都引入太湖猪与其本国猪种进行杂交，以提高其本国猪种的繁殖力。

太湖猪遗传性能较稳定，与瘦肉型猪种结合杂交优势强，最宜作杂交母本。目前，太湖猪常用作长太母本（长白公猪与太湖母猪杂交的第一代母猪）开展三元杂交。实践证明，在杂交过程中，杜长太或约（大）长太等三元杂交组合类型保持了亲本产仔数多、瘦肉率高、生长速度快等特点。

荣昌猪　荣昌猪属西南型猪种，主产于四川隆昌、泸县、泸州及重庆荣昌、永川等地。成年母猪体重86.8千克，成年公猪体重144.2千克（图3–15和图3–16）。

陆川猪　陆川猪属华南型猪种，因原产于广西的陆川县而得名，现主要分布于玉林、钦州、梧州等地，有陆川猪、公馆猪、杨梅猪、

图 3-15　荣昌猪①公猪

图 3-16　荣昌猪母猪

图 3-17　荣昌猪仔猪②

①如图 3-15 和图 3-16 所示，荣昌猪体型较大，除两眼四周或头部有大小不等的黑斑外，其余皮毛均为白色。也有少数在尾根及体躯出现黑斑的。荣昌猪头大小适中，面微凹，耳中等大、下垂，额面皱纹横行、有旋毛；体躯较长，发育匀称，背腰微凹，腹大而深，臀部稍倾斜，四肢细致、结实。

荣昌猪的鬃毛，以洁白光泽、刚韧质优载誉国内外。鬣鬃一般长 11～15 厘米，最长达 20 厘米以上，一头猪能产鬃 200～300 克,净毛率 90%。群众按毛色特征将荣昌猪分为金架眼、黑眼膛、黑头、两头黑、飞花和洋眼等。其中黑眼膛和黑头猪约占一半以上。

②图 3-17 显示了荣昌猪仔猪的特征。

太平猪等不同品群（图 3–18 和图 3–19）。

图 3–18　陆川猪[①]公猪

图 3–19　陆川猪母猪

陆川猪体小、早熟易肥；适应性强，耐粗饲；遗传力稳定，杂交优势明显；肉质好、营养丰富；母猪母性好，繁殖力较高，产仔数 11 头左右，初生重 0.6 千克，2 月龄断奶重 9.6 千克。屠宰适期为 8 月龄，体重 70 千克左右，屠宰率为 69%。成年公猪体重 87 千克，母猪 79 千克左右（图 3–20）。

①如图 3–18 和图 3–19 所示，陆川猪体躯矮、短、肥、宽。头较短小，耳小而薄向外平伸，额有横行皱纹，背腰宽而下凹，腹大下垂，臀短倾斜，四肢粗短多卧系，乳头多为 6 对。全身被毛稀短，毛色为黑白花。除头、背、腰、臀部为黑色外，肩胛、腹部与四肢均为白色。背腰宽广凹下，腹大常拖地，毛色呈一致性黑白花。

图 3-20　陆川猪母猪和仔猪①

香　猪

香猪原产于我国广西、贵州山区，属微型猪种，中国独有。其肉嫩味香，无膻无腥，故名香猪，是一个生产优质猪肉的良种。同时，作为试验动物或宠物饲养也有广阔的前景。

香猪体型小，体重轻，6 月龄公猪平均体重 14.2 千克，体长 65 厘米，体高 33 厘米，胸围 55 厘米；母猪 8 月龄体重 30 千克，体长 70 厘米，体高 47 厘米，胸围 73 厘米。母猪乳头多为 5 对，少数 6 对。育肥香猪屠宰率为 63.6%，瘦肉率达 52.2%（图 3-21）。

图 3-21　香猪母猪和仔猪②

①如图 3-20 所示，陆川猪母猪母性强，耐粗饲，繁殖力较高，平均产仔数 11 头左右。

②如图 3-21 所示，香猪体格短小，其被毛有黑、白、棕、红、白黑花等色，毛细有光泽、头长，额平，额部皱纹纵横，眼睛周围无毛区明显，耳薄向两侧平伸，颈部短而细，背腰微凹，腹大而圆，下垂，四脚短细，尾巴细小，尾端毛呈白色。后躯丰满，四肢短细。

香猪性成熟早，母猪初情期4月龄时体重约8千克，4～6个月即可发情配种；母猪头胎窝均产仔4.5～6头，经产母猪产仔数为5.7～8头，平均每胎产仔7～10头。公猪65～75日龄出现爬跨行为，170日龄可初配。

藏　　猪

藏猪主产于青藏高原，包括云南迪庆藏猪、四川阿坝及甘孜藏猪、甘肃的合作猪以及分布于西藏自治区山南、林芝、昌都等地的藏猪类群，是世界上少有的高原型猪种。藏猪长期生活于无污染、纯天然的高寒山区（图3–22和图3–23）。

图3–22　藏猪①公猪

图3–23　藏猪母猪

藏猪能适应恶劣的高寒气候、终年放牧和低劣的饲养管理条件，在海拔2 500～3 500米的青藏高原半山区，年平均温度–7～–12℃、冬季最低–15℃、无霜期110～190天、饲料资源缺乏、每天放牧10小时左右的严酷条件下，藏猪仍能很好地生存下来。这种极强的适应能力

①如图3–22和图3–23所示，藏猪被毛多为黑色，部分猪具有不完全“六白”特征，少数猪为棕色，也有仔猪被毛具有棕黄色纵行条纹。鬃毛长而密，被毛下密生绒毛。体小，嘴筒长、直，呈锥形，颌面窄，额部皱纹少。耳小直立、转动灵活。胸较窄。

和抗逆性，是其他猪种所不具备的独特种质特性。

藏猪繁殖性能差，表现为性成熟晚，产仔数仅 4～6 头。断奶体重 2～5 千克。育肥期日增重 100 多克，每千克增重耗料 5 千克以上。

（三）中国培育品种[①]

1. 三江白猪

三江白猪是我国培育的第一个瘦肉型品种，以长白猪和东北民猪为亲本，进行正反杂交、回交，经过 6 个世代定向选育，10 多年培育而成。主产于黑龙江省东部三江平原地区，是该地区商品猪生产的主要品种（图 3–24 和图 3–25）。

图 3–24　三江白猪[②]公猪

图 2–25　三江白猪母猪

①中国培育的猪品种有 20 多个，包括三江白猪、哈白猪、上海白猪、湖北白猪、军牧 1 号白猪、汉中白猪、伊犁白猪、北京黑猪、山西黑猪、沂蒙黑猪、新金猪、新淮猪、北京花猪、东北花猪、泛农花猪等。其中大约克夏猪、长白猪、杜洛克猪、光明猪配套系、深浓猪配套系、华特猪配套系、军牧 1 号白猪、苏太猪、新荣昌猪Ⅰ系、四川白猪Ⅰ系、迪卡配套系猪被农业部列为“十五”重点推广的瘦肉型猪良种。

②如图 3–24 和图 3–25 所示，三江白猪具有瘦肉型猪的体躯特征，头轻嘴直，两耳下垂或稍前倾，中躯较长，腹围较小，背腰平宽，腿臀丰满，四肢健壮，蹄质结实，全身被毛白色，毛丛稍密。有效乳头 7 对，排列整齐。成年公猪体重 250～300 千克，母猪体重 200～250 千克。

三江白猪继承了民猪繁殖性能高和耐寒冷气候等优点，性成熟早，发情明显，产仔数较多，初产母猪产仔数 9 ~ 10 头，经产母猪 11 ~ 13 头。后备公猪 6 月龄体重 80 ~ 85 千克，后备母猪 6 月龄体重 75 ~ 80 千克。肥育猪体重 20 ~ 90 千克阶段，平均日增重 0.6 千克，饲料转化率 3.0，活重 90 千克屠宰胴体瘦肉率 57% ~ 58%，肉质良好，大理石纹丰富且分布均匀。

2. 哈白猪

哈白猪是哈尔滨白猪的简称，是由不同类型约克夏猪与东北民猪杂交选育而成，产于黑龙江省南部和中部地区，以哈尔滨及其周围各县为中心产区，广泛分布于滨州、滨绥、滨北和牡佳等铁路沿线（图 3–26 和图 3–27）。

哈白猪母猪一般在 8 月龄体重 90 ~ 100 千克时配种，

图 3–26　哈白猪[①]公猪

图 3–27　哈白猪母猪

①如图 3–26 和图 3–27 所示，哈白猪体型较大，全身被毛白色，头中等大小，两耳直立，面部微凹。背腰平直，腹稍大但不下垂，腿臀丰满，四肢健壮，体质结实，乳头 7 对以上。成年公猪体重 222 千克，母猪 176 千克。

公猪在10月龄体重120千克时开始配种。初产母猪窝平均产仔9.4头，经产母猪平均窝产仔11.3头。日增重529～627克，料肉比（3.46～3.69）∶1，屠宰率74%，90千克屠宰胴体瘦肉率45%以上。

长白猪公猪与哈白猪母猪杂交，产仔数比哈白猪能增加1.2头，断乳窝重增加23.3千克，肥育期日增重增加38克，每千克增重节省0.4个饲料单位。哈白猪经过杂交育种，具有肥育速度较快、仔猪初生体重大、断乳体重高等优良特性。

3. 上海白猪

上海白猪主产于上海市郊区，是利用当地杂种猪，通过引入中约克夏猪和苏白猪血缘经过多年选育而成。该种猪体型中等偏大，成年公猪体重258千克，成年母猪177千克（图3–28和图3–29）。

图3–28 上海白猪[①]公猪

图3–29 上海白猪母猪

①如图3–28和图3–29所示，上海白猪体型中等偏大，体质结实。头面平直或微凹，耳中等大略向前倾，背宽，腹稍大，腿臀较丰满，被毛白色。乳头排列稀、较细，有效乳头7对左右。

上海白猪一般在母猪 8～9 月龄、体重 90 千克左右时初配，公猪 8～9 月龄、体重 100 千克开始配种。初产窝平均产仔为 9.78 头，经产窝平均产仔 12.93 头，平均日增重为 615 克，料肉比 3.62∶1，屠宰率 72.58%，瘦肉率为 52.49%。

4. 军牧 1 号白猪

军牧 1 号白猪是由中国人民解放军军需大学以三江白猪为母本、施格猪为父本，采用杂交合成和系统选育方法自群繁育 5 个世代选育而成，1999 年通过国家畜禽品种审定委员会审定，2004 年被列为农业部“十五”重点推广的瘦肉型猪良种（图 3–30 和图 3–31）。

图 3–30　军牧 1 号白猪[①]公猪

图 3–31　军牧 1 号白猪母猪

①如图 3–30 和图 3–31 所示，军牧 1 号白猪被毛全白，头大小适中，耳中等大，前倾或微立，嘴直、中等长，体型较大，体躯较长，四肢粗壮，腿臀丰满突出，体质结实，结构匀称，有效乳头 6 对以上，排列整齐。成年公猪体重为 250～300 千克，成年母猪 200～250 千克。

军牧1号白猪具有生长速度快、胴体瘦肉率高、腿臀丰满突出、双肌臀特征明显、抗逆适应性强等特点。该种猪与长本、约本杂种母猪杂交，生长育肥猪体重在25～90千克阶段日增重720克，饲料利用率3.26，瘦肉率56%，169日龄可达90千克。该种猪适宜在我国各地区饲养，尤其适合在北方各省区饲养。

5. 伊犁白猪

伊犁白猪是由苏联大白猪和我国的八眉猪杂交选育而成，主产于新疆维吾尔自治区伊犁哈萨克自治州，分布于塔城、博尔塔拉和阿尔泰等地（图3–32和图3–33）。

图3–32　伊犁白猪①公猪

图3–33　伊犁白猪母猪

①如图3–32和图3–33所示，伊犁白猪头较长，嘴筒较直，面部微凹，耳大小适中、竖立且略向前外方倾斜，背腰较平直，腹不下垂，后腿较丰满，四肢健壮，体质坚实，被毛白色，毛较密，乳头6对以上。成年公猪体重170千克，成年母猪139千克。

6. 湖北白猪

湖北白猪是1986年湖北省育成的瘦肉型猪新品种，主要分布于华中地区。该品种具有瘦肉率高、肉质好、生长发育快、繁殖性能优良等特点（图3-34和图3-35）。

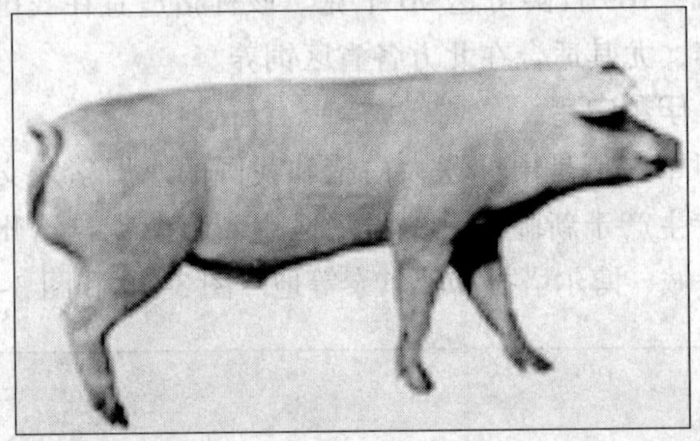

图3-34　湖北白猪[①]公猪

图3-35　湖北白猪母猪

湖北白猪包括6个既有品种共性，又各具特点、彼此间无亲缘关系的独立品系，其中Ⅰ、Ⅱ、Ⅲ系繁殖力高，适应性好，母猪头胎窝产仔在10头以上，经产母猪为12.5头。20～90千克阶段日增重560～620克，饲料转化率3.27%以下；Ⅳ、Ⅴ系生长发育快，日增重622～690克，饲料转化率3.25%，186日龄活重可达90千克，胴体瘦肉率62%以上。以湖北白猪为母本与杜洛克和汉

①如图3-34和图3-35所示，湖北白猪全身被毛白色，头轻、直长，两耳前倾或稍下垂，背腰平直，中躯较长，腹小，腿臀丰满，肢蹄结实，乳头平均7对，分布均匀。成年公猪体重253千克，母猪200千克。

普夏猪杂交均有较好的配合力，特别是与杜洛克猪杂交效果明显，杂种优势率 10%，生长发育快，杜 × 湖杂交种一代肥育猪 20 ~ 90 千克阶段日增重650 ~ 705 克，饲料转化率 3.5 以下。

7. 新淮猪

新淮猪是用江苏省淮阴市的淮猪与大约克夏猪杂交培育而成的，为肉脂兼用型品种，主要分布在江苏省淮阴和淮河下游地区。该种猪具有适应性强、生长较快、产仔多、耐粗饲、杂交效果好等特点（图 3–36 和图 3–37）。

图 3–36　新淮猪[①]公猪

图 3–37　新淮猪母猪

新淮猪性成熟较早，公猪于 103 日龄、体重 24 千克时即开始有性行为。母猪于 93 日龄、体重 21 千克时初次发情。初产仔数 10 头以上，3 胎以上经产母猪产仔数

①如图 3–36 和图 3–37 所示，新淮猪全身被毛黑色，仅在体躯末端有少量白斑。头稍长，嘴平直微凹，耳中等大，向前下方倾垂。背腰平直，腹稍大但不下垂，臀略倾斜，四肢健壮，母猪有效乳头 7 对以上。成年公猪体重 230 ~ 250 千克，成年母猪 180 ~ 190 千克。

13头以上，成活率在90%以上。肥育猪最适屠宰体重80～90千克。体重87千克时屠宰率71%，胴体瘦肉率45%左右。

8. 苏太猪

苏太猪是以太湖猪为基础，导入杜洛克猪外血培育成的中国瘦肉型猪新品种，主产于江苏省苏州市，现已向全国十多个省、市、自治区推广（图3–38和图3–39）。

苏太猪继承了太湖猪高繁殖力的特性，母猪耐粗饲、适应性强、发情明显、母性好、泌乳量大，初产母猪窝平均产仔11.68头，经产母猪窝平均产仔14.45头。生长

图3–38 苏太猪[①]公猪

图3–39 苏太猪母猪

①如图3–38和图3–39所示，苏太猪全身被毛黑色，耳中等大小、前垂，脸面有浅纹，嘴中等长而直，四肢结实，背腰平直，腹小，后躯丰满，结构匀称，具有明显的瘦肉型猪特征。有效乳头7对以上。

发育快，断奶至50千克体重阶段，日增重570克，50~90千克阶段日增重710克，饲料转化率为3.18，胴体瘦肉率为56%左右。肉质好，肉色鲜红，细嫩多汁，口味鲜美，肌内脂肪含量3%以上。

9. 北京黑猪

北京黑猪是北京本地黑猪引入巴克夏猪、中约克夏猪、苏联大白猪、高加索猪进行杂交后选育而成的。主要分布在北京郊区，并推广于河北、河南、山西等地（图3-40和图3-41）。

北京黑猪性成熟较早，母猪初情期为6~7月龄，小公猪3月龄出现性行为，6~7月龄、体重70~75千克时

图3-40　北京黑猪①公猪

图3-41　北京黑猪母猪

①如图3-40和图3-41所示，北京黑猪头大小适中，两耳向前上方直立或平伸，面微凹，额较宽。颈肩结合良好，背腰平直且宽。四肢健壮，腿臀较丰满，体质结实，结构匀称，全身被毛黑色。有效乳头多为7对。成年公猪体重262千克，成年母猪体重236千克。

可用于配种。初产母猪每胎产仔 9 ~ 10 头，经产母猪平均每胎产仔 11.5 头。20 ~ 90 千克体重阶段，平均日增重为 609 克，饲料转化率为 3.7，屠宰率为 72.4%，胴体瘦肉率 51.5%。

（四）国外引入品种①

1. 长白猪

长白猪原产于丹麦，是世界上第一个育成的最著名的腌肉型品种，它是丹麦本地猪与英国大白猪杂交，经过长期系统选育形成的（图 3–42 和图 3–43）。

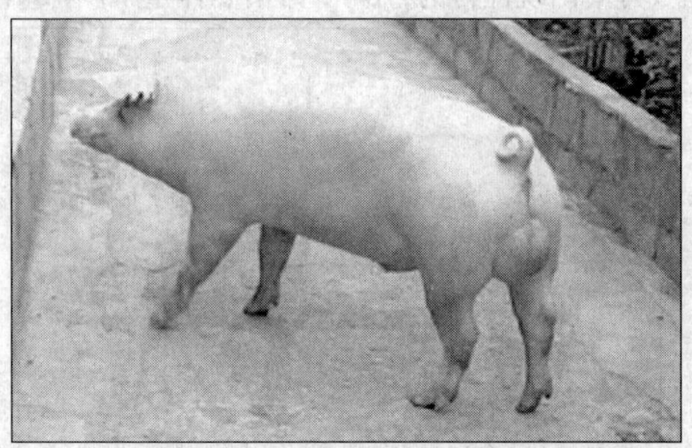

图 3–42　长白猪②公猪

图 3–43　长白猪母猪

①中国从 19 世纪中叶开始引入国外猪种，先后引入了 10 多个品种。目前对中国养猪业生产影响较大的引入猪种主要有杜洛克猪、长白猪、大约克夏猪和皮特兰猪。

②如图 3–42 和图 3–43 所示，长白猪自 20 世纪中叶引入我国后经过三四十年的驯化，现已适应我国的环境条件，分布范围遍及全国。该种猪全身被毛白色，头小清秀，颜面平直，耳大前倾，体躯长，背微弓，腹平直，腿臀肌肉丰满，四肢健壮，整个体形呈前窄后宽流线型。有效乳头 6 ~ 8 对，成年母猪体重 300 ~ 400 千克，成年公猪体重 400 ~ 500 千克。

长白猪生长发育迅速，在良好的饲养条件下，6月龄体重可达90千克以上。体重90千克时屠宰，屠宰率为70%～78%。胴体瘦肉率为55%～65%。母猪性成熟较晚，6月龄达性成熟，8月龄可开始配种。母猪发情周期为21～23天，发情持续期2～3天，初产母猪产仔数8～9头，经产母猪产仔数12头左右，仔猪初生重1.30千克。

由于丹麦长白猪生产性能高，遗传性稳定，一般配合力好，杂交效果显著。所以，在国内各地广泛被用作杂交的父本，其杂种表现生长快，省饲料，胴体瘦肉率高，颇受群众欢迎。在三元杂交中用作终端父本。

2. 大约克夏猪

大约克夏猪又叫大白猪，原产于英国，由中国华南猪、罗马猪等与英国本地猪杂交后选育而成，是世界著名瘦肉型品种（图3–44和图3–45）。

大约克夏猪增重速度快，省饲料，6月龄体重可达100千克。体重90千克时屠宰率为71%～73%，胴体瘦肉率为60%～65%。但母猪性成熟较晚，一般6月龄达性成熟，10月龄可开始配种。母猪发情周期为20～23天，

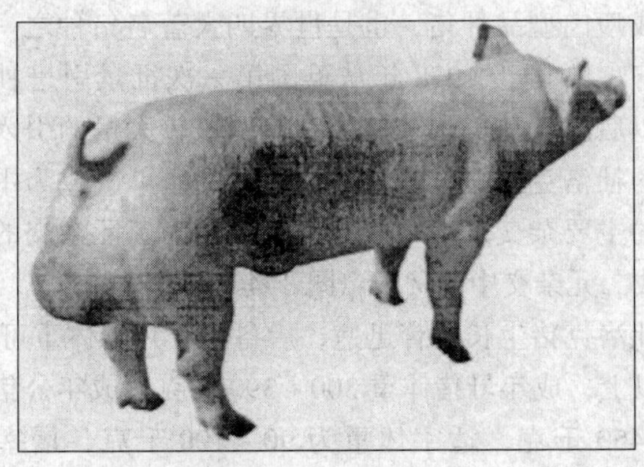

图3–44　大约克夏猪①公猪

①如图3–44和图3–45所示，大约克夏猪自20世纪90年代引入我国以来，经过长期驯化，已基本适应我国的自然环境条件，用大约克夏猪作父本，分别与民猪、太湖猪、新金猪等母猪杂交，均获得了较好的杂交效果。该种猪体格大，体形匀称，全身被毛白色，头颈较长，颜面微凹，耳薄大、稍向前直立，身腰长，背平直而稍呈弓形，腹平直，胸深广，肋开张，四肢高而强健，肌肉发达，有效乳头6～7对。成年母猪体重230～350千克，成年公猪300～500千克。

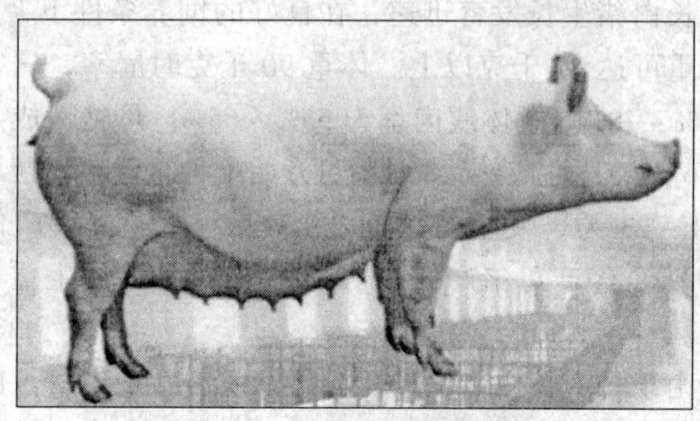

图 3–45　大约克夏猪母猪

发情持续期 3～4 天，初产母猪产仔数 10 头以上，经产母猪产仔猪 13 头左右。

由于大约克夏猪体质健壮，适应性强，肉的品质好，繁殖性能也不错，因此越来越受到养猪生产者的重视。大约克夏猪不仅可以作为父本与我国培育猪种、地方猪种杂交，而且既可以作为父本，又可以作为母本与外国猪种杂交。缺点是仔猪早期发育稍差，性情欠温驯，四肢常发生疾病。

3. 杜洛克猪

杜洛克猪原产于美国东北部，最早为脂肪型猪，后选育成瘦肉型品种猪，也是世界四大著名猪种之一，分布很广。中国于 1978 年从英国第一次批量引进杜洛克猪，以后陆续从美国、匈牙利等国家较大量的引入。引入后的杜洛克猪能较好地适应中国的条件，成为中国商品猪的主要杂交亲本之一，大部分作为三元杂交的终端父本或二元杂交中的父本（图 3–46 和图 3–47）。

杜洛克猪生长发育迅速，后备猪 6 月龄体重可达 95 千克以上；成年母猪体重 300～390 千克，成年公猪体重 340～450 千克。适宰体重为 90～100 千克，屠宰率为 75%左右，胴体瘦肉率 60%～65%。

图 3-46　杜洛克猪[①]公猪

图 3-47　杜洛克猪母猪

杜洛克猪性成熟较晚，通常 6～7 月龄时开始发情，8 月龄以后方能配种，母猪发情周期为 21 天左右，发情持续期 2～3 天，妊娠期 115 天左右，初产母猪产仔数 8 头以上，经产母猪产仔猪 11 头左右，初生重 1.5 千克；公猪平均射精量 166 毫升。

杜洛克猪因具有生长快、饲料转化率高、瘦肉率高、抗逆性强、容易饲养等特点，深受世界各国养殖户欢迎。但因其产仔数少、泌乳力稍差等缺点，所以在二元杂交中一般都作父本，在三元杂交中作为终端父本。

①如图 3-46 和图 3-47 所示，杜洛克猪以全身红毛色为突出特征，色泽从金黄色到棕红色，色泽深浅不一，以樱桃红色最受人们欢迎。头小清秀，嘴短直，两耳中等大小、略向前倾，颜面稍凹。体躯瘦长，胸宽而深，背略呈弓形，腹线平直，腿臀部肌肉发达丰满，四肢粗壮结实，蹄呈黑色。性情温顺，抗寒，适应性较强。

4. 汉普夏猪

汉普夏猪原产于美国肯塔基州，是美国分布最广的猪种之一，为世界著名的瘦肉型品种（图 3–48 和图 3–49）。

图 3–48　汉普夏猪①公猪

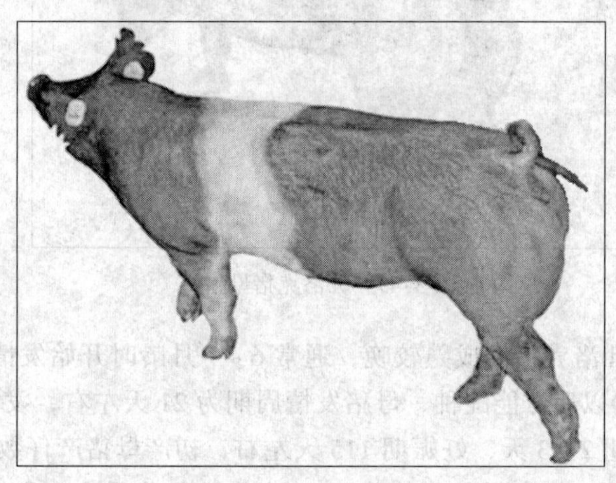

图 3–49　汉普夏猪母猪

汉普夏猪性成熟较晚，母猪 6 ~ 7 月龄开始发情，发情期 18 ~ 22 天，发情持续期为 2 ~ 3 天，妊娠期为 112 ~ 116 天；母性较强，经产母猪每胎产仔 10 头左右。在良好的饲养管理条件下，180 日龄体重可达 90 千克，适宰

①如图 3–48 和图 3–49 所示，汉普夏猪全身呈黑色，在肩颈结合处围绕着颈和前肢有一白带，具有银带猪之称。头中等大小，耳直立，嘴较长而直，体躯较长，体上线呈弓形，体下线水平，全身呈半月形，体质强健，体形紧凑，肌肉发达，有效乳头 6 对以上。成年公猪体重 315 ~ 410 千克，成年母猪体重 250 ~ 340 千克。

体重为 90 千克，屠宰率为 71%～75%，胴体瘦肉率 60% 以上。在美国八大品种中是膘最薄、眼肌面积最大、瘦肉率最高的品种。

汉普夏猪具有生长速度快、后腿丰满、眼肌面积大、瘦肉率高、屠体品质好等优点，但其缺点是窝产仔数少、繁殖性能低、饲料报酬稍低，仔猪发育不如杜洛克猪、长白猪和大约克夏猪。因而，在两品种杂交时宜作父本，在三品种杂交时适作第二父本。

5. 皮特兰猪

皮特兰猪原产于比利时的布拉邦特地区，是利用本地一种黑白斑土种猪与法国的贝衣猪杂交改良，后又导入英国的泰姆沃斯猪或巴克夏猪的血液选育而成的。皮特兰猪的育成历史较短，1955 年被欧洲各国公认，并首次引入法国北部地区及多个欧洲国家，是近几十年来欧洲较为流行的瘦肉型猪种。我国于 20 世纪 80 年代开始引入皮特兰猪。因其胴体瘦肉率高，故在经济杂交中多用作终端父本（图 3-50 和图 3-51）。

皮特兰猪窝平均产仔猪 10.2 头，断奶仔猪数 8.3 头，生长速度和饲料转化率一般，特别是体重 90 千克以后生长显著减慢，并耗料多。肉猪日增重 700 克，料肉比

图 3-50　皮特兰猪①公猪

①如图 3-50 和图 3-51 所示，皮特兰猪体型中等，体躯宽深而短、呈方形，被毛灰白并夹有黑色斑点，有的还杂有部分红色。头较轻，耳中等大小，微向前倾，颈和四肢短而骨骼细，肩部和臀部肌肉特别发达。

图 3-51　皮特兰猪母猪

2.65：1，屠宰率 73.46%，胴体瘦肉率达 66.9%。

该种猪肉质欠佳，肌纤维较粗，是应激敏感阳性率（氟烷阳性率）最高的品种，易发生应激综合征。一般利用其与杜洛克猪或汉普夏猪杂交，杂交后的公猪作为杂交系统的终端父本，这样既可利用它的杂种优势提高瘦肉率，又可防止出现不良猪肉。

6. 配套系猪

配套系是指一些专门化品系经科学测定之后所组成的固定杂交繁殖、生产的体系，在这个体系中，由于各系种猪所起的作用不同，因此在体系中必须按照固定的杂交模式生产而不能改变，否则，就会影响商品猪的生产性能。配套系种猪是国外利用基因技术将世界上 30 多种名优种猪的遗传基因进行最优化组合培育而成的①。

与外三元猪相比，配套系猪种具有四大优势。

◆ **瘦肉率更高**　配套系猪瘦肉率为 65%～70%，外三元猪为 60%～65%。

◆ **繁殖能力更强**　配套系猪 1 胎母猪窝平均产仔 12

① 我国除了 1991 年引入 PIC 配套系和美国迪卡公司选育迪卡配套系，1997 年引入荷兰 TOPIGS 公司选育的达兰配套系，2000 年引入法国伊比得公司选育的伊比得配套系，还引进了斯格配套系猪（也称比利时大白）等。

目前，国内培育的配套系猪种主要有：深农猪配套系猪（杜长大）、光明猪配套系、华特猪配套系，以及中育猪配套系（正在选育中）。

头以上，2 年 5 胎，外三元猪 1 胎 8 ~ 9 头，1 年 2 胎。

◆ **生长周期更短** 配套系猪长到 90 ~ 100 千克需 160 天左右，外三元猪则需要 170 天左右。

◆ **成本更低** 配套系猪每千克增重需要消耗约 2.8 千克饲料，而外三元猪则消耗 3.5 千克左右。

光明猪配套系 光明猪配套系是我国培育出来的配套系猪，由父系、母系两个专门化品系组成，父系是以杜洛克猪为素材，母系是以施格母系猪为素材，分别组建基础群，经过 5 个世代选育而成。

光明猪配套系采用二元配套，易操作，杂种优势明显，母系猪不仅后躯丰满，而且繁殖性能好。商品猪被毛大部分为白色，约 5%会出现暗花斑，耳中等大，头轻，腮肉不明显，收腹，背腰平直，肌肉结实紧凑，臀部肌肉丰满，四肢健壮。出生至 90 千克体重时日龄在 180 天以下；体重 30 ~ 90 千克阶段，平均日增重 880 克，饲料利用率为 2.54；90 千克体重时活体背膘厚 2.4 厘米以下（图 3–52 和图 3–53）。

光明猪配套系猪可在我国大部分地区饲养，适合集约化养猪场、规模猪场。

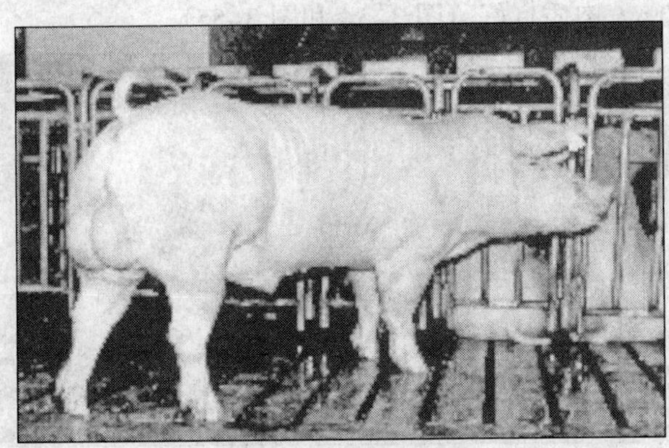

图 3–52 光明猪配套系①公猪

①如图 3–52 和图 3–53 所示，父系种猪全身被毛棕红色，无任何白斑或白毛。耳中等大，略向前倾，耳尖略有下垂；背呈弓形，腹线平直，腿臀肌肉丰满，四肢粗壮结实，蹄壳黑色，步行健实有力。性情温顺，有效乳头 6 对以上，排列整齐。

母系种猪被毛白色，耳大向前，头肩较轻，身躯长，后腿及臀部肌肉丰满，背宽，四肢结实，系部强健有力，嘴筒较短，适应性强，性情温顺，有效乳头数 6 头以上，排列整齐。

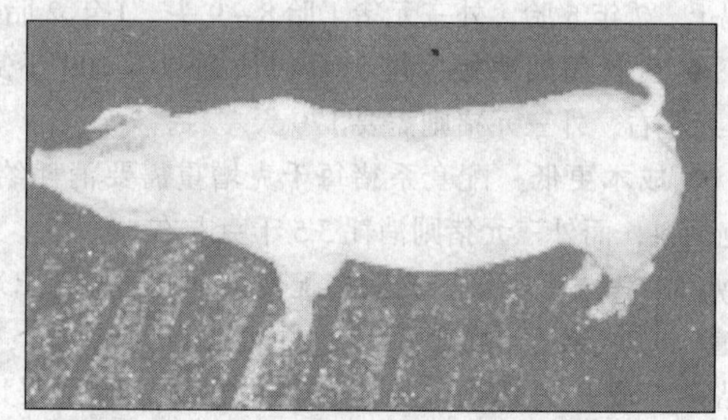
图 3-53　光明猪配套系母猪

华特猪配套系　华特猪配套系是我国培育的配套系猪，包括 A、B、C 三个专门化新品系，是以甘肃白猪及其他地方品种基因库为原始素材，根据杜洛克猪、长白猪和大约克猪的生产性能和种质特性，结合 A、B、C 三个专门化瘦肉型猪新品系培育方向，利用现代育种手段，筛选出的与杜洛克猪（D）有特殊配合力的 DA、DB 和 DABC 理想配套模式。

华特猪配套系确定杜洛克猪为父系的父系，A 系为父系的母系，B 系为母系的父系，C 系为母系的母系。DA 为杂交父系，BC 为杂交母系，DABC 杂优猪为最终产品，其日增重 747 克，饲料利用率 3.38%，瘦肉率 60.50%，肉质良好（图 3-54 和图 3-55）。

图 3-54　华特猪配套系[①]公猪

①如图 3-54 和图 3-55 所示，A 系猪是以瘦肉型父本品系的母本为目标培育的，具有抗逆性强、体质结实等特征，面部清秀，头轻嘴直，耳中等大小、直立，颈部结合良好，背腰稍弓，腹部紧凑，四肢结实有力，成年公猪体重 180 千克，母猪 170 千克，瘦肉率达 56%。

B 系猪是以瘦肉型母本品系的父本为目标培育的，具有瘦肉率高（60%）、生长发育快的特征，头中等大小，鼻嘴直立，耳中等大小，臀部丰满、有双臀现象，背腰宽，胸部发达，体长紧凑，大腿丰满充实，四肢稍显单薄。成年公猪体重 210 千克，母猪 182 千克。

图 3-55 华特猪配套系母猪

C系猪是以瘦肉型母本品系的母本为目标培育的，体型中等，属肉脂兼用型，耳中等大小下垂，体质结实，腹稍大而不下垂，腿部、臀部肌肉欠丰满。具有产仔多、母性强的特性，初胎产仔数8.5头以上，经产母猪产仔11头以上。

深浓猪配套系

深浓猪配套系①是我国培育的配套系猪，由父系、母Ⅰ系、母Ⅱ系三个专门化品系组成。父系以杜洛克猪为素材，母Ⅰ系以长白猪为素材，母Ⅱ系以大白猪为素材，经过四个世代选育而成（图3-56和图3-57）。

深农猪配套系具有生产性能好、杂交效益高的特征。在配套系中父系主要表现为生长快、饲料报酬高、胴体瘦肉多，前后躯丰满，腹小，四肢粗长，无PSE基因。母系中Ⅰ系表现为繁殖性能好、膘薄、体长头小；Ⅱ系

图 3-56 深浓猪配套系①公猪

①如图3-56和图3-57所示，深浓猪配套系猪父系毛色棕红（或褐色、深灰色），头中等大，四肢坚实，体长，前后躯丰满，发育良好，腹部收缩良好。母猪初情期170～190日龄，适宜配种日龄210～240天。母猪产活仔数初产7头以上，经产8头以上；21日龄窝重初产35千克以上，经产42千克以上。母系毛色为白色，但允许有极少量的黑斑点出现。头轻体长，前后匀称，臀部丰满，四肢坚实，有效乳头6对以上，排列均匀。

图 3-57　深浓猪配套系母猪

表现为繁殖性能好，年均产仔达 11 头以上、活仔 9.7 头，断奶均重可达 6.5 千克，商品猪生长快、体较粗、对环境适应能力强、屠宰率高、瘦肉率高达 68%以上、料肉比为 2.6：1，是目前全国最优秀的瘦肉型猪种。

深浓猪配套系可在我国大部分地区，尤其是南方地区饲养，较适宜规模猪场。

迪卡配套系猪

迪卡配套系猪是美国迪卡公司培育的优秀配套系猪，包括原种猪（GGP）、祖代种猪（GP）、父母代种猪（PS）以及商品代肉猪（图 3-58）。

图 3-58　迪卡配套系商品猪①

①如图 3-58 所示，迪卡商品肉猪肌肉发达，腿臂丰满，结构匀称，四肢粗壮，体质结实，生长快，平均日增重 988 克，料肉比为 2.8：1，150 日龄体重达 90 千克，屠宰率达 75%以上。

迪卡配套系原种猪包括五个专门化品系，分别用英文字母 A、B、C、E 和 F 代表；迪卡配套系祖代种猪包括四个品系，其中三个纯系：A 系公猪、B 系母猪和 C 系公猪（与原种相同），另一个合成系母猪用英文字母 D 代表；迪卡配套系父母代种猪包括一个合成系公猪和一个合成系母猪，分别用英文字母 AB 和 CD 代表。

任何代次的迪卡猪均具有典型方砖形体形，背宽，背腰平直，肌肉发达，腿臀丰满，结构匀称，四肢粗壮，体质结实，母猪有效乳头数 6 对以上，排列整齐。

四、猪的杂交与杂种优势利用

目标
- 了解猪杂交的概念
- 明确猪杂交的目的和意义
- 掌握猪常见杂交方式

（一）猪的杂交

1. 杂交的概念

杂交指不同品种或品系①猪之间个体的交配。杂交的具体含义因学科的不同而不同。生物学上，杂交指不同属、种或种群间的相互交配；畜牧学上，杂交指不同品种、品系或种群间的相互交配；而遗传学上，杂交指有关位点基因型不同的两个体间的交配，也可以认为是有关位点基因频率不同的两种群间的交配。

2. 杂交的生物学效应

杂交与近交的作用相反。近交容易导致性状的退化，而杂交则能扩大遗传变异范围，使后代群体的基因杂合程度增加，主要表现为两个方面的效应：一是使基因和性状重新组合，从而提高杂种猪某一或某些性状的表型值；二是产生杂种优势，即杂种群体在抗逆性、繁殖力、生长速度等各方面，一般比纯种双亲均值有所提高，杂种的性状较为一致，生产上利用这一特点，可以提高商品猪的一致性。

①品种指在一定自然环境和经济条件下，为某一特定目的进行选择、培育而形成的群体。用在猪上，就是猪的种群。

在家畜育种上，品系指来源于一头优良公畜的高产畜群，它们具有与原公畜相类似的优良特征。

3. 经济杂交的目的意义

杂交在养猪生产中有着十分重要的作用。杂交的目的不同[①]，有的是为了培育新品种或新品系称为育成杂交；有的是为改进某一猪种或品系的少数性状，导入一定数量其他品种的血液称为导入杂交；而在生产中，为最大限度地利用猪种的遗传潜力，提高经济效益的杂交称为经济杂交。经济杂交生产的商品猪，大都具有生命力强、长势快和饲料报酬高等显著特点。

①由于杂交的目的不同，杂交可分为三种，即育成性杂交、改良性杂交和生产性杂交。

经济杂交，即生产性杂交，也称杂种优势利用，是养猪生产中应用较多的杂交模式。经济杂交的目的是生产比原有品种、品系或种猪群更能适应特殊环境条件的高产杂合类型，最大限度地利用杂种优势，提高养猪生产效益[②]（图 4–1）。

②达到 100 千克体重时，杂交猪需 6 月龄，地方猪需 10 月龄。

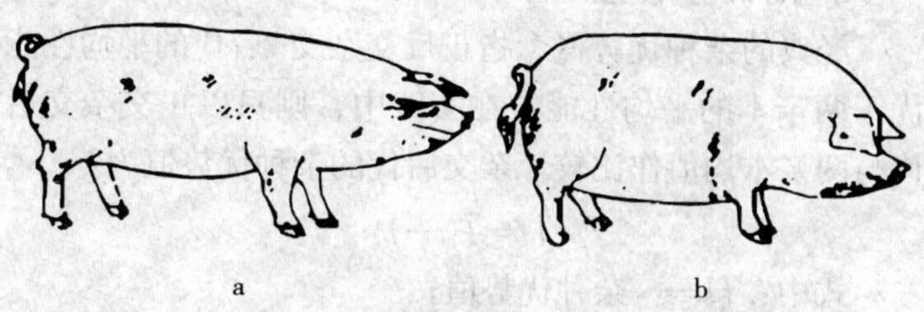

图 4–1　杂交猪与地方猪比较
a.杂交猪　b.地方猪

国内外养猪生产实践表明，猪的经济杂交在生长势、饲料效率和胴体品质方面，可分别提高 5% ~ 10%、13%和 2%，而杂种母猪的产仔数、哺育率和断奶窝重，可分别提高 8% ~ 10%、25% ~ 40%和 45%。一些养猪业发达的国家，杂种猪占养猪头数的 90%以上。我国利用地方优良猪种作母本，引入国外瘦肉型猪作父本，开展经济杂交，生产商品瘦肉型猪，取得了良好的经济效益，杂种优势的利用已日益成为发展现代生猪生产的重要途径。

（二）杂种优势

1. 杂种优势的概念

杂交所产生的后代称为杂种，不同种群的生猪杂交生产的杂种，往往在生活力、生长势和生产性能等方面，表现为一定程度上优于其亲本纯繁群体（其性状的表型均值超过亲本均值）的现象，这种现象称为杂种优势。

杂交获得杂种优势并不是绝对的，有些杂种在某些性状上反而低于杂交亲本，这是由于某些非等位基因间的互作会产生有害效应，杂交时的基因重组使得这些非等位基因增加了互作的机会，因而出现杂交有害现象，即杂种产生劣势。

2. 杂种优势度量

经典的杂种优势概念指正反交杂交①后代的平均性能优于两亲本的平均性能。在实践中，则只以正交杂交后代与两亲本均值作比较。杂交后代的杂种优势值为：

$$H=\overline{F_1}-\overline{P}$$

式中：H——杂种优势值；

$\overline{F_1}$——杂种后代的均值；

$\overline{P}$——双亲均值。

为了比较某个性状间的杂种优势，通常采用杂种优势率 $H\%$ 来表示：

$$H\%=\frac{\overline{F_1}-\overline{P}}{\overline{P}}\times 100\%$$

在二元杂交如 A（♂）×B（♀）的情况下，二元杂种优势率为：

$$H\%=\frac{\overline{F}-\frac{1}{2}\left(\overline{A}+\overline{B}\right)}{\frac{1}{2}\left(\overline{A}+\overline{B}\right)}\times 100\%$$

①基因型不同的两种个体甲和乙杂交，如果将甲作父本，乙作母本定为正交，那么以乙作父本，甲作母本为反交；反之，若乙作父本，甲作母本为正交，则甲作父本，乙作母本为反交。

人们习惯将外来品种（如约克夏猪等）公猪与当地品种（如金华猪等）母猪杂交,称为正交；将本地品种公猪与外来品种母猪杂交称为反交。

多品种或多品系杂交试验时，对亲本平均值应按亲本在杂种中所占的比重都进行加权平均。在三元杂交C（♂）×AB（♀）的情况下，三元杂种优势率为：

$$H\% = \frac{\overline{F}_T - \left(\frac{1}{4}\overline{A} + \frac{1}{4}\overline{B} + \frac{1}{2}\overline{C}\right)}{\frac{1}{4}\overline{A} + \frac{1}{4}\overline{B} + \frac{1}{2}\overline{C}} \times 100\%$$

式中：$\overline{F}_T$——三元杂种均值。

假设某猪场在杜（♂）×长太（♀）三元杂交中，杜洛克猪品种的日增重为800克，长白猪品种的日增重为760克，太湖猪（梅山猪）品种的日增重为440克，杜长太三元杂种猪的日增重为755克，则日增重的杂种优势率为：

$$H\% = \frac{755 - \left(\frac{1}{4}\times 760 + \frac{1}{4}\times 440 + \frac{1}{2}\times 800\right)}{\frac{1}{4}\times 760 + \frac{1}{4}\times 440 + \frac{1}{2}\times 800} \times 100\%$$

$$= \frac{755-700}{700} \times 100\%$$

$$= 7.86\%$$

3. 杂种优势的类型

杂种优势一般分为后代杂种优势和亲本杂种优势，亲本杂种优势又分为母本杂种优势和父本杂种优势[①]。

后代杂种优势 后代杂种优势也称个体杂种优势或直接杂种优势，指杂种仔猪本身呈现的优势。主要表现为杂种仔猪比纯种仔猪在哺乳期间的生活力提高、死亡率降低、生长速度也稍快，从而使杂种仔猪断奶窝重大为提高（两品种杂交时仔猪断奶窝重的优势率为25%～30%）；其次表现为杂种仔猪断奶后至上市的平均日增重也有所提高，具有中等程度的优势(杂种仔猪该性状的优势率为5%～10%)。

亲本杂种优势 （1）母本杂种优势　指用杂种母猪作母本时，比纯种母猪所表现出的

①杂交亲本指猪进行杂交时所选用的父本和母本，即公猪和母猪。

优势。主要表现为杂种母猪比纯种母猪产仔多（杂种母猪的初生窝仔数的优势率为 5%～10%）；还表现为杂种母猪易饲养、性成熟早、利用期延长。

(2) 父本杂种优势　指用杂种公猪作父本时，比纯种公猪所表现出的优势。主要表现为杂种公猪比纯种公猪性成熟早、睾丸重、射精量大、精液品质好、配种能力强、受胎率较高。对于年轻的杂种公猪还具有性欲更强的特点。

(三) 杂交亲本种群的选优与提纯

1. 选优与提纯的概念

杂交亲本种群的选优与提纯，是杂交优势利用的一个最基本环节。杂种必须能从亲本获得优良的、高产的、显性的和上位效应大的基因，才能产生显著的杂种优势。

选　　优　指通过选择使亲本种猪群原有的优良、高产基因的频率尽可能增大。

提　　纯　指通过选择和近交[①]，使得亲本种猪群在主要性状上纯合子的基因型频率尽可能增加，个体间差异尽可能减少。提纯的重要性并不亚于选优，因为亲本种猪群愈纯，杂交双方基因频率之差才能愈大。不以纯繁为基础的单纯杂交的做法是错误的。纯繁和杂交是整个杂交优势利用过程中两个相互促进、相互补充、互为基础、互相不可替代的过程。

2. 选优提纯的最佳方法

选优提纯的最佳方法是品系繁育。品系是品种内的一种结构单位，为了把本品种选育工作进行得更有成效，常把品种核心群化成若干个各具特点的品系，然后用品系来进行繁育，这叫品系繁育。它是促进品种不断改善和发展的一项重要措施。

①近交指血缘关系相近的公母猪之间的交配，如父女猪间，母子猪间，兄妹猪间，姐弟猪间，祖父孙女间，祖母孙子间，叔父侄女间，半同胞兄妹、姐弟间的交配等，其害处较大，在生产上一般不使用。

品系类型的主要表现形式有多种（图 4–2）。品系繁育的优点是品系比品种小，容易培育、选优提纯和提高亲本种群的一致性，有利于缩短选育时间，有利于提高本群体的相对一致性，适应现代化生猪生产的基本要求。

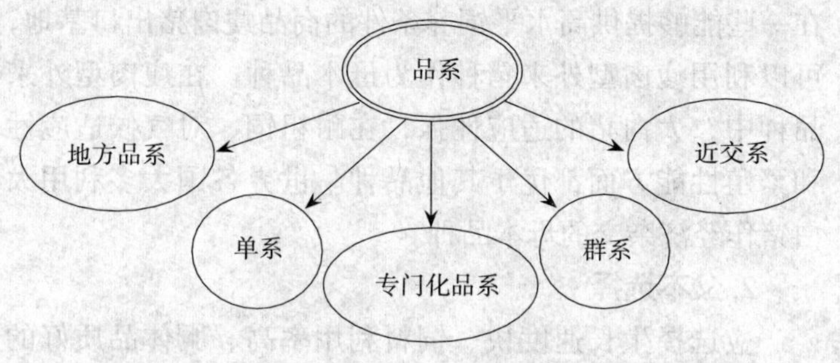

图 4–2　品系的类型

（四）杂交亲本的选择

选择杂交亲本品种，除了考虑经济类型、血缘关系和地理位置外，还应考虑市场对商品猪的要求及经济成本。根据这些要求可对需要的种猪群进行初步选择。杂交亲本分为母本和父本，因对两者的选择标准不同，故应分开选择。

1. 母本选择

（1）选择在本地区数量多、适应性强的品种或品系作为母本，因为母本需要的数量大，种畜来源问题很重要；适应性强的容易在本地区基层推广。

（2）选择繁殖力高、母性好、泌乳能力强的品种或品系作母本，这关系着杂种后代在胚胎期和哺乳期的成活和发育情况，因而影响杂种优势的表现，同时与降低杂种生产成本也有直接关系。

（3）在不影响杂种生长速度的前提下，母本的体型不要太大，以节约饲料为准，体型太大会浪费饲料，增加饲养成本。

我国的地方猪种最能适应当地的自然条件，母猪产仔多、母性好、泌乳力强、仔猪成活率高。而且地方猪种资源丰富①，种猪来源容易解决，能够降低生产成本。在一些能够提供高水平饲养条件的商品瘦肉猪出口基地，可以利用瘦肉型外来猪种作为母本品种。在瘦肉型外来品种中，大白猪的适应性强，在耐粗饲、对气候适应性和繁殖性能方面都优于其他品种。世界各国大多利用大白猪作经济杂交的母本品种。

①中国地方猪种可分为六大类型，优良地方猪种有100余种。

2. 父本选择

应选择生长速度快、饲料利用率高、胴体品质好的品种或品系作父本。父本猪群的类型应与对杂种的要求相一致，有时也可选用不同类型的父母本相杂交，以生产中间型的杂种。因父本的数量很少，所以多用外来的品种作杂交父本。一般都选择那些经过长期定向培育的优良瘦肉型品种，这些品种性状遗传力较高，种公畜的优良特性容易遗传给杂种后代，如大白猪、长白猪和杜洛克猪等。至于适应性与种畜来源问题可放在次要地位考虑，因为父本饲养数量较少，适当照顾花费不大。

（五）杂交方式

杂交的目的是使各亲本的基因配合在一起，组成新的更为有利的基因型。不同的杂交方式具有不同的特点和功能，以下为杂种优势利用中猪常用的一些杂交方式②。

1. 二元杂交

二元杂交又称单杂交或单交。是利用两个品种或品系的公、母猪进行杂交，杂种后代（F_1代杂种仔猪）全部作为商品育肥猪，不再配种繁殖（图 4–3）的杂交方式。

②猪的杂交方式有多种，目前我国养猪常用的有六种杂交方式：即二元杂交、三元杂交、二元轮回杂交、四元杂交、轮回杂交、顶交。

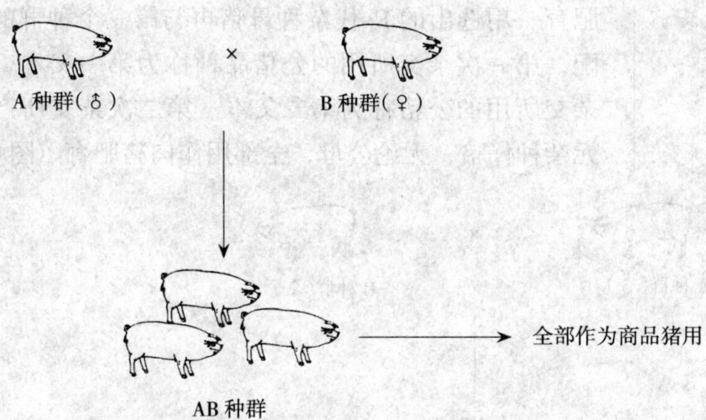

图 4–3　二元杂交示意图

优　　点　简单易行，筛选杂交组合时，只需一次配合力测定；能获得全部的后代杂种优势，后代适应性较强，这种杂交方式对提高产肉、产仔、产乳及繁殖性能都有明显效果。因此，这是目前应用广泛的一种杂交方式。

缺　　点　母系、父系均无杂种优势可以利用。因为双亲均为纯种，而杂种一代又全部用作育肥用。不能充分利用繁殖性能方面的杂种优势，所需大量母猪要靠另一纯繁群来补充，耗资较大。

在我国养猪生产中杂种优势利用的初级阶段所推行的养猪“三化”，即公猪良种化（用引入外种猪作父本）、母猪本地化和肉猪杂种一代化，就是二元杂交的具体实施。这种杂交方式一般适合广大农村或饲养管理水平一般的养猪场使用。

2. 三元杂交

三元杂交是利用三个种猪群杂交的杂交方式。首先选用两个种群杂交，在获得 F_1 代杂种后，从中选择出繁殖性能优良的 F_1 代母猪个体，作为继续杂交的母本，将 F_1 代杂种中的全部公猪和不符合留种标准的母猪作肉猪肥育。用选出的 F_1 代杂种母猪再与第三个种群的公猪交配，第一次杂交所用的公猪品种称为第一父本，第二次杂交所用的公猪称为第二父本。第二次杂交所产生的三元杂种仔猪，无论公母，全部用作肉猪肥育（图 4-4）。

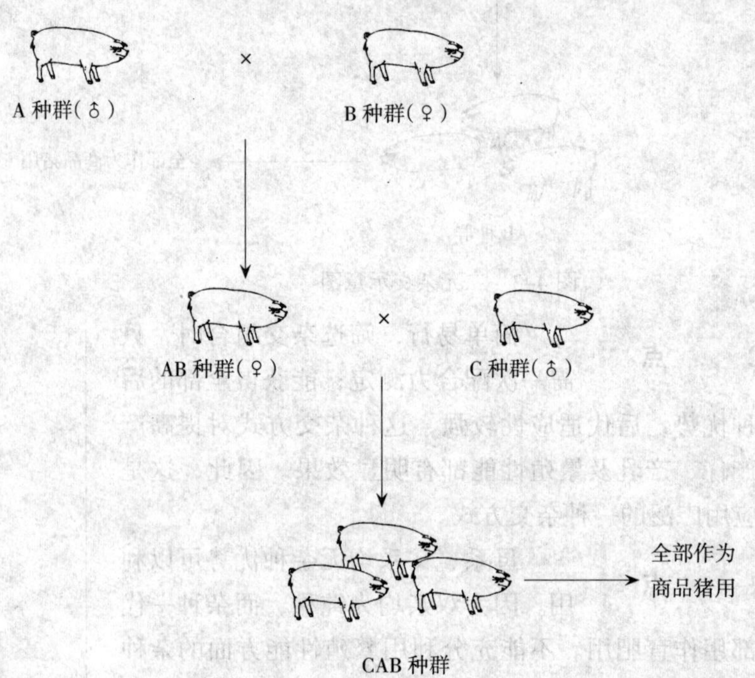

图 4-4　三元杂交示意图[①]

①如图 4-4 所示，三元杂交时，先用长白猪与大白猪进行杂交，所生杂种母猪（二元）再与杜洛克公猪杂交，所生杂种（三元）不论公母一律育肥出售，此种模式叫三元杂交。

优　点　能获得全部后代杂种优势和母系杂种优势，既能使杂种母猪在繁殖性能方面的优势得到充分发挥，又能充分利用第一和第二父本在肥育性能和胴体品质方面的优势，其效果一般好于二元杂交。

缺　点　三元杂交繁育体系较为复杂，不仅要保持三个亲本品种纯繁，还要保留大量的一代杂种母猪群，需要二次配合力测定，制种时间较长。

3. 四元杂交

四元杂交又称双杂交，是有四个品种或品系参与，先进行两种二元杂交，产生两种杂种，然后由其中一个二元杂交后代中的公猪作父本，另一个二元杂交后代的母猪作母本，再进行一次简单杂交，产生四元杂种商品代，所得四元杂种猪全部作为商品肥育用（图 4-5）的杂交方式。

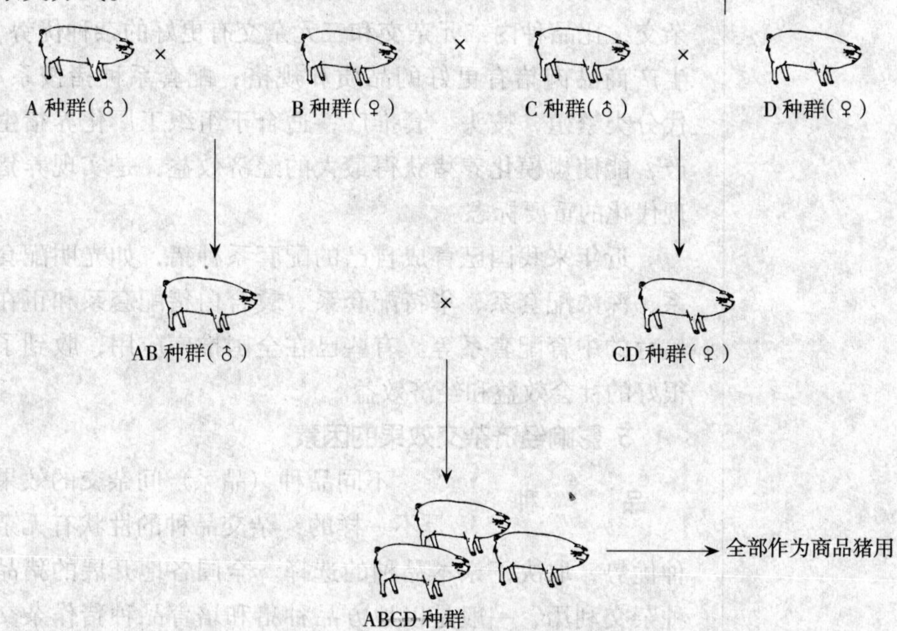

图 4-5　四元杂交示意图

优　点　后代能集本身、母系和父系的杂种优势于一体，具有最高的杂种优势率。由于大量利用杂种繁殖，减少了纯种的饲养比例，成本下降。目前，国外一些大型猪场都采用这种杂交方式饲养育肥猪。

缺　点　繁育体系复杂，不仅要维持 4 个亲本品种纯繁，而且要饲养大量的二元杂交种母猪和公猪。

4. 配套系杂交

配套系杂交是用品系繁育的手段，事先培育出几个高产的、生产性能各具特点的专门化品系，再对这些品系进行配合力测定，按其测定成绩确定其作父系或母系，再配套成优良的杂交组合，通过系间杂交，获得优良的杂种仔猪供作商品肥育的杂交方式。

在养猪生产中利用专门化品系配套杂交代替品种间杂交，比品种内二元杂交和三元杂交有更好的杂种优势，生产商品肉猪有更好的品质和规格；配套系种猪按系、代分类繁殖，按头、套推广，适合于组织工厂化养猪生产，能使规模化养猪获得最大的经济效益，是实现养猪现代化的重要标志。

近年来我国已育成自己的配套系种猪，如光明配套系、深浓配套系、华特配套系、冀合白猪配套系和正在培育的中育配套系等。有些已在全国推广应用，收到了很好的社会效益和经济效益。

5. 影响经济杂交效果的因素

品　种　不同品种（品系）间杂交的效果是不一样的，杂交品种的性状有无杂种优势，取决于亲本品种的选择。全国各地开展的猪品种杂交利用，一般是以地方品种猪和培育品种猪作杂交母本，以引入品种猪作父本，即国内猪种与国外猪种进行杂交，其杂交效果较好。北方猪种与南方猪种杂交也可取得良好的效果。

经济类型　不同经济类型（即脂肪型、瘦肉型和肉脂兼用型）猪之间的杂交效果不同。据报道，用苏联大白猪品种的脂肪型品系和瘦肉型品系杂交，以瘦肉型公猪配脂肪型母猪的杂交效果为优，其杂种猪体重达 100 千克，所需饲养天数较其他组合提前 7 ~ 18 天，日增重较其他组合提高 31 ~ 35 克。

杂交方式 不同杂交方式杂交效果不同。两品种间杂交时，其正反交的效果不同。三品种间杂交①时，其杂交效果优于两品种杂交，三品种杂交不但所用的母猪是一代杂种猪（一代杂种母猪生命力强、产仔多、哺育率高），而且又利用了第二杂交父本增重快、饲料利用率高的特点。因此，三品种杂交可获得良好的杂种优势。据报道，三品种杂交在其产仔数、仔猪初生重、断乳重、哺育率、日增重和每千克增重的饲料消耗等均比两品种杂交效果好（表4-1）。

①三品种杂交至今仍为国际上最主要应用的杂交方式，国内经济杂交先行地区亦广为利用。常见的三元杂交有：杜×长×大、杜×长×太、大×长×本等。

表4-1 二元与三元杂交效果比较表

性状	二元杂交	三元杂交
产仔数（头）	+11.22	+12.04
仔猪初生重（克）	+1.96	+0.39
仔猪初生窝重（克）	+13.39	+20.65
仔猪断奶成活率（%）	+5.87	+36.22
仔猪断奶窝重（克）	+20.84	+25.96
达100千克体重缩短天数（天）	+8.67	+8.36

饲养条件 饲养条件不同其杂交的效果也不同，这主要是由于杂种优势的显现不但受遗传因素制约，而且受环境因素的制约。在不同营养水平下，杂交的效果不一样。据试验证明，中等营养水平下饲养的杂种猪，其日增重优于低等营养水平下饲养的杂种猪。

个体条件 不同个体的杂交效果不同。同一品种中不同个体之间存在着差异，其差异对杂交效果有一定影响。在进行生产性杂交时，一定要重视种猪的选择和个体选配，否则就不可能达到预期的效果。

6. 我国几个优良的杂交组合简介

杜湖猪

杜湖猪是以湖北白猪为母本，与杜洛克公猪杂交所生产的商品瘦肉猪。该杂交组合肥育期日增重650~780克，达90千克体重需170~180天，饲料利用率3.2以下，90千克屠宰平均产瘦肉量40千克以上，胴体瘦肉率62%以上。

杜湖猪突出的特点是杂交方式简便，杂种优势率高，母猪繁殖力好，曾被列为国家“八五”、“九五”重大科技成果推广项目。

杜浙猪、杜三猪、杜上猪

这三个杂交组合分别以浙江中白猪Ⅰ系、三江白猪、上海白猪为母本，以杜洛克为杂交父本所生产的商品瘦肉猪，该杂交组合猪日增重600克以上，饲料利用率3.2~3.4，胴体瘦肉率58%~61%。

杜长太猪

杜长太猪是在以太湖猪为母本，与长白公猪杂交所生 F_1 代中，选留母猪与杜洛克公猪进行三元杂交所生产的商品肥育猪。该组合日增重达550~600克，达90千克体重日龄180~200天，胴体瘦肉率58%左右（图4–6）。

图4–6 长太母猪[①]

①如图4–6所示，杜长太杂交模式是我国目前采用比较广泛的一种杂交方式，该种猪突出的特点是充分利用杂交母猪繁殖性能好的优势，适合当前我国饲料条件较好的农村地区饲养和推广。

杜长大猪（或杜大长猪） 杜长大猪是以长白猪与大白猪的杂交一代作母本，再与杜洛克公猪杂交所产生的三元杂种猪，是我国生产出口活猪的主要组合，也是大中城市菜篮子基地及大型农牧场所使用的组合。该杂交组合猪日增重可达 700～800 克，饲料转化率 3.1 以下，胴体瘦肉率达 63%以上，但对饲料和饲养管理的要求相对较高（图 4-7）。

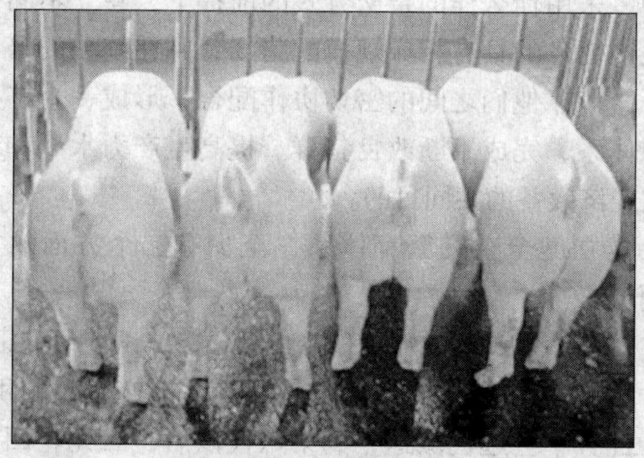

图 4-7　杜长大杂交商品猪①

大长本猪（或长大本猪） 大长本猪是用地方良种与长白猪或大白猪的二元杂交后代作母本，再与大白猪或长白公猪进行三元杂交所生产的商品猪。该杂交组合猪是我国大中城市菜篮子工程基地和养猪专业户所普遍采用的组合，日增重 600～650 克，饲料转化率 3.5 左右，达 90 千克体重日龄 180 天，瘦肉率 50%～55%。

长本猪（或大本猪） 长本猪或大本猪是用地方良种母猪与长白或大白公猪进行二元杂交所生产的杂交猪。杂交方式简便，杂交组合猪日增重 500～600 克，饲料利用率 3.8～4.1，达 90 千克体重日龄 210～240 天，胴体瘦肉率 50%左右。一般适合广大农村饲养。

①如图 4-7 所示，杜长大杂交组合猪集合了三个外来品种的优点，体形好，出肉率高，深受港澳市场欢迎。

（六）猪的杂交繁育体系

1. 杂交繁育体系的概念及作用

杂种优势的利用，不仅是一项技术性很强的工作，而且还需要进行周密的组织工作，建立一套健全的杂交繁育体系①。猪杂交繁育体系的建立，就是在明确用什么品种、采用什么样的杂交方式的前提下，建立不同性质和生产任务的具有相应规模的猪场，并在统一的繁育计划下，依靠他们之间的密切协作配合，形成一个有机的组织体系，完成不断改良猪群、提高生产力水平和获得最大经济效益的共同目的。

建立健全杂交繁育体系，至少有三个方面的重要作用。

（1）可以最大限度地保持杂种优势　试验研究证明，二、三品种（品系）轮回杂交②，随着杂交常数的积累，杂种优势率会逐代减退，到第六代以后，二元轮回杂交的优势率保留 67%，三元轮回杂交优势率保留 86%，若采用二、三元固定杂交，优势率可能始终保持 100%。

（2）便于宏观控制　好的杂交组合是通过系统的配合、测定筛选出来的，因而能够获得较高的杂种优势。若不进行组合筛选而盲目进行杂交生产，会使整个生产秩序紊乱，造成杂交乱配，失去宏观上的控制。杂交繁育体系的建立，实质上是总体选配制度的固定组织形式。

（3）获得更高的经济效益　可保持高的生产水平，使种猪得到最大限度的利用，从而获得更高的经济效益。

2. 杂交繁育体系的内容及结构

一个完整的杂交繁育体系主要由三部分组成：即以遗传改良为核心的育种场（群），以良种扩繁特别是母本扩繁为中介的繁殖场（群）和以商品生产为基础的生产

①杂交繁育体系指为了提高整个地区育种和杂种优势利用效果，经过规划建立起来的一整套合理的组织机构，包括设置各种性质的猪场，确定它们的规模、经营方向和任务，使之密切配合，从而达到工作效率高、遗传进展快和经济效益大之目的。

②轮回杂交指用两个或两个以上品种的公母猪进行交替杂交，使逐代都能保持一定的杂种优势，从而获得生活力强和生产力高的猪。

场（群）。这样一个三层次的繁殖体系结构就如同一个金字塔（图 4-8），为了完成共同的目标，各层相互之间密切配合，发挥各自的作用。

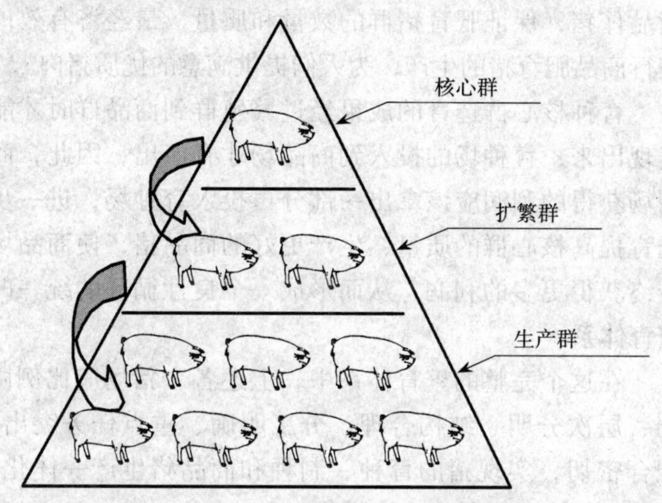

图 4-8　杂交繁育体系的组成示意图

育种场（群）　育种场（群）处于繁育体系的最高层，虽然种猪的数量少，但性能高，主要进行纯种（系）的选育提高和新品系的培育。其纯繁的后代，除部分选留更新纯种（系）外，主要向繁殖场（群）提供优良种源，用于扩繁生产杂交母猪或纯种母猪，并可按繁育体系的需要直接向生产群提供商品杂交所需的终端父本。因此，育种场（群）是整个繁育体系的关键，起核心作用，故又称为核心场（群）。

繁殖场（群）　繁殖场（群）处于繁育体系的第二层，主要进行来自核心场（群）种猪的扩繁，特别是纯种母猪的扩繁和杂种母猪的生产，为商品场（群）提供纯种（系）或杂交后备母猪，保证生产一定规模商品肥育猪的需要。同时，繁殖场（群）按特定繁育体系（如四元杂交）的要求，生产杂种公猪为商品场（群）提供杂交所需的杂种父本。

商品场（群） 商品场处于繁育体系的底层，主要进行终端父母本的杂交，生产优质商品仔猪，保证肥育猪群的数量和质量，最经济有效地进行商品肥育猪的生产，为人们提供满意的优质猪肉。

育种核心群选育的成果经过繁殖群到商品群时才能表现出来，育种场的投入到商品场才有产出，因此，商品场获得的利润应该拿出一部分再投入育种场，进一步选育提高核心群的质量，生产更好的商品猪，使商品场最终获得更多的利润，从而形成一个良性循环的统一的繁育体系。

在这个完整的繁育体系中，上述各个猪场应比例协调、层次分明、结构合理、分工明确、重点任务突出、配合密切，实现猪的育种、制种和商品猪生产一体化，真正从整体上提高养猪的效益。

3. 杂交繁育体系的建立

猪杂交繁育体系的建立方法，随着杂交方式的不同而变化，并没有一个固定的模式。一般来说应包括四个方面的工作：一是猪品种（系）的选育提高；二是杂交组合的筛选；三是猪群结构的合理布局；四是商品猪生产的科学组织管理。其中合理的猪群结构[①]是建立和实现杂交繁育体系的基本条件。

①猪群的结构主要指繁育体系各层次中种猪的数量，特别是种母猪的规模，相应的种公猪的规模以及最终能生产出的商品肥育猪的规模。

如前所述，猪杂交繁育体系的合理结构应该是金字塔状的，但具体到一个特定的繁育体系，在金字塔状的框架下，原种猪场、繁育场和商品场的比例，或各场的规模大小不能一概而论。

一般繁育体系的建立首先要确定体系所覆盖的区域，是一个省（自治区、直辖市）、一个市还是一个区；其次，确定在该区域内每年需要或计划要出栏的肥育猪数量；第三，需要确定生产商品肥育猪的最佳杂交方案，如采用二元、三元或四元等杂交方式，这需根据已有的品种资源、猪舍设备条件以及市场需求等来综合分析判断；第四，需要各类猪群的结构参数，包括与遗传、环境及管理等有关的生物学参数，以及人为决定的决策变量，其中最重要的几个参数是各层次的公母种猪的配种比例，公母种猪的使用年限①，每年每头母猪提供的仔猪数，以及提供的后备种猪数。如已知核心群的规模，借助结构参数就可推算各层次，即繁殖群、生产群的种猪数以及所能生产的商品瘦肉猪数量。如生产肥育猪的数量一定时，也可利用结构参数和模型，结合杂交方案，确定各层次的仔猪数、后备猪数以及种猪数。如根据繁殖场每头母猪提供商品仔猪的数量，用肥育猪除以该数，即可得到繁殖场需要的饲养母猪的最低数量。用同样的方法可以推出原种猪场基础母猪的数量。

由于饲养母猪的规模和比例是各繁育体系结构的关键，许多研究表明，采用常规的杂交方案，如二元杂交和三元杂交计划时，各层次母猪占总母猪的比例见图4–9。

繁育体系的建立主要是向社会提供人们生活需要的

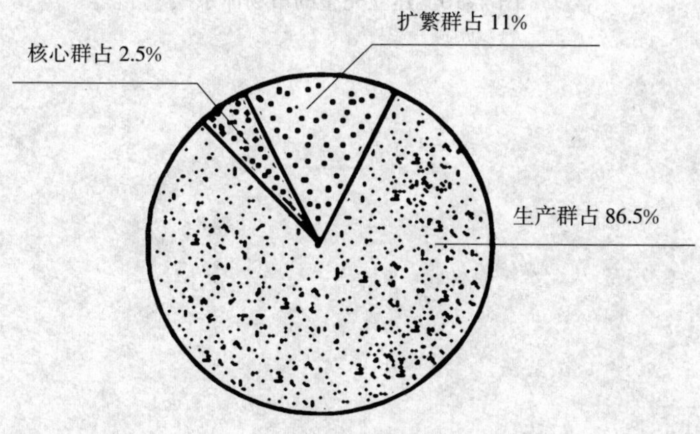

图 4–9　杂交繁育体系的组成示意图

①所有动物的繁殖能力都有一定的年限，年限长短因品种、饲养管理以及健康状况不同而有差异。一般的繁殖场可饲养到 4~5 岁，配种使用年限为 3~5 年。超过繁殖年限，公、母猪繁殖能力降低时，便无饲养价值，应及时淘汰。

优质肉食品，是一项商品性、专业性、社会性很强的事业，组织协调管理工作较为繁重，有时单纯靠养猪场和一两个业务部门很难做好工作，所以，需要有全社会的支持和辅助，形成一个集生猪生产、屠宰、加工、销售等环节为一体的较为合理的市场体系（图 4-10）。

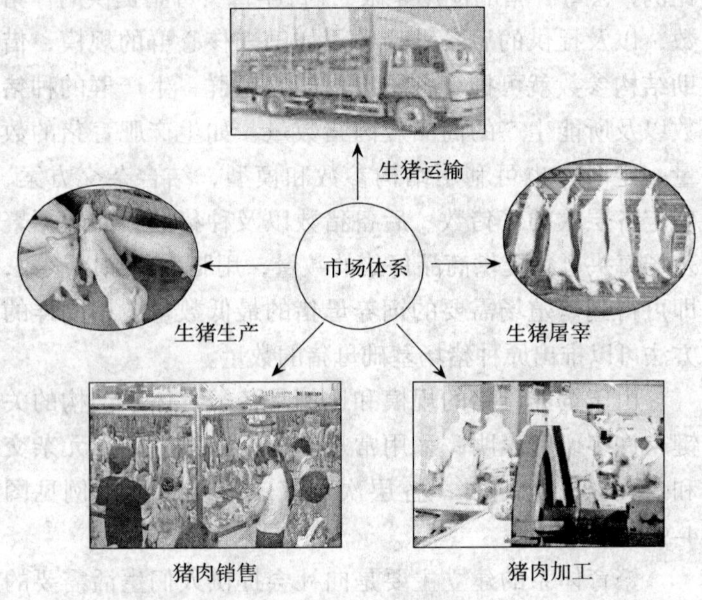

图 4-10　建立完整的市场体系①

①如图 4-10 所示，在搞好技术性工作，加强饲养管理，建立健全疫病防制和技术咨询服务体系等前提下，还应积极而有效地协调各部门关系，形成一个集生猪生产、屠宰、加工、销售等环节为一体的较为合理的市场体系，调动各方面的积极性，为建成繁育体系提供组织保障。

五、猪的营养与饲料

目标

- 了解猪的消化特征及营养需要
- 熟悉猪的常用饲料及营养特性
- 掌握猪饲料的配制方法

（一）猪的消化系统及其功能

1. 猪消化系统的结构特点

猪属于单胃、杂食动物，其消化系统由消化管和消化腺两部分组成。消化管包括口腔、咽、食管、胃、小肠、大肠和肛门；消化腺包括唾液腺、肝、胰和消化管壁上的小腺体（图 5-1）。

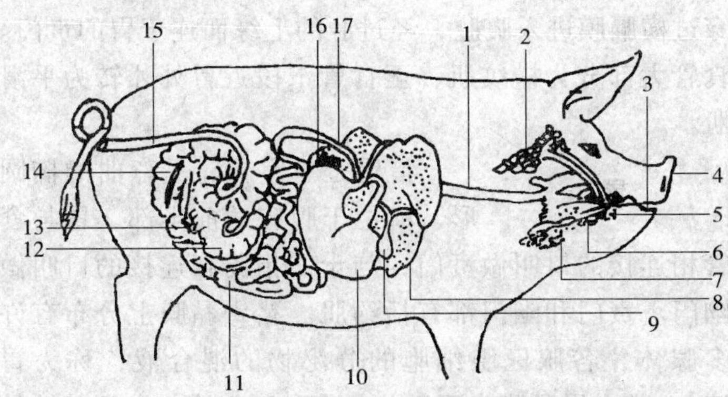

图 5-1　猪的消化系统模拟图

1.食管　2.腮腺　3.口腔　4.上唇　5.舌　6.舌下腺　7.颌下腺　8.肝　9.胆囊　10.胃　11.空肠　12.结肠　13.回肠　14.盲肠　15.直肠　16.胰　17.十二指肠

口　　腔

口腔由唇、牙齿、舌等构成。口腔附近还有唾液腺，并有腺体、导管开口于口腔中。口腔具有咀嚼、味觉等功能，是消化管的起始部，也是机械消化的主要场所。猪的上唇和鼻端形成坚韧的吻突[①]，是掘取食物的工具。下唇较尖，且较上唇稍短。舌窄而长，靠下唇和舌的活动将食物送进口内。成年猪有44颗牙齿，既能撕碎肉食，又可以磨碎植物茎叶等。

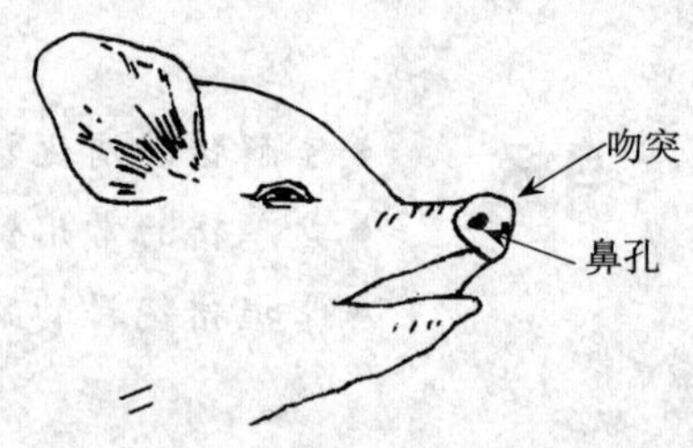

图 5-2　猪的鼻孔与吻突[①]

猪的唾液腺有三对，即腮腺、颌下腺及舌下腺。每对腺体均开口于口腔黏膜上。这三对唾液腺分泌的混合物，即为唾液（图 5-2）。

①如图 5-2 所示，猪的上唇短厚，与鼻连在一起构成吻突，下唇尖小、不灵活，唇腺少而小，口裂很大。

②猪的唾液腺很发达，唾液不仅可用来润湿饲料，而且还含有淀粉酶等，可以将淀粉初步分解。

食　　管

食管连接于咽和胃之间，在颈的上部，位于气管的背侧，到颈的下部转到气管的左侧，至胸腔前口又转到气管的背侧，穿过横膈膜进入腹腔，经过肝的上缘而连于胃的贲门。食管大部分为横纹肌，至食管下段近胃处才转为平滑肌。

胃

猪胃是单室胃，呈弯曲的椭圆形，横位于腹腔的前半部。胃与食管相连接的口叫做贲门，与十二指肠相连接的口叫做幽门。贲门和幽门都有括约肌。猪胃黏膜上分布有许多腺体，各腺区腺细胞的分泌物的混合液，称为胃液[③]。整个胃黏膜表面还分布有黏液细胞，分泌碱性黏液，形成保护膜，防止胃黏膜受胃液中盐酸的侵蚀（图 5-3）。

③胃液是由胃黏膜分泌的一种带有一定黏性的酸性液体，除水外，主要由盐酸、消化酶、黏蛋白和电解质组成。主要对胃中的食物起着化学性消化作用。

如图 5-3 所示，猪的胃黏膜可分为贲门腺区、胃底腺区、幽门腺区和无腺区。

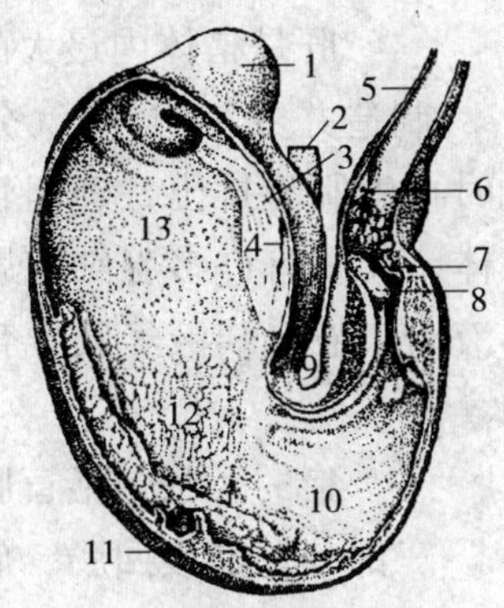

图 5-3　猪胃黏膜

1.胃憩室　2.食管　3.无腺区　4.贲门　5.十二指肠
6.十二指肠憩室　7.幽门　8.幽门圆枕　9.胃小弯
10.幽门腺区　11.胃大弯　12.胃底腺区　13.贲门腺区

小　　肠

猪的小肠管腔细而长，从前到后的顺序是：十二指肠、空肠和回肠。成年猪小肠全长 17~21 米，各部分之间没有明显的界限。十二指肠中有胰管和胆管的开口，胰液及胆汁经开口处流入十二指肠，参与小肠内的消化过程（图 5-4）。

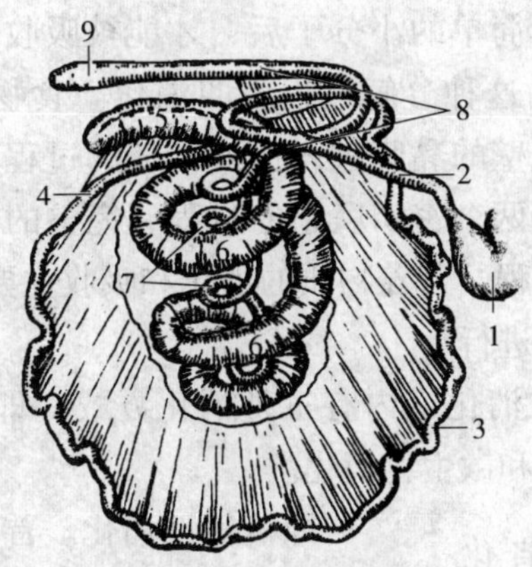

图 5-4　猪的肠管①

1.胃　2.十二指肠　3.空肠　4.回肠　5.盲肠　6.结肠圆锥向心回
7.结肠圆锥离心回　8.结肠终袢　9.直肠

①如图 5-4 所示，猪的盲肠位于左腹部，与结肠没有明显的界限。结肠呈螺旋状盘曲，绕行 6 周（向心 3 周，离心 3 周）后移行为直肠。

①胆汁的主要成分为水、胆酸盐、胆色素、胆固醇、卵磷脂及其他磷脂、脂肪酸和矿物质等。其中的胆酸盐和碱性无机盐对消化有着重要的意义。

胰液除水和电解质外，有机物主要是消化酶，包括胰蛋白酶、胰脂肪酶、胰淀粉酶和糖核酸酶等。

②饲料中的糖类在淀粉酶的作用下被分解成单糖，在小肠内吸收；蛋白质和脂肪主要在小肠内被分解吸收；盐类主要在小肠内以水溶液状态被吸收。

肝和胰 肝是猪体内最大的消化腺体，能制造并分泌胆汁[1]，分泌出的胆汁贮于胆囊中，消化时再由胆囊排出，经胆管进入小肠。胰也是很重要的腺体，其中有许多腺细胞属于消化腺，所分泌的碱性分泌液叫胰液。胰液经胰导管排入小肠，主要参与消化作用。

大肠 猪的大肠包括盲肠、结肠和直肠三部分，前接回肠，后连肛门。猪的结肠呈圆锥状双重螺旋盘曲，结构较复杂。成年猪大肠全长 5.4 ~ 7.5 米，主要机能是消化纤维素，吸收水分，形成粪便，后经肛门排出体外。

2. 猪消化系统的功能

猪消化系统的主要功能是消化、吸收食物中的营养物质。由于营养物质的性质和消化器官的组织结构不同，对食物消化吸收的作用也不一样。食物中的水、无机盐和维生素的结构比较简单，可以直接被机体吸收利用，而蛋白质、脂肪和碳水化合物一般都是大分子物质，结构复杂，不能直接被猪只利用，它们必须在其消化器官内被分解为简单的小分子后，才能被吸收利用。食物在消化道内的这种分解过程就叫消化。食物经过消化后，通过消化道壁的黏膜进入血液循环的过程叫做吸收。消化和吸收是两个密切联系的过程，完整的消化概念即包括这两个过程。营养物质的消化和吸收主要在胃、小肠、胰及肝脏中进行[2]。

食物在消化道内有三种消化方式，即物理性消化、化学性消化和微生物消化。

物理性消化 即机械性消化。首先，各段消化道通过收缩运动，包括咀嚼、吞咽和胃肠的运动等，将大块的食物磨碎，分裂为小块，以增加食物与消化液的接触面积，有利于进一步消化；其次，由于胃肠的收缩运动，使已消化的营养物质能与消化道壁紧密接触，有利于消化产物的吸收。

化学性消化 主要指消化液含有的消化酶[①]对食物的消化作用。动物的消化液包括唾液、胃液、肠液、胰液和胆汁等，其中除胆汁外都含有消化酶。这些消化酶都是水解酶类，可将结构复杂的大分子物质水解为简单的小分子物质，如将蛋白质水解为氨基酸，将碳水化合物（主要是淀粉）水解为单糖（主要是葡萄糖），将脂肪水解为脂肪酸和甘油等。

①酶是体内细胞产生的一种具有催化作用的特殊蛋白质，通常称为生物催化剂。具有消化作用的酶称为消化酶。

微生物消化 指消化道内的微生物参与，实现饲料由复杂到简单的结构转变的消化作用。此种消化方式对食草家畜尤为重要。猪的大肠虽然不如牛、马发达，但在猪的大肠内也存在微生物，纤维素的消化，几乎全靠大肠细菌的发酵作用而进行。

以上三种消化作用不是孤立的，而是互相联系、互相影响并同时进行的。

（二）猪的营养需要

1. 营养需要的概念及分类

猪采食饲料获取营养物质[②]不仅是为了维持生命活动，还要进行生长发育、繁殖和生产猪肉。猪体为了维持生命活动和生产产品而对饲料中各种营养物质的最低需要量称为营养需要。猪因品种、生产性能、生产目的、体重和年龄等不同，对各种营养物质的需求也不同。从生理活动角度可分为维持需要和生产需要两部分。

②猪体生长繁殖所需的营养物质主要包括：能量、蛋白质、脂肪、维生素、矿物质和水等。

维持需要 指猪生存过程中，成年猪和非生产猪保持体重不变，体内营养物质种类和数量保持恒定，分解代谢和合成代谢过程动态平衡，在这种状态下对能量和蛋白质等其他营养物质的需要。

所消耗的能量最后完全变成体热散发，蛋白质完全用于体组织的更新，生产利用率为零。不同体重的猪维持需要量见表 5–1。

表 5-1 每头猪每天的维持需要

体　重 （千克）	消化能 （兆焦/千克）	蛋白质 （克）	钙 （克）	磷 （克）
10	3.77	23	1.3	1.0
20	5.94	36	2.0	1.5
30	7.66	46	2.6	2.0
40	9.10	54	3.0	2.0
50	10.04	60	3.3	2.5
60	10.88	65	3.5	2.6
70	11.38	68	3.7	2.7
80	11.72	70	3.8	2.8
90	11.92	72	4.0	3.0
100	12.22	74	4.1	3.1
150	16.11	96	5.3	4.0
200	20.04	120	6.5	5.0
250	23.68	142	7.7	5.5
300	27.15	162	8.8	6.5

生 产 需 要　猪消化吸收的营养物质，除去用于维持生命活动需要，其余部分则用于生产和繁殖需要。由于猪的年龄、品种、体重及用途不同，对营养物质的需求量也不一样。猪的生产需要一般分为种公猪的营养需要、妊娠母猪的营养需要、泌乳母猪的营养需要、仔猪的营养需要和生长肥育猪的营养需要。

2. 猪对营养物质的具体需要

能 量 需 要　猪体内各种生理活动如生长发育、繁殖、维持体温等都需要能量，如果缺乏能量，将使猪生长缓慢，体组织受损，生产性能降低。猪所需要的能量（图 5–5）除直接由消化道吸收的葡萄糖和挥发性脂肪酸外，还可由肝脏中的糖原和体脂供给，必要时体蛋白经分解也可提供能量。

图 5-5　能量的来源①

饲料中能量来源最经济、最重要的是碳水化合物。富含碳水化合物的饲料有玉米、大麦、高粱等，它们都含有较高的能量。脂肪是次要的能源。饲料中营养物质的组成见图 5-6。

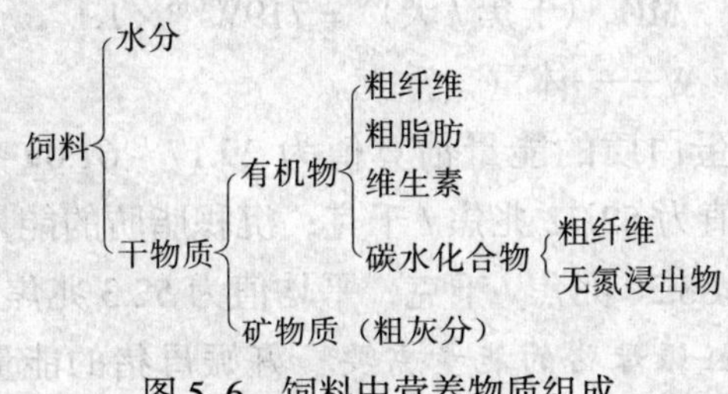

图 5-6　饲料中营养物质组成

一般情况下，猪能自动调节采食量以满足其对能量的需要。但是，这种自动调节能力也是有限度的，当日粮能量水平过低时，虽然它能增加采食量，但因消化道的容量有一定的限度仍不能满足其对能量的需要；若日粮能量过高，谷物饲料比例过高，则会出现大量不易消化的碳水化合物，引起消化紊乱，甚至发生消化道疾病。同时，日粮中能量水平偏高，猪会因脂肪沉积过多而导致肥胖，降低瘦肉率，影响公、母猪的繁殖机能。

实际配合饲粮时，通常是以消化能（DE）或代谢能（ME）作为衡量猪的能量需要与饲料能值的指标。

(1) 维持和生产的能量需要　猪维持能量的需要包括禁食代谢的能量、随意活动的增加能量，以及必要的

①如图 5-5 所示，饲料中的碳水化合物、脂肪和蛋白质都是能量的来源。

抵抗环境应激和补偿禁食代谢实测值的偏差等能量，一般以代谢体重（$BW^{0.75}$）为基础表示。每千克代谢体重的消化能需要量估计值为 418.4～523 千焦 /$W^{0.75}$。NRC①（1998）建议猪的维持消化能（DE_m）的平均值为 460 千焦 /$W^{0.75}$·天。生长育肥猪不同阶段数值也不同。据文献报道，2～10 千克体重猪的维持消化能为 575 千焦 /$W^{0.75}$·天，体重 20 千克以上猪的维持代谢能为 507 千焦 /$W^{0.75}$·天。维持净能（NE）需要量为 297.06 千焦 /$W^{0.75}$·天。

①NRC 是美国国家研究委员会（National Research Council）的简称，这里指美国制定的饲料饲养标准。

维持的能量需要主要由猪的代谢体重来决定。根据 ARC②（1981）估计，猪的维持代谢能需要可用下式表示：

$$ME_m（千焦 / 天）= 719W^{0.63} \times 1.1$$

式中：W——体重，千克。

②ARC 是英国的农业研究委员会（Agricultural Research Council）的英文简称，这里指英国制定的饲料饲养标准。

沉积蛋白质的能量估算值为 29.17～61.09 兆焦 / 千克，平均值为 52.72 兆焦 / 千克；沉积脂肪的能量估算值为 39.75～68.20 兆焦 / 千克，平均值为 52.3 兆焦 / 千克。

（2）*妊娠母猪的能量需要*　妊娠母猪的能量需要高于空怀母猪，它不仅包括母体本身的维持需要，而且包括母体的蛋白质和脂肪沉积及胎儿生长发育的需要。研究表明，供给过高的能量水平可降低胚胎的存活率，每天每头进食消化能为 38.13 兆焦的能量能增加胚胎的死亡率，配种后 25～43 天胚胎存活率为 67%～74%，每天进食消化能为 20.93 兆焦时存活率为 77%～80%。

我国肉脂型猪饲养标准指出，妊娠母猪的日增重以 300～500 克为宜，并规定了四个体重等级（90 千克以下、90～120 千克、120～150 千克和 150 千克以上）的每天每头消耗能量需要量，妊娠前期分别为 17.57、19.92、22.36 和 23.43 兆焦，妊娠后期分别为 23.43、25.77、28.12 和 29.29 兆焦。NRC（1998）提出妊娠母猪的维持需要的消化能为 460.24 千焦 /$W^{0.75}$·天，我国母猪维持需要的消化能为376.7千焦/$W^{0.75}$·天，母猪每天增重所需要的消化能为4.6兆焦，妊娠组织每天需要的消化能为0.79兆焦/天，故妊娠母猪每天增重所需要的消化能约为5.4兆焦。

(3) 哺乳母猪的能量需要　哺乳母猪的维持需要消化能与妊娠母猪一样为460千焦/$W^{0.75}$·天，有建议哺乳母猪应比妊娠母猪高5%～10%，国内多用消化能502千焦/$W^{0.75}$·天。泌乳母猪的能量需要决定于泌乳量和乳的能量及饲料转化率。乳能含量为5.44兆焦/千克消化能乳，产奶效率为65%，故产奶的能量需要为8.37兆焦/千克消化能乳。有结果表明，地方母猪能量水平为40～59.兆焦消化能/天，每增加1头仔猪需要消化能2.9～3.31兆焦。

蛋白质的需要　蛋白质是生命的基础。猪的一切组织器官如肌肉、神经、血液、被毛甚至骨骼，都以蛋白质为主要组成成分，蛋白质还是某些激素和全部酶的主要成分。猪生产过程中和体组织修补与更新需要的蛋白质全部来自饲料。蛋白质对猪的正常生长、繁殖和生产有着极其重要的作用。蛋白质缺乏时，猪体重下降，生长受阻，母猪会出现发情异常、不易受胎，还会产生胎儿发育不良、弱胎、死胎等现象；公猪会出现精液品质下降等现象。但如果蛋白质过量，不仅浪费饲料，还会引起猪消化机能紊乱，甚至中毒（图5-7）。

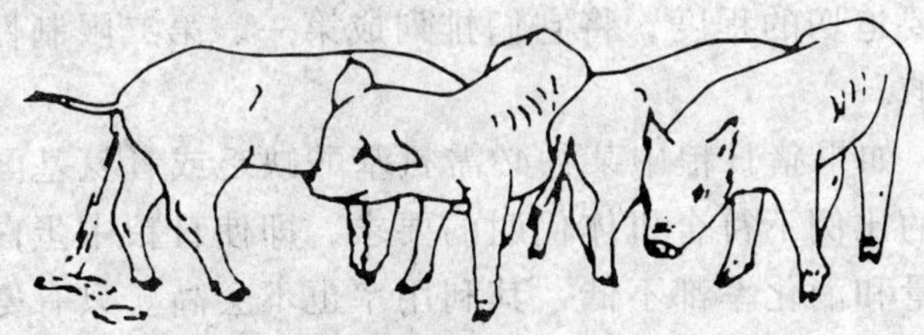

图5-7　蛋白质缺乏的仔猪[①]

①如图5-7所示，仔猪蛋白质缺乏，会出现生长缓慢、消瘦、日增重下降、机体抵抗力降低，腹泻等症状。

动物所需蛋白质中30%～70%由谷实类饲料供给，其余由植物性饼粕类饲料来满足。饲料中蛋白质包括纯蛋白和氨化物，合称粗蛋白质。

蛋白质是由常见的20种氨基酸以不同比例构成。饲料中的各种蛋白质在猪的消化道中被各种消化酶分解为胨和肽类，最后分解为能被机体吸收、利用的各种氨基酸。因此，蛋白质的营养实质上是氨基酸的营养。

(1) 必需氨基酸与非必需氨基酸　氨基酸①按其对猪营养的重要性，通常被分为必需氨基酸和非必需氨基酸。必需氨基酸指那些多数在猪体内不能合成或合成速度很慢或数量很少，不能满足猪体正常代谢的需要，必须由饲料供给的氨基酸；非必需氨基酸指那些猪体内可以合成或需要量很少，不必由饲料提供也能保证猪体正常代谢需要的氨基酸。

①氨基酸指含有一个碱性氨基和一个酸性羧基的有机化合物的通称，是构成动物营养所需蛋白质的基本物质。

成年猪维持生命所需的必需氨基酸有8种：赖氨酸、蛋氨酸、色氨酸、苯丙氨酸、亮氨酸、异亮氨酸、缬氨酸和苏氨酸。对生长发育的猪来说，必需氨基酸有10种，即除上面8种外，还有组氨酸和精氨酸。

(2) 限制性氨基酸　在必需氨基酸中，赖氨酸、蛋氨酸和色氨酸通常在植物性饲料的蛋白质中含量较少，不能满足猪体的需要。当缺少它们中的任何一种时，都会严重地制约其他氨基酸的利用②，所以在营养上把这3种氨基酸称为限制性氨基酸，甚至还根据需要迫切的程度，将它们排列成第一、第二限制性氨基酸。

②如图5-8所示，限制性氨基酸直接影响其他氨基酸的利用。只有当日粮中各种氨基酸的组成和比例与猪的需要相吻合时，饲料中的蛋白质才能最大限度地被猪体利用。

如果猪日粮中某种必需氨基酸缺乏或者氨基酸之间的比例不符合机体代谢的要求，即使日粮中蛋白质含量和消化率都不低，其利用率也不会高。只有氨基酸的组成和比例与猪体需要相吻合时，饲料蛋白质才能最大限度地被猪体利用，这样的蛋白质称为“理想蛋白质”。不同的生理状态下，猪理想蛋白质的氨基酸搭配模式有所不同（表 5–2）。饲料蛋白质的氨基酸搭配模式与理想蛋白质的氨基酸搭配模式符合程度越高，蛋白质的生物学价值就越高，蛋白质品质也就越好。

表 5-2　猪三阶段理想蛋白质的氨基酸搭配模型

（以可消化氨基酸表示）（Baker，1996）

理想搭配模型（占赖氨酸的百分比）	体重（千克）		
	5～20	20～50	50～100
赖氨酸	100	100	100
苏氨酸	65	67	70
色氨酸	17	18	19
蛋氨酸	30	30	30
胱氨酸	30	32	35
蛋氨酸＋胱氨酸	60	62	65
异亮氨酸	60	60	60
缬氨酸	68	68	68
亮氨酸	100	100	100
苯丙氨酸＋酪氨酸	95	95	95
精氨酸	42	36	30
组氨酸	32	32	32

饲料品种不同，其含有的氨基酸也不一样，有些饲料中甲种氨基酸较多，乙种氨基酸较少，而另外一些饲料则正好相反。所以，生产实际中常选用多种饲料组成猪的日粮（如配合饲料），既可起到取长补短、互相补充的作用，又可提高整个日粮蛋白质的生物学价值。

表 5–3 至表 5–6 分别是中国、美国和日本等国家制定的 5 ~ 10 千克、10 ~ 20 千克体重仔猪及生长育肥猪的营养需要，供参考。

表 5-3　5～10 千克仔猪能量、蛋白质及氨基酸需要量

国家	体重（千克）	消化能（兆焦/千克）	代谢能（兆焦/千克）	粗蛋白质（%）	赖氨酸（%）	蛋氨酸+胱氨酸（%）	苏氨酸（%）	异亮氨酸（%）
中国	5～10	16.74	16.07	27.0	1.40	0.80	0.80	0.90
美国	5～10	14.20	13.63	26.0	1.50	0.86	0.98	0.83
日本	5～10	17.07	—	28.0	1.55	0.78	0.93	0.86

表 5-4　10～20 千克仔猪能量、蛋白质及氨基酸需要量

国家	体重（千克）	消化能（兆焦/千克）	代谢能（兆焦/千克）	粗蛋白质（%）	赖氨酸（%）	蛋氨酸+胱氨酸（%）	苏氨酸（%）	异亮氨酸（%）
中国	10～20	13.85	13.31	19.0	0.78	0.51	0.51	0.55
美国	10～20	14.20	13.60	20.9	1.15	0.65	0.74	0.63
日本	10～20	—	—	18.0	1.02	0.51	0.61	0.56

表 5-5　生长育肥猪每日蛋白质需要量　　单位：克

平均日增重（克）	体重（千克）			
	20～40	40～60	60～80	80～100
400	195			
500	226	250		
600	260	280	297	290
700	290	307	332	320
800		348	364	344
900		383	398	386
1 000			442	431

表 5-6　瘦肉型猪每日赖氨酸需要量　　单位：毫克

平均日增重（克）	体重（千克）			
	20～40	40～60	60～80	80～100
400	9.8			
500	11.3	12.6		
600	13.0	14.0	14.8	14.5
700	14.5	15.4	16.6	16.0
800		17.4	18.2	17.2
900		19.2	19.9	19.3
1 000			22.1	21.6

脂肪的需要 猪对脂肪的需要量不多，且各种饲料中均含有一定数量的粗脂肪，所以一般情况下猪不会缺乏脂肪，只有在个别情况下应加以注意。

脂肪是猪能量的重要来源，猪生命活动所需的能量约30%是由脂肪氧化产生的，脂肪所含有的能量是碳水化合物的2.25倍。体脂是化学能量的最好储备形式。当猪采食饲料中能量超过需要时，便转化为体脂存于体内，以供采食的能量不足时加以调用。

对机体正常机能和健康具有重要保护作用的脂肪酸，尤其是十八碳二烯酸（亚麻油酸）、十八碳三烯酸（次亚麻油酸）和二十碳四烯酸（花生油酸），因其不能在猪体内合成，必须由饲料脂肪供给，故又称为必需脂肪酸。缺乏时会出现生长发育不良等现象。此外，脂溶性维生素A、维生素D、维生素E、维生素K及胡萝卜素必须以脂肪作溶剂，并依靠脂肪在体内输送。日粮缺乏脂肪时，就会影响这类维生素的吸收利用。

日粮中脂肪含量过高，不仅使饲料成本增加，而且会引起消化不良、肉的品质下降（如猪的软脂）等不良后果。一般认为，猪日粮中以含有2%～5%的脂肪为宜。

碳水化合物的需要 碳水化合物是植物性饲料的主要组成成分，占其干物质总量的3/4。在猪日粮中，碳水化合物含量居第一位。

在营养学中，碳水化合物是一组物质的总称，一般饲料分析将碳水化合物分为无氮浸出物和粗纤维两大类。无氮浸出物中的淀粉与单、双糖具有较高的可消化性，能被猪体消化、吸收和利用，营养价值较高（图5-8）。

粗纤维包括纤维素、半纤维素和木质素等，是组成植物细胞壁及其支持组织的主要物质，是饲料中最难消化的营养物质，但却对猪的消化过程具有重要意义。粗

图 5-8 谷物籽实类饲料①

①如图 5-8 所示，淀粉主要存在于谷物籽实和块根、块茎（如马铃薯）等中，很容易被消化。淀粉被食入后，在各种酶的作用下，转化成葡萄糖后再被机体吸收利用。

纤维在保持消化物的稠度、形成硬粪以及在消化运转过程中，起着一种物理作用。同时，粗纤维也是能量的部分来源。粗纤维供给量过少，可使肠蠕动减缓，食物通过消化道的时间延长，低纤维日粮可使消化紊乱、采食量下降，产生消化道疾病，死亡率升高；但如果日粮中粗纤维含量过高，可使肠蠕动过速，营养浓度下降，仅能维持猪较低生产性能。

研究结果表明，仔猪和生长育肥猪日粮中粗纤维含量不宜超过 4%，母猪可适当增加，但也不要超过 7%。

矿物质的需要

矿物质是猪体组织的主要成分之一，目前已确认有45 种矿物质元素参与动物体的组成。这些元素通常与有机或无机化合物以盐类的形式存在，遍及机体各部位，但所含的数量不多，在猪体内仅占体重的 3%～5%。

矿物质元素的主要功能是形成体组织和细胞，特别是组成骨骼的主要成分；调节血液和淋巴液渗透压，保证细胞营养；维持血液酸碱平衡，活化酶和激素等，是保证幼猪生长、维持成年猪健康和提高生产性能所不可缺少的营养物质。

猪所需要的矿物质元素，按其含量可分为常量元素（占体重 0.01%以上）和微量元素（占体重 0.01%以下）

两种。猪需要的常量元素主要有钙（Ca）、磷（P）、钠（Na）、氯（Cl）、钾（K）、镁（Mg）、硫（S）等；微量元素主要有铁（Fe）、铜（Cu）、锌（Zn）、钴（Co）、锰（Mn）、碘（I）、硒（Se）等。猪体内的矿物质不能由机体合成，必须由饲料及饮水供给。

（1）钙和磷　钙、磷是猪体矿物质中含量最多的元素，占矿物质总量的75%左右。大约99%的钙和80%的磷存在于骨骼和牙齿中，另有小部分在体液和其他组织中。骨骼中钙和磷的化合物主要是磷酸钙，其钙、磷的比例是3∶2。

血液中的钙分为结合钙和游离钙两种，血液中的钙离子除了具有维持肌肉和神经正常的生理作用外，还有促进血液凝集的作用。

血液中的磷也分为两种，即有机磷和无机磷①。磷在细胞膜的构成及脂类转运和代谢过程中起着重要的作用，同时又是某些酶的成分，无机磷主要是磷酸二氢钙和磷酸氢钙，是血液中的主要缓冲物质，还具有激活多种酶的活性，有促进胰岛素、肾上腺皮质固醇的作用。

猪对钙、磷的需要因年龄和生产目的的不同而不同，仔猪骨骼的形成、泌乳母猪乳汁的分泌、怀孕母猪胎儿的发育都需要较多的钙、磷。如饲粮中供给不足，首先会出现异食症，即啃咬泥土、石块，或互相咬皮毛、耳朵、尾巴等异物，以致引起代谢紊乱。仔猪表现为生长停滞、消瘦、软弱无力；母猪表现为繁殖力下降，发情周期不正常或不发情、不孕等，胎儿往往发育畸形或形成死胎、成活率低；公猪表现为性机能下降。其次，仔猪或生长育肥猪表现为骨骼和关节粗大，骨骼变形，如脊椎和胸骨弯曲及佝偻病；成年猪则表现为骨质疏松或纤维化，骨骼变得多孔或似海绵状，容易骨折、瘫痪（图5-9）。过多的钙影响铁、锌、锰、铜、碘的吸收，

①猪对钙、磷的吸收利用必须具备三个基本条件：第一，饲料中含有足够的钙和磷；第二，钙和磷的比例适当［(1.0~1.5)∶1］；第三，有充足的维生素D_3存在。

甚至造成这五种微量元素的缺乏；而磷过多则影响钾、镁、铁、锌、锰、钼的吸收，甚至造成他们的缺乏。

通常，豆科植物饲料中含有丰富的钙，禾本科籽实及糠麸类含钙和有机磷量低。因此，以籽实、饼类和糠麸为主的饲粮，都需要额外补充。一般要求饲料中的钙磷比例以（1.0~1.5）：1 为宜。

图 5-9　猪佝偻病和瘫痪姿势[①]

①如图 5-9 所示，仔猪缺钙，四肢骨骼变形，容易发生佝偻病；成年猪骨质疏松，容易骨折和瘫痪。

（2）氯、钠和钾　猪体内氯、钠、钾的主要作用是作为电解质维持渗透压，调节酸碱平衡，控制水的代谢；钠对传导神经冲动和营养物质的吸收起着重要作用；细胞内钾与很多代谢有关；氯、钠、钾可为酶提供有利于发挥作用的环境或作为酶的活化因子。由于植物性饲料中的钠、氯含量很低，因此必须补充食盐。

三种元素中任何一种缺乏都会出现食欲差、生长慢、生产力下降、饲料利用率降低等现象。缺钠可导致猪只相互咬尾或同类相残。一般情况下，猪能自身调节钠摄入，特别是在保证供水充足的情况下，任食食盐也不会有害，其耐受能力比较强；但较长时间缺乏食盐时，任食食盐可导致中毒，表现为腹泻、极度口渴、产生类似于脑膜炎的神经症状。饲料中钾过多时，会降低镁的吸收利用率。

食盐供给量按占风干饲粮的比例计算，以生长育肥猪 0.3%、种公猪和妊娠母猪 0.4%、泌乳母猪 0.5%为宜。

（3）铁和铜　铁和铜是猪体正常造血功能所不可缺少的元素。在体内虽然含量很少，但在生理上起着重要的作用。铁参与血红蛋白和肌红蛋白的组成，转运氧、血红素、铁红素、铁蛋白、血铁黄素和转铁蛋白等。铁参与体内物质代谢，是细胞色素酶及各种氧化酶的组成成分，可催化多种生化反应。铁有生理防卫机能，转铁蛋白除可运载铁之外，还能预防机体感染疾病。

一般初生仔猪体内储存的铁很少①，猪奶中含量也不多，所以仔猪出生后应及时补铁，否则易发生营养性贫血。哺乳仔猪每千克饲料中铁的最低需要量为 80 毫克，每千克饲料含铁 500 毫克时可能会发生中毒（图 5-10）。

①初生仔猪体内储存的铁平均为 47 毫克，仔猪生长需要一般为每日 7 毫克，这些储存可供仔猪 1 周之需，故仔猪初生后 3 ~5 天内应及时补铁。

图 5-10　猪拱食红土补铁②

②如图 5-10 所示，在猪圈内放置一个框子，里面盛一些含铁的红黏土，让仔猪自由拱食，可防止仔猪缺铁。

铜虽不是血红素组成物，但它在血红素和血红细胞的形成过程中起着催化作用，参与红细胞的形成，因此缺铜也会发生贫血症。一般饲料中不缺铜，只有在少数缺铜地区应注意补充铜。幼猪铜的最低需要量为每千克体重 0.1 ~ 0.15 毫克。

（4）镁　镁和钙、磷有密切的关系，是组成骨骼、牙齿的成分，体内有 70%的镁存在于骨骼中，多以磷酸盐和碳酸盐的形式存在。镁是许多酶系的辅助因子，具有调节神经肌肉兴奋性、保证神经肌肉的正常功能。

20 日龄的仔猪，每千克饲粮至少应含镁 400 毫克。猪缺镁则表现为神经过敏、肌肉痉挛、不愿站立、系部软弱、丧失平衡、强直痉挛，甚至死亡。

(5) 锰　猪体内含锰量很低。主要沉积在骨的无机物中，骨骼中的锰占总锰的25%左右，其次是肝、肾、胰脏，肌肉中含量较低。锰是糖、脂肪和蛋白质代谢有关酶的组成成分，是维持大脑正常代谢功能不可缺少的物质。

生长猪每千克饲粮应含锰 2 ~ 5 毫克，种猪 10 毫克。猪缺锰时表现为性成熟晚、发情不明显、受胎后胚胎容易被吸收或流产、初生仔猪弱小和母猪产奶量下降。锰过多可减少猪的血红蛋白。猪主要从植物性饲料中获得锰，青粗饲料和糠麸类饲料中含锰丰富。

(6) 锌　锌是猪体内多种酶的成分，在蛋白质、碳水化合物和脂肪代谢中起重要作用。它参与维持上皮细胞和被毛的正常形态、生长和健康，以及激素的正常作用。缺锌时猪生长受阻，被毛、皮肤损害明显，称为不全角化症，即类似疥疮样但不痒的皮炎。

各种饲料，如酵母、糠麸、饼粕类以及动物性饲料中均含有丰富的锌。幼嫩的青绿饲料也含有较多的锌。生长猪锌的需要量为 50 毫克 / 千克，妊娠母猪 33 毫克 / 千克，种公猪比母猪高些。

(7) 硒　硒及其有机化合物是强氧化剂，一般与蛋白质结合存在。硒在机体内的作用与维生素相似，能防止细胞膜被过氧化物损害。

缺硒是地区性的。我国有不少地区缺硒，主要包括西北、东北及西南地区。缺硒时仔猪常发生白肌病①，主要表现为心力衰弱、心律不齐、精神不振、被毛粗乱。剖检时可见心肌变性，心内、外膜呈灰黄色条纹、心肌厚薄不均。

猪每千克饲料中含硒应达到 0.1 ~ 0.2 毫克，5~8 毫克水平时可能引起中毒。为防止仔猪缺硒，妊娠母猪分

①仔猪白肌病，主要是由于饲料中缺乏微量元素硒和维生素 E 而引起。该病多发生于 1 ~ 2 月龄，营养良好、身体健壮、生长迅速的仔猪。危害较大。

娩前20~30天，可皮下或肌肉注射亚硒酸钠。仔猪缺硒时，亦可进行皮下或肌肉注射亚硒酸钠。

微量元素添加量非常少，通常用毫克/千克来表示，因此必须十分小心地应用，以免添加过量引起中毒。不同类型的猪，微量元素的添加量见表5-7。

表5-7 不同类型猪只微量元素的添加量 单位：毫克/千克

微量元素	哺乳仔猪		生长猪		母猪	
	标准	范围	标准	范围	标准	范围
铁	80	60～200	80	60～300	50	40～60
铜	80	80～150	80	80～150	30	20～50
锌	50	40～80	20	10～40	50	40～70
碘	1.2	1.2～2.0	2.0	1.5～2.5	2.0	1.8～2.6
硒	0.1	0.5～1.5	0.05～0.1	0.02～0.15	0.14	0.12～0.16
锰	20	10～40	30～50	20～80	30	50

维生素的需要

维生素是具有高度生物学活性的低分子有机化合物，是天然饲料中的成分，但明显不同于其他营养素，它本身既不能提供能量，也不是动物体的构成成分，但它却是维持猪体正常生命和生长所必需的一类特殊的营养物质。大多数维生素都必须从饲料中摄取，其需要量很少，但在生理上却起着调节和控制新陈代谢的重要作用，对猪的生长、健康、发育和繁殖均具有十分重要的意义。维生素缺乏时，会引起一系列特定的维生素缺乏症或并发症。

猪所需要的维生素，根据其溶解性质分为两大类。一类是溶于脂肪才能被机体吸收的，称为脂溶性维生素；另一类是溶于水中才能被机体吸收的，称为水溶性维生素（图5-11）。

（1）维生素A　维生素A为环多烯醇类化合物，仅存于动物体内，植物中只有维生素A原——β-胡萝卜素，主要在肠黏膜中转化成维生素A。一般认为，猪体

维生素
- 脂溶性维生素：包括维生素 A、维生素 D、维生素 E、维生素 K 等
- 水溶性维生素
  - B 族维生素：维生素 B_1（硫胺素）、维生素 B_2（核黄素）、维生素 B_3（泛酸）、维生素 B_4（胆碱）、维生素 B_5（烟酸）、维生素 B_6（吡哆醇）、维生素 B_{11}（叶酸）、维生素 B_{12}（氰钴胺素）、维生素 H（生物素）
  - 维生素 C（抗坏血酸）

图 5-11　维生素的组成

内每毫克 β-胡萝卜素可转化为 260 国际单位的维生素 A，或 3.77 微克 β-胡萝卜素等于 1 国际单位维生素 A。

维生素 A 的主要功能是预防疲惫症和干眼病，保护皮肤、消化道、呼吸道和生殖道上皮细胞的完整，增强动物对疾病的抵抗力。猪在任何生长阶段或生理状态下都需要维生素 A。缺乏维生素 A 或胡萝卜素时，猪表现为夜盲症、表皮角质化、生长缓慢，公猪精液品质下降，母猪繁殖力降低（图 5-12）。

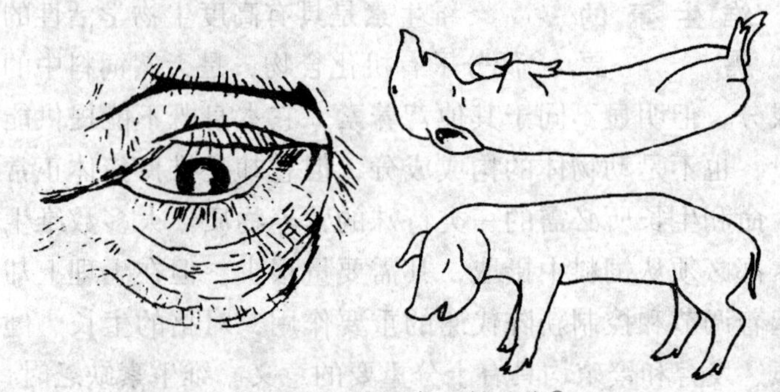

图 5-12　维生素 A 缺乏症[①]

①如图 5-12 所示，维生素 A 缺乏时，猪视力减弱、干眼或角膜软化；母猪易发生流产、死胎或产出畸形瞎眼猪。

猪对维生素 A 的需要量为每千克饲粮 1 300～4 000 国际单位。生长育肥猪需要量随年龄增长而下降，种猪需要量高于生长育肥猪。

(2) 维生素 D　维生素 D 属于类固醇类衍生物。自然界以多种形式存在，其中以维生素 D_2（麦角钙化醇）和维生素 D_3（胆钙化醇）对动物有实际意义。

维生素 D 的主要生理功能为调节钙、磷的代谢，特

别是增加小肠对钙、磷的吸收，维持血液的钙、磷平衡，调节肾脏对钙、磷的排泄，控制骨髓中钙、磷的贮存，改善骨中贮备钙、磷的活动状况。集约化饲养的猪由于不能直接接受阳光照射，易缺乏维生素 D。

维生素 D 缺乏时，会影响钙的吸收，导致血钙水平下降，增加血磷排出量，血中钙磷浓度下降，引起钙磷吸收和代谢紊乱，使骨钙化不足。严重缺乏维生素 D 时表现为钙和磷的缺乏症（图5–13）。

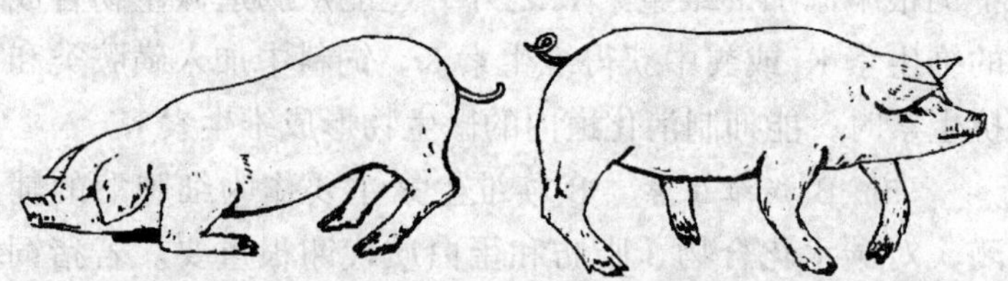

病猪前肢跪地，不能站立　　病猪长骨弯曲变形，行走困难

图 5–13　猪佝偻病症状

猪对维生素 D 的需要量为每千克饲粮 125~200 国际单位，仔猪需要量高于生长猪，种猪、后备猪与生长猪需要量相似。

（3）维生素 E　维生素 E 又名生育酚，目前已知天然存在的有两大类八种，其中以 α – 生育酚的抗不育作用活性最强。维生素 E 不能在体内合成，但能贮存，主要贮存在脂肪组织内。

维生素 E 在猪体内具有生物催化剂和抗氧化剂的作用，能够防止细胞膜氧化，减少过氧化物的产生，保护含有脂质细胞膜的完整。维生素 E 的缺乏症与硒的缺乏症相似，猪表现为肝脏坏死、脂肪组织变黄、血管受损、水肿、胃溃疡；繁殖机能紊乱，公猪睾丸发育不良、精子活力差、受精能力弱、畸形精子增加；母猪受胎后易流产或死胎；仔猪生长停滞，肌肉营养不良或白肌病。

维生素 E 在自然界分布很广，以新鲜的青绿饲料和大麦芽中的含量最为丰富。在硒充足的情况下，饲粮中添加维生素 E 10～15 毫克 / 千克即可满足需要。

（4）维生素 K　维生素 K 又名凝血维生素，主要作用是催化肝脏中凝血酶原（因子Ⅱ）和血浆粗凝血酶原激活酶（因子）的合成。维生素 K 缺乏时，由于限制了凝血酶原的合成，而使血液凝固时间延长，猪主要表现为对刺激敏感、贫血及衰弱等症状。

猪对维生素 K 的需要量为 0.5～1 毫克 / 千克。猪除了饲粮中添加的维生素 K 之外，还能从肠道微生物合成的维生素 K_2 或粪中获得维生素 K。饲料中加入磺胺类和抗生素时，能抑制消化道内的微生物形成维生素 K。

（5）B 族维生素　B 族维生素主要作为细胞酶的辅酶，对碳水化合物、脂肪和蛋白质代谢很重要。若猪饲料中缺少一种或多种 B 族维生素，均能出现食欲下降、生长缓慢、饲料利用率降低等现象。猪消化道后段微生物合成的 B 族维生素，大部分随粪便排出体外，可以利用的量很少，故 B 族维生素需靠饲料供给。各种 B 族维生素的功能、缺乏症和来源等见表 5–8。

表 5-8　B 族维生素的营养作用

名　称	主要功能	缺乏症	来　源
维生素 B_1	细胞酶的辅酶，促进食欲，为碳水化合物代谢所必需	食欲不振，体重减轻	青绿牧草，优质干草，禾本科籽实，酵母，工业合成
维生素 B_2	促进生长，作为碳水化合物、氨基酸代谢中某些酶系的组分	生长受阻，生产力下降；皮炎症，眼睛混浊	青绿饲料，酵母，工业合成
维生素 B_6	蛋白质代谢中辅酶的组分，与红细胞的形成有关	食欲不振，生长受阻	一般常用饲料，工业合成
维生素 B_3	辅酶的成分，对碳水化合物、脂肪、蛋白质代谢影响很大	生长受阻，生产力下降，消化道前段黏膜炎症，呕吐；皮炎，被毛粗糙	苜蓿，在体内可由过量的色氨酸合成，工业合成
维生素 B_5	辅酶 A 的成分，参与体内能量代谢过程	“鹅行”步态，脱毛	泛酸钙，糠麸及植物性蛋白质饲料，工业合成

（续）

名　称	主要功能	缺乏症	来　源
维生素 B_{12}	协助辅酶的作用；与叶酸协作促进蛋氨酸的合成，促进核酸的合成	生长停滞，贫血，皮炎，后肢运动不协调，繁殖受阻	动物性饲料，发酵产品，工业合成
维生素 H	许多酶的辅酶，参与有机物的代谢过程，促进不饱和脂肪酸酶的合成	后肢痉挛，皮炎，饲料利用率降低	酵母、全乳、蛋黄，工业合成
维生素 B_{11}	与维生素 B_{12} 代谢有关	生长受阻	优质干草，青绿饲草，动物性蛋白饲料，工业合成
胆碱	有亲脂作用，又称抗脂肪增多因子	脂肪肝，小猪步态异常，母猪繁殖受阻	一般常用饲料中不缺氯化胆碱，工业合成

（6）维生素 C　是一种水溶性抗氧化剂，因能防治坏血病而又被称为抗坏血酸。维生素 C 在体内参与芳香族氨基酸的氧化、去甲肾上腺素和肉碱的合成以及细胞中血铁素的还原，也是辅氨酸和赖氨酸羟化所必需的。辅氨酸和赖氨酸是胶原的组成成分，而胶原是软骨和骨骼生长所必需的物质，因此，维生素 C 可促进骨骼基质、牙齿牙质的形成，还具有增强机体的抗病力和防御机制等作用。

成年猪体内组织一般能合成足够其需要的维生素 C，但仔猪在出生后的最初十天内不能合成足够其需要的维生素 C。缺乏维生素 C，可引起非特异性的因子凝集，以及影响叶酸和维生素 B_{12} 的利用，从而导致食欲不振，生长缓慢，患病率高，黏膜自发性出血、溃疡，贫血，营养不良等。

水的需要

水是猪体内各器官、组织和产品的重要组成成分。猪体的 3/4 是水，初生仔猪机体中的水含量最高，可达 90%。体内营养物质的输送、消化、吸收、转化、合成及粪便的排出，都需要水分；水还有调节体温的作用，也是治疗疾病与发挥药效的调节剂。试验证明，猪缺水会导致消化紊乱、食欲减退、被毛枯燥；公猪性欲减退，精液品质下降，严重时可造成死亡。长期饥饿的猪，若体重损失 40%仍能生存，但是如果失水 10%，则代谢过程遭受破坏；失水 20%，则会死亡（图 5–14）。

许多因素影响猪对水的需要量。如气候条件、饲粮类型、饲养水平、水的质量、猪的大小及品种等，差异很大。

单位体重的需水量通常是幼猪比成年猪多，泌乳母猪比育肥猪多，高产猪比低产猪多。正常情况下，哺乳仔猪每千克体重每天需水量见图 5–16。生长肥育猪在用自动食槽不限量采食、自动饮水器自由饮水的条件下，10 ~ 22 周龄期间，水料比平均为 2.56 : 1。非妊娠青年母猪每天饮水约 11.5 千克，妊娠母猪增加到 20 千克，哺乳母猪多于 20 千克。日粮中脂肪和蛋白质多时需水也多，夏季比冬季多。

图 5–14　猪每天需要大量的饮水①

①如图 5–14 所示，猪每天需要大量的饮水。试验证明，处于饥饿状态时，猪可消耗体内全部体脂与半数以上的蛋白质，以延续生命；但如果缺水达体重的 20%，则会危及生命。

需水量的衡量一般根据猪采食饲料干物质的量来计算，因为在适宜的温度下，采食饲料干物质的量与其需水量之间高度相关。正确的供水方

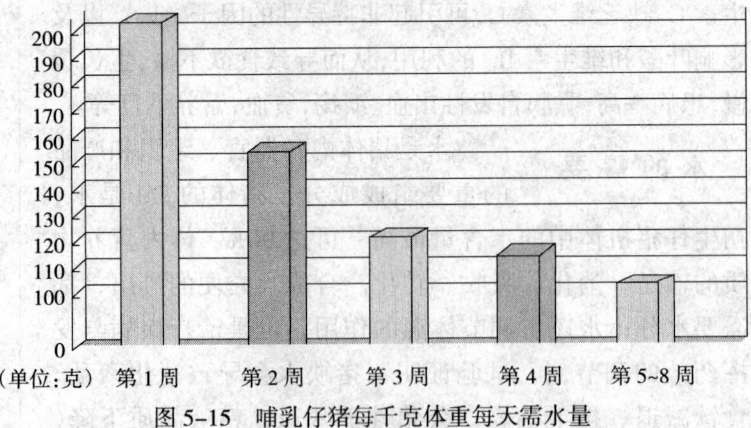

图 5–15　哺乳仔猪每千克体重每天需水量

法是：料水分开，喂食干料（配合饲料或全价颗粒料），若用自拌粉料喂猪，可采用湿拌料［料水比为 1：（1～1.5)］，喂后供给足够的饮水。有条件的可安装自动饮水器，让猪自由饮水。各类猪的日饮水需要量见表 5–9。

表 5-9　各类猪的日饮水需要量

单位：升/日

猪群类别	饮用水量	猪群类别	饮用水量
种公猪	10	断奶仔猪	2
空怀及妊娠母猪	12	生长育成猪	6
带仔母猪	20	育肥猪	6

（三）猪的饲养标准

为了科学地养猪，各国科学家根据大量饲养试验、物质代谢试验及生产实践的经验，对不同体重、日龄、性别、生理阶段、生产类型、品种类型的猪，规定了每日每头或每千克饲料中的各种营养物质的数量及与之配套的猪常用饲料中各种营养物质的含量，这种规定被称为猪饲养标准。饲养标准为养猪者和饲料生产者提供了科学的依据，许多国家均制定了自己的猪饲养标准，用以指导本国的养猪生产。比较有名的有美国的 NRC、英国的 ARC、法国的 AEC、德国的 DLG 和前苏联饲养标准及日本饲养标准。我国猪饲养标准于 1987 年发布（附录一）。

猪的饲养标准实际上是有关专家拟定的推荐量。可以将饲养标准理解为猪最低需要量，即不应低于此建议量，低了会出现不利影响。在实际生产中，特别是维生素和微量元素往往应根据情况提高供给标准，以求达到更好的效益。

饲养标准是一个十分有用的配制猪饲料的指南，但不应被看做是死规定，而应当作为一个参考。使用时应根据养猪的具体情况，运用猪的营养知识科学合理地配制饲料。

（四）猪的常用饲料和饲料添加剂

1. 猪的常用饲料

猪是单胃杂食动物，利用饲料的范围很广。常用的饲料主要有能量饲料[①]、蛋白质饲料、青饲料、粗饲料、矿物质饲料等。

①能量饲料指干物质中粗纤维含量低于18%，粗蛋白质含量低于20%，含消化能10.46兆焦/千克以上的饲料。

能量饲料 能量饲料的营养特性是含有丰富的、易于消化的淀粉，是猪所需能量的主要来源。但是这类饲料蛋白质、矿物质和维生素含量低，主要包括禾谷类籽实及其加工副产品、淀粉质的块根、块茎等。

（1）禾谷类籽实 指禾本科植物成熟的种子，主要包括玉米、大麦、稻谷、小麦、小米、高粱等。这类饲料的特点是含有丰富的无氮浸出物，约占干物质的70%～80%，其中主要是淀粉，约占70%～80%。其消化率很高，消化能大多在13兆焦/千克以上；粗纤维含量低，一般在6%以下；适口性较好。缺点是蛋白质含量低（表5-10）。单独使用该类饲料不能满足猪对蛋白质的需要；且赖氨酸、蛋氨酸含量也较低；钙的含量在0.1%以下，钙、磷比例不合适，且缺乏维生素A（除黄玉米外）和维生素D。

表5-10 几种禾谷类籽实粗蛋白含量

单位：%

	玉米	大麦	小麦	高粱	稻谷
粗蛋白质	8.5	11.0	14.0	9.0	7.9

①玉米：玉米消化能含量很高，粗纤维少，适口性好，对动物无副作用，是饲料中使用最普遍和用量最多的原料之一。缺点是粗蛋白质含量低，只有8%～9%，矿物质和维生素不足，但黄玉米（图5-16）中含有较多的胡萝卜素，可在猪体内转变为维生素A。另外，玉米含脂肪多，并且不饱和脂肪酸所占的比率较大，粉碎后易酸败变质、发苦，口味变差，不宜久存；如大量用作育肥猪饲料，还会使脂肪变软，影响肉的品质。因此，在肉猪的日粮中玉米含量最好不超过50%。

玉米籽实不易干，含水量高的玉米容易发霉，尤以黄曲霉菌（所产生的黄曲霉毒素有致癌作用）和赤霉菌（所产生的赤霉烯酮影响繁殖机能）危害最大。

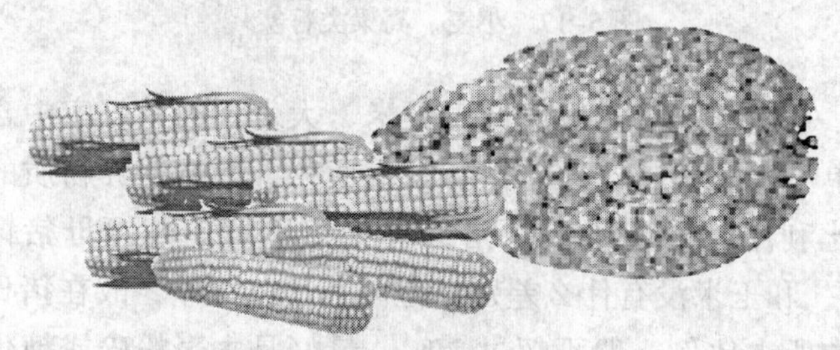

图5-16　黄玉米[①]

②大麦：大麦是谷物类饲料中含蛋白质较高的一种精料，多带皮磨碎使用，粗蛋白占11%～12%，比玉米略高，赖氨酸含量也较高，且种粒可以发芽，是良好的维生素补充料。大麦含B族维生素丰富，适口性好，价格便宜，是育肥猪的好饲料。因其脂肪含量低，喂育肥猪可以获得白色硬脂的优质猪肉。缺点是粗纤维含量较多，其消化能相当于玉米的90%。在猪的饲料中最好不超过30%，对于幼龄猪最好不超过10%。

③小麦：小麦的蛋白质含量较玉米高，能量比玉米略低，适口性也较玉米好，其营养价值相当于玉米的

①如图5-16所示，黄玉米种皮发黄，含色素较多，主要是β-胡萝卜素、叶黄素和玉米黄质，维生素E和维生素B_1含量较高，其营养价值高于其他玉米。

100%～105%，对育肥猪可以改善胴体品质，防止背膘变厚。但因其价格偏高，很少作饲料用，只有低品质不适合磨面粉的和受损害的小麦才用来喂猪（图 5-17）。

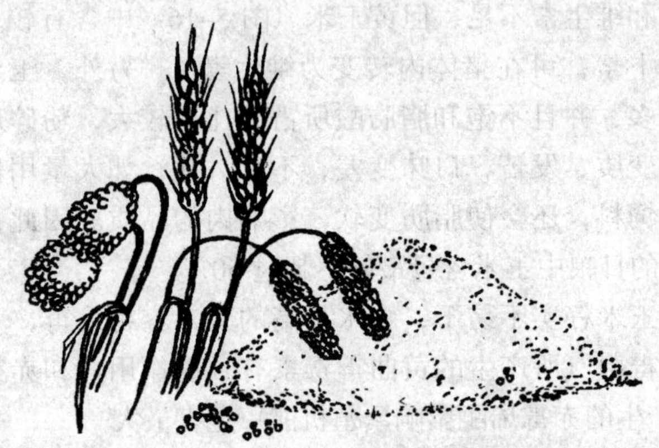

图 5-17　小麦、高粱类籽实①

①如图 5-17 所示，小麦、高粱、稻谷类籽实都属于能量饲料。用于喂猪时，添加量不宜过大。

④高粱：营养价值低于玉米、大麦，因其籽实中含有单宁，故其适口性差，易发生便秘，影响营养物质的消化利用。用高粱喂肉猪或种猪（不宜作妊娠母猪饲料），和玉米没有什么差别，但因其适口性差，故在猪日粮中所占比例一般不超过 20%，最好是去壳粉碎或糖化处理后喂猪，使用时亦须补充维生素 A 和蛋白质。

⑤稻谷：稻谷含有稻壳，粗纤维水平较高，其营养价值仅为玉米的 80%～85%。稻谷去壳为糙米，糙米去米糠为大米。加工过程中留存在 2 毫米圆孔筛以上、不足正常整米 2/3 的碎米称大碎米；通过直径 2 毫米圆孔筛，留存在直径 1 毫米圆孔筛以上的碎米称小碎米。糙米、碎米的营养价值接近玉米。

（2）糠麸类　与谷物原料相比，糠麸类粗蛋白质、粗纤维、维生素和矿物质含量均较高，B 族维生素相当丰富，尤其以维生素 B_1 最丰富。由于此类饲料含粗纤维高，淀粉相对减少，容积大，属于低热能饲料。常用的主要有小麦麸、次粉和米糠。

①小麦麸（麸皮）和次粉：小麦麸和次粉都是在小麦加工成面粉时的副产品，小麦麸以种皮为主，胚乳很少；次粉以糊粉层、胚乳为主，而种皮较少。小麦麸的蛋白质含量高，必需氨基酸含量也高于玉米，特别是赖氨酸达 0.67%，但蛋氨酸与玉米相当；粗纤维含量（9.5%）比玉米高，消化能低，约为 10.5 ~ 12.6 兆焦 / 千克；B 族维生素含量丰富；含钙少，含磷多，几乎成 1：8 的比例。

小麦麸含有适量的粗纤维和硫酸盐类，具有轻泻作用，适宜喂母猪，可调节消化道机能，防止便秘。小麦麸的容积较大，用于育肥猪，可调节饲粮营养浓度，起到限饲的作用。一般喂量为 5% ~ 25%。也可作为添加剂预混料的载体、稀释剂、吸附剂和发酵饲料的载体。

次粉的蛋白质（14%左右）、粗脂肪（2.2%）和粗纤维（3.5%）含量都比小麦麸低，有效能值高于小麦麸，与玉米接近。次粉对于育肥猪的饲喂价值优于小麦麸，甚至可以与玉米相当。因其有黏结性，生产上多用于制作颗粒状饲料。

②米糠：米糠是稻谷加工成白米时分理出的种皮、糊粉层与胚三种物质的混合物，其营养价值视白米加工程度不同而异。米糠的蛋白质含量为 12%左右，富含 B 族维生素，具有良好的适口性。但由于含脂肪较多（约为 15%左右），因此夏季容易氧化变质，不易贮存。由于米糠含钙少，含磷多，喂量一般不宜超过 30%，育肥猪喂量过多易产生软质肉，幼猪喂量过多易引起腹泻。

（3）*淀粉质块根块茎类* 这类饲料主要有甘薯、马铃薯（土豆）等，常被列入多汁饲料，但其水分比多汁饲料少（图 5–18）。

图 5-18　块根类饲料①

①如图 5-18 所示，块根类饲料含水分较高，约为 70%～75%；粗纤维含量低，占干物质的 4%左右；钙含量也较少，是养猪不可缺少的一种能量饲料。

①甘薯：甘薯又称山芋、红薯、地瓜等，是我国广泛栽培、产量最高的薯类作物。其干物质含量 29%～30%，粗纤维含量低，只有玉米的一半，主体是淀粉，适口性好，尤适喂猪，生喂、熟喂消化率均较高，但煮熟喂比生喂效果好，饲用价值接近玉米。贮存不当时会产生毒素，甘薯出现黑斑时含有毒性酮，可对猪造成危害。

②胡萝卜：胡萝卜中含有大量的糖类、多种维生素和微量元素，尤其是含有丰富的胡萝卜素，质脆味甜，适口性好。在冬季无其他青饲料时，每天给猪饲喂 100 克胡萝卜即可满足其对维生素 A 的需要（图 5-19）。

③马铃薯：又名土豆。含有相当多的淀粉，干物质中所含能量比玉米多，粗纤维比甘薯少，蛋白质比甘薯

图 5-19　胡萝卜②

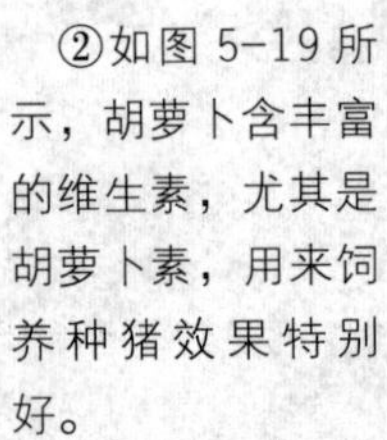

②如图 5-19 所示，胡萝卜含丰富的维生素，尤其是胡萝卜素，用来饲养种猪效果特别好。

多，且生物学价值较高，含有较多的B族维生素。煮熟喂猪效果明显优于生喂。发芽和被阳光晒绿的马铃薯，其所含龙葵素（有毒）明显增加，猪采食过多会引起胃肠炎，甚至中毒死亡。因此，应避免马铃薯受阳光照射，发芽的发铃薯喂前应将芽去掉。

蛋白质饲料

蛋白质饲料①主要包括植物性蛋白质饲料、动物性蛋白质饲料以及单细胞蛋白质饲料。

（1）*植物性蛋白质饲料*　主要包括豆类籽实、饼粕及其加工副产品（图5-20）。

图5-20　豆类籽实、饼粕类饲料②

①豆类籽实：包括大豆（黄豆）、黑豆、蚕豆、豌豆等。蛋白质含量高，一般为20%~40%，品质好。大豆、黑豆中脂肪含量高，豌豆、蚕豆中淀粉含量很高，它们的粗纤维含量低，不但可作为蛋白质的来源，也可作为能量的来源。

但是，豆类籽实中含有一些不良物质，如抗胰蛋白酶因子、植物性红细胞凝集素、皂苷等，能抑制某些酶对蛋白质的消化，降低蛋白质的消化利用率，抑制猪的生长，故使用前最好炒熟或进行其他方式热处理使毒素失活后再利用。

②豆饼（粕）：豆粕蛋白质含量高（表5-11）、品质优良，赖氨酸、色氨酸含量较多，蛋氨酸含量少；粗纤维5%左右，能值较高；富含核黄素与烟酸，适口性好，

①蛋白质饲料指干物质中粗蛋白质含量高于20%，粗纤维含量低于18%的饲料。

②如图5-20所示，在植物性蛋白质饲料中，饼粕类饲料为最常用，且蛋白质含量丰富的蛋白质饲料。

是我国最常用的植物性蛋白质饲料之一。在猪日粮中的用量为 15%~20%。

表 5-11　各种饼粕的粗蛋白质含量及其在饲料中的比例

单位：%

	豆　饼	豆　粕	花生饼（粕）	棉籽饼（粕）	菜籽饼（粕）
粗蛋白质	42	45	40	30～40	35～40
比　例	15～20	15～20	<10	5～8	3～8

但是，大豆中的有害物质，因加工条件不同而不同程度地存在于豆饼（粕）中，从而降低了蛋白质及其他营养物质的消化吸收率，易导致猪尤其是幼猪腹泻，增重降低，饲料转化率下降。加热虽然可以破坏这些有毒有害物质，但加热过度也会破坏蛋白质中某些氨基酸。

③花生饼（粕）：花生饼蛋白质品质低于豆饼，赖氨酸、蛋氨酸含量较低；粗纤维为 6.6%，有效能值较高。花生饼有甜香味，适口性好，但容易变质，不宜久贮。用量过多时，会使肉质变差，脂肪软化。

花生饼在贮存过程中极易感染黄曲霉菌，产生黄曲霉毒素，猪采食后容易中毒。因此，哺乳猪仔猪饲粮最好不用花生饼（粕），其他阶段用量也在 4%以下。

④棉籽饼（粕）：棉籽饼（粕）赖氨酸含量较低，只有豆饼的 60%，粗纤维 14%左右，也是猪的主要蛋白质饲料来源之一。但喂猪效果低于其他饼粕，消化率比豆饼低 25%，且棉籽饼中含有棉酚等有毒成分，可引起心、肝、肺等组织的损伤，使用前必须进行脱毒处理。乳猪、仔猪及母猪不能使用棉籽饼，生长猪和育肥猪日粮中的用量也要控制。

生产上为了充分利用棉籽饼，对含毒较高的棉籽饼（粕）应进行去毒处理。如将棉籽饼（粕）加水煮沸 1 小时可去毒 75%。用 0.4%硫酸亚铁、0.5%石灰水浸泡 2~3

小时后，也有较好的效果。按铁与棉酚 1∶1 的比例在饲粮中加入硫酸亚铁，可起到解毒作用。

⑤菜籽饼（粕）：菜籽饼（粕）赖氨酸含量比豆饼低，蛋氨酸含量较高，粗纤维 10%左右。有效能值较低，与棉籽饼相当。具有苦涩味，影响适口性和蛋白质的利用。由于菜籽饼中含有含硫葡萄糖等有毒物质，大量饲喂时可引起猪腹泻、甲状腺肿大和泌尿系统炎症等。经热处理后的菜籽饼，仍能获得良好的饲喂效果。一般种猪与仔猪日粮不超过 5%，育肥猪不超过 10%~15%，与其他饼类搭配使用比单一使用效果好。

为了合理利用菜籽饼，应对其进行去毒处理。如水浸法，将菜籽饼（粕）浸泡数小时，再换水 1~2 次即可。坑埋法，将菜籽饼（粕）用水拌湿后封埋于土坑中30~60天，即可去除大部分毒素。也可利用硫酸亚铁处理法、碳酸氢钠处理法、加热法和微生物发酵法等去毒处理。

（2）*动物性蛋白质饲料*　动物性蛋白质饲料[①]蛋白质含量特别高，多数达 50%~80%，且蛋白质品质好，各种氨基酸含量高且平衡，维生素含量丰富，钙、磷含量高，是一种优质蛋白质补充饲料（表 5-12）。

①动物性蛋白质饲料指来源于动物及其加工副产品，如鱼粉、肉骨粉、蚕蛹、血粉、脱脂乳、肝粉等。

表 5-12　各种动物性蛋白质饲料粗蛋白质含量及其在饲料中的比例

单位：%

	鱼　粉	肉骨粉	血　粉	血浆粉	乳清粉
粗蛋白质	＞60	30～55	＞80	68	12
比　　例	＜10	10	＜10	6～8	乳猪用

①鱼粉：鱼粉是动物性蛋白质饲料中使用较普遍的补充料，其蛋白质含量很高，含有较多的必需氨基酸，尤其是富含谷物饲料缺乏的胱氨酸、蛋氨酸和赖氨酸；维生素 A、维生素 D 和 B 族维生素含量丰富，特别是富含植物性饲料容易缺乏的维生素 B_{12}；矿物质量多质优，

富含钙、磷、锰、铁、碘等。由于价格较高，一般只用于喂幼猪和种猪（图 5-21）。

②肉骨粉：指用不适宜食用的畜禽的躯体、骨头、胚胎、内脏及其他废弃物制成的蛋白质饲料（图 5-22）。肉骨粉的营养成分随原料不同差别很大，一般赖氨酸含量较高，钙、磷、锰含量高。正常肉骨粉呈黄色，有香味；发黑而有臭味的肉骨粉不能饲用。

图 5-21　鱼　粉①

图 5-22　肉骨粉②

③血粉：血粉是屠宰家畜时得到的血液经干燥而制成的。方法有常规干燥、快速干燥、喷雾干燥，其中以喷雾干燥获得的血粉消化利用率最高，常规干燥的血粉消化利用率最低。血粉的蛋白质含量很高，但蛋氨酸、

①如图 5-21 所示，鱼粉是以一种或多种鱼类为原料，经去油、脱水、粉碎加工后的高蛋白质饲料。世界上以秘鲁、智利生产的鱼粉最好，蛋白质含量在 70% 左右；各种氨基酸含量高且平衡，其生物学价值高，是平衡猪日粮的优质动物性饲料。

②如图 5-22 所示，肉骨粉是一种最重要的动物蛋白产品，也是一种从动物组织中剔除了脂肪、油脂或其他成分之后留下的全部或部分剩余物。

异亮氨基酸和甘氨基酸含量较低。如果干燥前将血浆与血细胞分离，制成喷雾干燥血浆粉，蛋白质含量为68%左右，赖氨酸6.1%，在仔猪饲粮中添加6%~8%可代替脱脂奶粉，能取得良好效果。

④乳清粉：乳清脱水干燥后的产品即为乳清粉，其蛋白质含量不低于11%，乳糖含量一般在70%左右。乳糖具有促进乳酸菌繁殖的作用，可抑制大肠杆菌的生长。此外，钙、磷等矿物质及B族维生素含量丰富。由于仔猪难以消化乳糖以外的碳水化合物，且其价格昂贵、蛋白质含量又不高，因此，仅在乳猪的诱食料或者在断奶仔猪的饲料中添加，以供给乳猪所需的能量。

(3) 单细胞蛋白质饲料[①] 主要包括酵母、真菌、微型藻类和某些原生动物等。

目前应用较多的是饲料酵母，如啤酒酵母等。饲料酵母粗蛋白质含量为40%~80%，除蛋氨酸和胱氨酸含量较低外，其他各种氨基酸含量均较丰富，仅低于动物性蛋白质饲料。酵母富含B族维生素，磷含量高，钙较少，其营养价值接近鱼粉，是有待开发的优质蛋白质补充饲料之一。但饲料酵母有苦味，适口性差，且其品质很不稳定，在猪日粮中的用量一般为2%~5%。

(4) 糟渣类饲料 猪常用的糟渣类饲料主要有酒糟、豆腐渣、酱油糟、醋糟、粉渣等。由于原料和产品种类不同，各种糟渣的营养价值差异很大。按干物质计算，许多糟渣可归入蛋白质饲料，但有些糟渣的粗蛋白质含量达不到蛋白质饲料水平，并且这类饲料中有的含有某种影响猪生长发育的物质，如豆腐渣含蛋白酶抑制物质，酒糟放置过久易产生游离酸和杂醇，猪吃后易中毒。另外，这类饲料含水量很高，可达65%~85%，不易贮存，容易腐败变质。所以在饲料中应控制饲喂量，饲喂量一般只能占饲料干物质的10%左右。

①单细胞蛋白质饲料指用饼（粕）或玉米面筋等作原料，通过微生物发酵而获得的由大量单细胞生物菌体组成的蛋白质饲料。

青绿饲料 指自然水分含量高于60%，富含叶绿素，处于青绿状态的植物性饲料（图5-23）。

图5-23 青饲作物[①]

①如图5-23所示，我国青绿饲料资源丰富，种类繁多，主要有天然牧草、栽培牧草、青饲作物、叶菜类饲料、树叶树枝和水生植物等。

青绿饲料的养分比较全面，蛋白质含量较高，一般占干物质的10%~20%，豆科植物含量更高，蛋白质品质较好，含有各种氨基酸，其中赖氨酸含量较玉米含量高1倍以上。

青绿饲料中维生素含量比较丰富，特别是胡萝卜素含量较高，每千克饲料可含50~80毫克。青绿饲料中B族维生素、维生素E、维生素C、维生素K含量也较多，但缺乏维生素D。

青绿饲料干物质中粗纤维为15%~30%，无氮浸出物为40%~50%，富含维生素和微量元素。一般情况下，植物在开花或抽穗之前，粗纤维含量较低，但随着植物的不断成熟，粗纤维和木质素含量显著增加。木质素增加后，饲料消化率就会明显降低（图5-24）。

青绿饲料中矿物质含量因植物种类、土壤及施肥情况而异。以温带牧草地牧草为例，占干物质的比例，一般钙为0.25%~0.50%，磷为0.20%~0.35%，钙磷比例适于动物生长，尤其是豆科牧草钙的含量较高，以采食青绿饲料为主的猪不易缺钙。青绿饲料还含有丰富的铁、锰、锌、铜等微量矿物元素。

但是，青绿饲料也有它的缺点，如水分含量高，一

图 5-24　饲喂青绿饲料[①]

①如图 5-24 所示，用青绿饲料喂猪，以选择优质、幼嫩、柔软适口的为宜，如苜蓿、蔬菜类和一些水生饲料等。

般为 70%~95%；干物质中粗纤维含量高，喂多了对猪也有负面效应；此外，青绿饲料还受季节、气候、生长阶段的影响与限制，生产供应和营养价值很不稳定，且种、割、贮、喂费工费时，极不方便，不适宜大规模猪场使用。

据上所述，青绿饲料喂与不喂，喂量多少，应根据具体情况而定。如果青绿饲料来源充足、便利，价格低廉，可适当使用；在青绿饲料不太充足的情况下，则应优先保证种猪的需要。实践证明，用于饲养种猪，在喂给全价配合饲料的同时，再补充一些青绿饲料，能取得更好的效果。

应用青绿饲料时注意：使用蔬菜地的废弃菜叶，如小白菜、萝卜叶等作饲料时，应新鲜生喂，不要堆贮或蒸煮后喂。因为堆贮或蒸煮的过程中会产生亚硝酸盐，猪摄入后易使血液内氧基血红蛋白变为变性血红蛋白，致使猪窒息而死，俗称饱潲病（图 5-25）。

幼嫩的高粱、玉米苗含有氰（CN），在胃内被酶分解可放出具有强烈毒性的氢氰酸，进入血液可造成细胞内窒息，及呼吸和血液运动中枢麻痹。一般喂前应先经晒干或青贮，即可防止中毒。

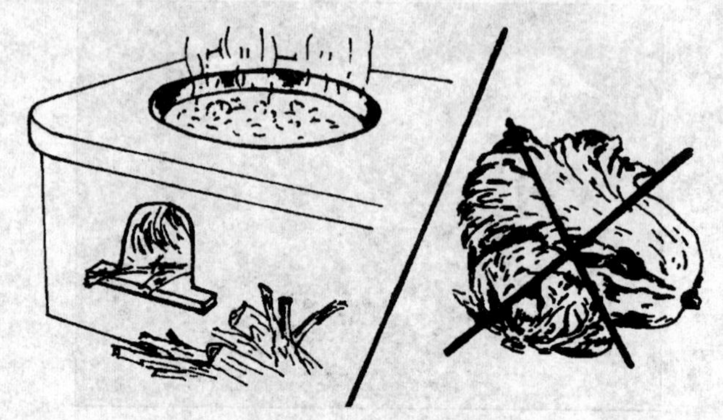

图 5-25 饱溯病的预防①

①如图 5-25 所示，不用腐烂的菜叶喂猪；必须煮熟的饲料，应用强火烧开，煮熟后揭开锅盖，不要闷放。

②凡是干物质中粗纤维含量在 18% 以上的饲料均属于粗饲料。

粗 饲 料② 包括干草、作物稿秆、秕壳等。这类饲料的特点是：单位重量容积大，粗纤维含量高，质地粗硬，适口性差，不易消化，营养价值较低。但是饲料来源广、数量多、价格低廉，虽然猪的需要量不大，但也是猪日粮中不可缺少的饲料。

（1）青干草 指青草或其他青绿饲料在未结籽实以前刈割下来经干制后而成的。由于干制后仍保留一定绿色，并能长期保存，故称青干草。青干草的营养价值受原料的组成、刈割时间、茬次和调制技术的影响。由于制作的方法不同，养分损失的差异较大，一般营养价值低于原料，其中无氮浸出物、粗蛋白质、粗脂肪、胡萝卜素、钙、磷等养分都有不同程度的降低，粗纤维和维生素 D 则相对增加。

人工干草，干制时间很短，不受自然气候的影响，营养价值接近于原料。特别是豆科植物，如苜蓿、三叶草、草木樨等含有丰富的蛋白质、矿物质和维生素，尤其是胡萝卜素、钙含量比较高，常被作为一种必需原料，可促进猪采食，还能提供维生素 D 和粗纤维，使猪有饱腹感。

青干草喂猪前应粉碎，最好在1毫米以下，一般越细越好。猪饲料中适当搭配青干草粉，可以节约精饲料，降低饲养成本。幼猪和育肥猪喂量为1%~5%，种猪为5%~10%。

（2）稿秕饲料　稿秕[1]饲料的主要特点是粗纤维含量较高，一般在30%以上，蛋白质、无氮浸出物、维生素含量低，适口性差，消化率低，一般不作猪饲料，如果使用也不要超过1%~5%。

矿物质饲料

以提供矿物质元素[2]为目的的饲料叫矿物质饲料。植物性饲料中含有矿物质元素，但满足不了猪的需要，给猪配合饲料时还要额外补充矿物质饲料。目前，需要补充的主要是食盐、钙和磷，其他微量元素作为添加剂补充。

（1）食盐　食盐是补充钠、氯的最简单、廉价和有效的添加源。食盐中含有氯60%、钠39%，碘化食盐中还含有0.007%的碘。在日粮加入适量的食盐，不仅可补充钠、氯离子，还具有改善饲料的适口性、促进营养物质的消化吸收和维持体液平衡等主要作用。由于大多数植物性饲料中钠、氯含量不足，不能满足猪的需要，所以必须加喂食盐。

但是，食盐喂量不宜过多，轻则使猪拉稀，重则中毒，甚至死亡。一般情况下，每头每天最适宜喂量：大猪为15克，架子猪为8~10克，小猪为5~6克；在日粮配方中，适宜添加量：生长肥育猪为0.5%，仔猪为0.3%。

（2）含钙的矿物质饲料　常用的有细石粉、贝壳粉、蛋壳粉、碳酸钙等。石粉是指石灰岩、大理石矿综合开采的产品，基本成分是碳酸钙，含钙量34%~38%，是补充钙最廉价、最方便的矿物质原料。贝壳是海水和淡水软体动物的外壳，其主要成分也是碳酸钙，含钙量与石

[1]成熟的农作物收获籽实后的茎秆、叶片、荚壳等统称为稿秕。其中茎秆、叶片称为稿秆，包被籽实的颖壳、荚皮与外皮称秕壳，主要包括大豆秸（荚皮）、蚕豆秸（荚皮）、豌豆秸（荚皮）、花生秧（壳）、玉米秸、玉米包皮（芯）、稻谷壳等。

[2]矿质元素在猪日粮中的用量一般很少，但对猪的正常生长、繁殖、产品质量作用却很大，是猪日粮中不可缺少的营养物质。根据机体需要量的大小分常量矿物质元素和微量矿物质元素。

粉相似。新鲜贝壳须经加热、粉碎，以免传播疾病。而死贝壳的有机质已分解，比较安全。贝壳中常夹杂细沙、泥土，含有这些杂质的贝壳粉含钙量低。蛋壳粉是用蛋品加工厂的废弃物经干燥粉碎而制成的，含钙34%左右。新鲜蛋壳含有有机质，应防止变质。含钙的矿物质饲料，加入饲料后调节效果明显，又不增加磷含量，只是碳酸钙价格较高，但吸收效果较好，尤其对已有缺乏症的补充效果更好，一般用量为日粮的1%~3%。

（3）*含钙和磷的矿物质饲料* 能提供钙和磷源的矿物质饲料为数不多，常用的主要有磷酸氢钙、过磷酸钙和骨粉等。这些矿物质饲料既含钙又含磷（表5–13）；骨粉是用动物杂骨经高压、脱脂、脱胶后干燥、粉碎而成，其基本成分为磷酸钙，是一种钙磷比较平衡的矿物质饲料。

表5-13 几种含钙和磷的矿物质饲料的钙、磷含量

单位：%

	磷酸氢钙	过磷酸钙	骨　粉
钙	23	17.12	28.6
磷	16～18	26.45	13.1

家庭养猪可用自制骨粉，即将人食用后的畜禽骨骼高压蒸煮1~1.5小时，使骨骼软化，敲碎晒干后制成的，一般饲喂量为2%~3%。

2. 猪的常用饲料添加剂

饲料添加剂指为强化日粮的营养价值，提高饲料利用效率、增进动物健康、促进动物生长的微量添加物质。一般分为营养性添加剂和非营养性添加剂两类（图5–26）。

饲料添加剂
- 营养性饲料添加剂
  - 氨基酸及小肽类饲料添加剂
  - 维生素类饲料添加剂
  - 矿物质类饲料添加剂
- 非营养性饲料添加剂
  - 保健助长剂：饲料药物添加剂、益生素、酶制剂等
  - 产品工艺剂：保存剂、风味剂、工艺用剂等。
  - 饲料调制剂：凝结剂、乳化剂、青贮饲料调制剂等

图 5-26 饲料添加剂的分类

营养性添加剂 主要用于平衡饲粮养分，包括氨基酸添加剂、微量元素添加剂和维生素添加剂。

(1) 氨基酸添加剂 常规饲料中所含的氨基酸，特别是必需氨基酸往往不能满足机体需要，必须在其日粮中以添加剂的形式添加补充。目前，人工合成并作为添加剂使用的主要有赖氨酸、蛋氨酸、胱氨酸和精氨酸等。根据猪的营养需要，于饲粮中添加适量市售氨基酸，可以节省蛋白质饲料，提高猪增重效果及饲料转化率。

(2) 维生素添加剂 维生素是猪维持正常生命所必需的低分子有机化合物。在舍饲和采用配合饲料饲喂猪时，尤其是冬春两季枯草期青绿饲料缺乏时，常需补充维生素制剂。作为饲料添加剂使用的维生素有维生素 A、维生素 D、维生素 E、维生素 B_1、维生素 B_2、维生素B_6、烟酸、泛酸、维生素 B_{12}、氯化胆碱、维生素 C 等。现在一般常应用复合维生素添加剂。

(3) 微量元素添加剂 又称矿物质添加剂，其主要作用是补充猪日粮中某些矿物质元素的不足（尤其是微量元素的不足），以维持猪的生理和生产需要。我国已颁布了 10 多种饲料级矿物质添加剂暂行质量标准，其中有铁、铜、锌、锰、碘、硒、钴等 7 种微量元素添加剂。在猪饲料中应用的有硫酸铜、硫酸亚铁、硫酸锌、硫酸锰、碘化钾、氯化钴等。

由于在不同地区所产生的不同饲料原料中，微量元

素含量差异很大，所以，在使用此类添加剂时必须根据饲粮中的实际含量进行补充，避免盲目使用。常用矿物质元素的组成和含量如表 5-14。

表 5-14　常用矿物质元素的组成和含量

矿物质名称	分子式	元　素	元素含量（%）	相对生物学利用率（%）
硫酸亚铁	$FeSO_4 \cdot 7H_2O$	Fe	20.1	100
硫酸亚铁	$FeSO_4 \cdot H_2O$	Fe	32.7	100
碳酸亚铁	$FeCO_3$	Fe	41.7	15～80
氯化亚铁	$FeCl_2 \cdot 6H_2O$	Fe	20.7	40～80
氯化铁	$FeCl_3$	Fe	34.4	44
硫酸铜	$CuSO_4 \cdot 5H_2O$	Cu	25.5	100
硫酸铜	$CuSO_4$	Cu	39.8	100
氯化铜	$CuCl_2 \cdot 2H_2O$	Cu	47.2	100
硫酸锌	$ZnSO_4 \cdot 7H_2O$	Zn	22.7	100
硫酸锌	$ZnSO_4 \cdot H_2O$	Zn	36.4	100
碳酸锌	$ZnCO_3$	Zn	52.1	100
氧化锌	ZnO	Zn	80.3	50～80
氯化锌	$ZnCl_2$	Zn	48.0	100
硫酸锰	$MnSO_4 \cdot H_2O$	Mn	29.5	100
碳酸锰	$MnCO_3$	Mn	47.5	30～100
氧化锰	MnO_2	Mn	77.5	70
氯化锰	$MnCl \cdot 4H_2O$	Mn	27.8	100
二氧化锰	MnO_2	Mn	63.2	35～95
碘化钾	KI	K	76.5	100
碘酸钙	$Ca(IO_3)_2$	Ca	65.1	100
硒酸钠	$Na_2SeO_3 \cdot H_2O$	Na	45.7	100
亚硒酸钠	$NaSeO_3 \cdot 5H_2O$	Na	30.0	100
硒酸钠	$Na_2SeO_3 \cdot 10H_2O$	Na	21.4	89

非营养性添加剂　包括生长促进剂、驱虫保健剂、饲料保存剂、食欲增进剂、产品质量改良剂及其他一些新型添加剂等。

(1) 促生长与保健添加剂　主要指用于驱虫保健、增进动物健康、促进生长、提高饲料效率的一类非营养性添加剂。包括抗生素（如杆菌肽锌、维吉尼亚霉素等）、驱虫保健药物（如盐霉素等）及激素类（仅在少数国家作为饲料添加剂使用，包括生长激素、肾上腺素）等。此类添加剂要定时定量使用，不能长期和过量使用，以免产生耐受性和药物残留。

（2）饲料品质改善添加剂　为使饲料在贮存、运输过程中质量不受影响，有必要在饲料中加入抗氧化剂、防霉防腐剂、黏结剂和乳化剂等。目前，经常使用的抗氧化剂有乙氧基喹啉（山道喹）、丁基化羟基甲苯（BHT）、维生素 C、维生素 E 等。防霉防腐剂主要有丙酸、丙酸钙、甲酸钙、山梨醇、柠檬酸等。黏结剂主要用在颗粒饲料或块状饲料中，加强颗粒的坚固性，防止水质污染。黏结剂的种类很多，可分为天然类和合成类，常用的有膨润土、黏土、α－淀粉、海藻酸钠等。其他改善饲料品质的添加剂有抗结块剂、乳化剂、除臭剂等。

（3）饲料诱食添加剂　又称食欲增进剂或诱食剂，指为了改善饲料适口性、增进动物食欲、提高动物采食量、促进饲料消化吸收而添加于饲料中的特殊添加物。饲料诱食添加剂一般有两类，即香味剂和调味剂，前者包括乳香、大蒜香、水果香、香兰素、甜橙油等，后者主要有糖精、谷氨酸钠、酸味剂等。

（4）几种新型饲料添加剂

①酶制剂：饲用酶制剂是将一种或多种用生物工程技术生产的酶与载体或稀释剂采用一定的生产加工工艺加工而成的一种无毒、无残留、无副作用的新型促生长类饲料添加剂。饲用酶制剂大多属于助消化酶，主要用于补充内源性消化酶的不足，消除、降解日粮中抗营养因子，消化内源酶不能消化的养分，从而促进营养物质的消化和吸收，消除营养不良和减少腹泻的发生率，提高饲料的消化率和利用率。常用的酶制剂有淀粉酶、蛋白酶、脂肪酶、纤维素酶、植酸酶、果胶酶和复合酶制

剂等。

②微生态制剂：又称为益生素，指可以直接饲喂动物并通过调节动物肠道微生态平衡达到预防疾病、促进动物生长和提高饲料利用率的活性微生物或培养物添加剂。包括活菌制剂、灭活益生素和化学益生素。常用微生物主要有乳酸杆菌属、链球菌属、双歧杆菌属和酵母菌等。

③中草药添加剂：现代科学研究试验证明，中草药添加剂含有多种氨基酸、维生素、微量元素等物质，能增进机体新陈代谢，促进蛋白质和酶的合成，从而促进生长，提高繁殖力和生产性能；能防制疾病，增加生产效益。长期添加使用中草药添加剂，不会产生抗药性和耐药性。目前常用药物主要有：黄芩、大黄、黄连、黄花、黄柏、金银花、连翘、板蓝根、大青叶、蒲公英、白头翁、刺五加、甘草、黄芪、大蒜、松针、山楂、马齿苋、穿心莲等。

④其他：饲料酸化剂是一类主要用于幼猪日粮，以调整消化道内环境，改善饲料消化率，降低幼猪腹泻、下痢，提高生产性能的添加剂，主要有延胡索酸、柠檬酸、乳酸、甲酸、乙酸、盐酸、磷酸和复合酸化剂等。

微量元素氨基酸螯合物（或称氨基酸螯合盐）作为一种新型高效添加剂，已广泛投入市场使用，如蛋氨酸锌、蛋氨酸锰、赖氨酸铜和赖氨酸锌等。

近年来发现和研制成功的新型饲料添加剂，还有甜菜碱、沸石、麦饭石、稀土和未知因子等。

饲料中使用的营养性饲料添加剂和非营养性饲料添加剂，均应符合中华人民共和国农业部公布的《允许使用的饲料添加剂品种目录》规定，药物饲料添加剂的使用应按照中华人民共和国农业部公布的《药物饲料添加剂使用规范》执行。

（五）猪饲料的加工配制与质量检测

1. 配合饲料

配合饲料指根据猪的营养需要，将多种饲料原料按一定比例和规定的加工工艺配制成的均匀一致的饲料混合物。按其营养成分和用途可将配合饲料分成添加剂预混合饲料、浓缩饲料和全价配合饲料。

添加剂预混合饲料 又称预混料，指用一种或多种添加剂（如微量元素、维生素、氨基酸、抗生素等）加上一定数量的载体或稀释剂，按比例混合而成的均匀混合物。根据构成预混料的原料类别或种类，又分为微量元素预混料、维生素预混料和复合添加剂预混料。预混料既可供养猪生产者用来配制猪的饲粮，又可供饲料厂生产浓缩饲料和全价配合饲料。市售的添加剂预混料多为复合添加剂预混料。

预混料是半成品，不能直接饲喂动物。一般在配合饲料中占 0.5%~5%。预混合饲料可被视为配合饲料的核心，因其含有的微量活性组分常是配合饲料饲用效果的决定因素。

浓缩饲料 又称蛋白质补充饲料或平衡用配合料，是由蛋白质饲料（鱼粉、豆粕、血粉等）、矿物质饲料（骨粉、石粉等）及添加剂预混料按照一定的比例配制而成的饲料。浓缩饲料为配合饲料的半成品，它一般占全价配合饲料的 20%~40%。用浓缩饲料再掺入一定比例的能量饲料（玉米、高粱、大麦等），即可配制成直接喂猪的全价配合饲料。市场上将使用量为 10%~20%的产品称为超级浓缩料或料精，其基本成分为添加剂预混料。使用时在此基础上加入能量饲料、部分蛋白质饲料及具有特殊功能的物质即可。

①日粮指每只猪一昼夜所采食的各种饲料的数量。为了猪群统一生产目的，按日粮饲料的百分比例配合的大量混合饲料称为饲粮。

全价配合饲料 亦称为完全配合饲料、全日粮[①]配合饲料，指由多种饲料原料和添加剂预混料（或浓缩饲料和能量饲料），按一定比例和规定的加工工艺配制成均匀一致、营养价值完全的饲料。通常可根据猪的年龄、生产用途等划分为各种型号。此种饲料可以全面满足猪的营养需要，用户不必另外添加任何营养性饲用物质即可直接喂猪。

2. 饲料配合与配方设计

单一饲料不能满足猪的营养需要，生产上应按照猪常用饲料成分及营养价值表，选用几种当地来源广泛和价格相对便宜的饲料搭配制成混合饲料，使其所含的养分符合所选定饲养标准规定的各种营养物质的数量，这一过程和步骤称之为饲料配合或饲粮配合。

配合饲料的一般原则

（1）根据不同情况确定设计方案　猪的配合饲料必须针对不同的品种、饲养阶段以及生产目的，确定设计方案。

（2）认真执行饲养标准　我国NRC对各种生长阶段的猪只都制定了相应的饲养标准，可根据所养殖的猪只现状（体重范围、用途）和颁布的标准，确定相应的饲养标准。在参照饲养标准的基础上，还应根据实践中猪的生长与生产性能情况予以灵活应用。如发现配合日粮的营养水平偏高，可酌量降低；反之，可适当提高。

（3）要兼顾价格和生产性能的平衡　配合饲料是一种生产性商品，所以要考虑价格和生产性能的平衡。在设计配方时，既要注意饲料的营养水平，尽量使用优质饲料原料，又要考虑饲料的成本，要因地制宜，充分利用当地饲料资源，就地取材，尽量减少粮食比重，增加农副产品以及优质青、粗饲料的比重，如利用玉米胚芽饼、粮食酒糟等代替部分玉米、小麦等能量饲料，使用棉籽饼、菜籽饼等植物性蛋白饲料代替鱼粉等动物性蛋白饲料，采用理想蛋白模式等技术以降低产品成本，达到以最小的投入，获取最佳的经济效益的目的。

(4) 把握原料的营养成分　饲料原料的种类繁多，由于生产地、植物品种、季节、气候等诸多因素的影响，其营养成分也不一样。在设计配方时，要尽可能选择具有代表性的营养成分值，不能采用极端值或仅是一个抽样的分析值。比较实际的方法是，参考饲料成分及营养价值表，根据近似值设计配方。

(5) 注意原料的选择　猪需要从饲料中得到丰富的营养，单一饲料往往不能满足猪对营养的需要，因此，在设计配方时，要求饲料原料要多样化，以起到营养成分互相补充的作用，从而提高配合日粮的营养价值和饲料利用率。同时，还要注意考虑猪的消化生理特点，尽量选择猪爱吃、适口性好、质量规格符合要求的饲料原料。并注意饲料的贮存、发霉变质及受生物污染的情况，禁止使用各种违禁的饲料添加药物和生长促进剂，以保证饲料的安全性。

配方设计的计算方法　配合饲料配方制定的方法很多，常用的主要有交叉法、试差法、代数法等几种，可根据不同的实际情况进行选用。

(1) 交叉法　也称方块法、四角法、对角线法或图解法。该法的特点是快速、简便。主要适用于原料种类不多、考虑营养指标又少的情况，尤其是适用于使用浓缩饲料时的两三种原料的配合。

在采用多种类原料及复合营养指标的情况下，亦可采用本法。但缺点是计算要反复进行两两组合，比较麻烦，且不能使配合日粮同时满足多项营养指标。

①两种原料的配合

例：用玉米（粗蛋白质含量为8%）、浓缩饲料（粗蛋白质含量为 40%）配制哺乳母猪饲料。

第一步，根据哺乳母猪的饲养标准，得知哺乳母猪饲料的粗蛋白质水平为 14%。

第二步，作交叉图。把所需要混合饲料达到的粗蛋白质含量（14%）放在交叉处，玉米和浓缩饲料粗蛋白质含量分别放左上角和左下角，然后以左方上、下角为出发点，各向对角通过中心作交叉，大数减小数，所得的数值记在右上角和右下角。

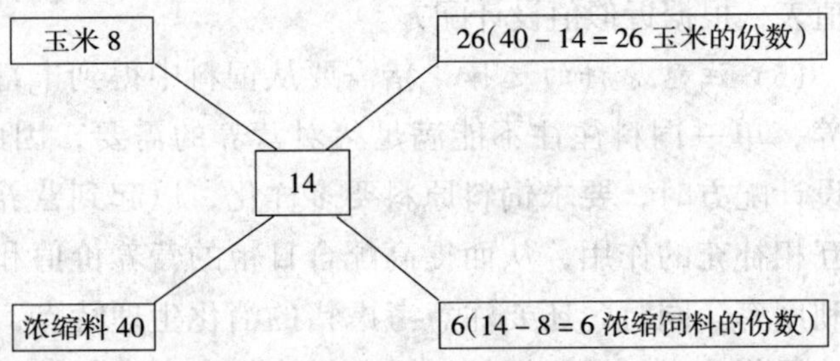

第三步，计算各自比例。上面所计算的各差数，分别除以这两差数之和，得到的就是两种饲料混合的百分比。

玉米应占比例：$\frac{26}{26+6}\times 100\%=81.25\%$

浓缩饲料应占比例：$\frac{6}{26+6}\times 100\%=18.75\%$

因此，哺乳母猪的混合饲料应由 81.25%的玉米与 18.75%的浓缩饲料混合而成。

②两种以上原料的配合

例：用玉米（粗蛋白质含量为 8%）、麸皮（粗蛋白质含量为 13.5%）、浓缩饲料（粗蛋白质含量为 40%）配制哺乳母猪饲料。

第一步，根据哺乳母猪的饲养标准，得知哺乳母猪饲料的粗蛋白质水平为 14%。

第二步，作交叉图（各数值的计算方法同上）。

第三步，计算各自比例（计算方法同上）。

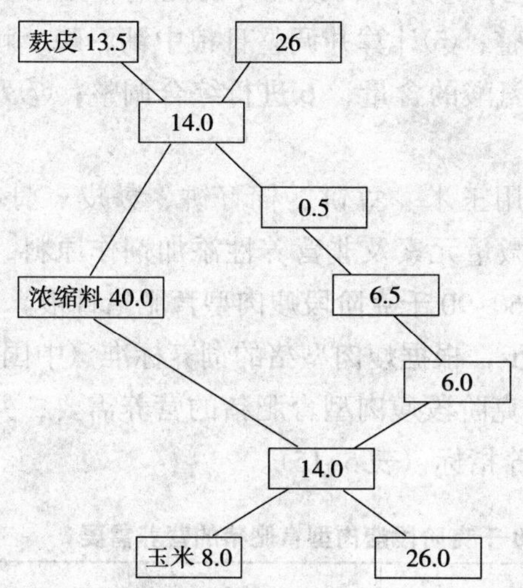

玉米应占比例：$\dfrac{26.0}{26.0+6.5+26.0}\times 100\%\approx 44.44\%$

麸皮应占比例：$\dfrac{26.0}{26.0+6.5+26.0}\times 100\%\approx 44.44\%$

浓缩饲料应占比例：$\dfrac{6.5}{26.0+6.5+26.0}\times 100\%\approx 11.11\%$

注意：用此法时，同一四角的养分含量必须分别高于和低于所求值，否则此法不成立。

（2）试差法　试差法是最基本和应用最普及的计算方法，也称凑数法。其特点是计算复杂、费时，可适用于采用多种原料、多种指标时手工计算饲料配方。缺点是计算量大，十分繁琐，且盲目性较大，不宜筛选最佳配方，相对成本较高。应用此法时，经验相当重要。

以下为试差法配制饲料配方的基本步骤：①确定饲

养标准；②选定所用饲料原料，查出各种原料的营养成分；③按能量和粗蛋白质水平初拟配方，确定各类饲料原来的配比；④计算初拟配方的能量和蛋白质水平，并作配比调整；⑤计算并调整日粮中钙、磷、赖氨酸和蛋氨酸 + 胱氨酸的含量；⑥进行综合调整；⑦列出最终日粮配方。

例：用玉米、豆饼、棉籽饼、麸皮、骨粉、石粉、维生素、微量元素及非营养性添加剂作原料，为某猪场配制一个 60~90 千克阶段瘦肉型育肥猪日粮。

第一步，根据瘦肉型猪的饲养标准（中国），先查出 60 ~ 90 千克阶段瘦肉型育肥猪的营养需要，并摘出其中的主要营养指标（表 5–15）。

表 5-15　60～90 千克阶段瘦肉型育肥猪的营养需要

营养物质	营养需要	营养物质	营养需要
代谢能（兆焦/千克）	12.05	钙（%）	0.50
粗蛋白质（%）	14.0	磷（%）	0.40
赖氨酸（%）	0.63	食盐（%）	0.25
蛋氨酸＋胱氨酸（%）	0.32		

第二步，根据饲料营养成分表［《中国饲料成分及营养价值表》（2004 年修订版）］查出所选用各种饲料原料的主要营养成分（表 5–16）。

第三步，按能量和蛋白质的需求量初步配方。根据实践工作经验，初步拟定日粮中各种饲料的比例。育肥猪日粮中各类饲料的比例一般为：能量饲料 78%~82%，蛋白质饲料 10%~15%，矿物质饲料和添加剂 3%~3.5%，其中维生素预混料 0.5%，微量元素预混料 0.5%。

据此先拟定蛋白质饲料的用量（按占日粮的 15%估计）：棉籽饼适口性差，含有毒物质，一般定为 4%；豆饼拟定为 11%（15%−4% = 11%）；矿物质饲料等拟按 3%。能量饲料（麸皮）为 14%，玉米为 68%（表 5−17）。

表 5-16 各种饲料的主要营养成分

饲料	代谢能（兆焦/千克）	粗蛋白质（%）	钙（%）	磷（%）	赖氨酸（%）	赖氨酸+胱氨酸（%）
玉米	14.06	8.6	0.04	0.21	0.27	0.31
豆饼	11.05	43	0.32	0.50	2.54	1.08
棉籽饼	8.16	33.8	0.31	0.64	1.29	0.74
麸皮	6.57	14.4	0.18	0.78	0.47	0.48
骨粉			36	16		
石粉			36			

表 5-17 初拟配方及其能量、蛋白质指标

饲料	日粮组成（%）	代谢能（兆焦/千克）		粗蛋白质（%）	
		饲料中	日粮中	饲料中	日粮中
棉籽饼	4	8.16	0.326 4	33.8	1.352
豆饼	11	11.05	1.215 5	43	4.73
麸皮	14	6.57	0.919 8	14.4	2.016
玉米	68	14.06	9.560 8	8.6	5.848
合计	97	—	12.022 5	—	13.946
标准	—	—	12.05	—	14

第四步，调整配方，使能量和粗蛋白质符合饲养标准的规定量。采用的方法是降低配方中某一饲料的比例，同时增加相同比例的另一种饲料。

上述配方中，代谢能比标准低 0.027 5（兆焦 / 千克），粗蛋白质低 0.054 96。用能量和粗蛋白质含量都较高的棉籽饼代替麦麸，每代替 1%可使能量提高 0.016 兆焦 / 千克 ［(8.16 − 6.57) × 1%≈0.016］，粗蛋白质提高0.194% ［(33.8 − 14.4) × 1%≈0.194］。可见，代替 0.5%时，日粮中的能量和粗蛋白质含量均与饲养标准接近。

初拟配方中棉籽饼改为4.5%，麸皮改为13.5%，见表5-18。

第五步，计算矿物质饲料和氨基酸用量。根据上述配方，日粮中钙比标准低0.40%，磷比标准低0.07%（表5-19）。

表5-18 调整配方及其能量、蛋白质指标

饲料	日粮组成（%）	代谢能（兆焦/千克）		粗蛋白质（%）	
		饲料中	日粮中	饲料中	日粮中
棉籽饼	4.5	8.16	0.327 2	33.8	1.521
豆饼	11	11.05	1.215 5	43	4.73
麸皮	13.5	6.57	0.886 95	14.4	1.944
玉米	68	14.06	9.560 8	8.6	5.848
合计	97	—	12.03	—	14.043
标准	—	—	12.05	—	14

表5-19 初拟配方中已满足钙、磷和氨基酸的程度

单位：%

饲料	日粮组成	钙	磷	赖氨酸	蛋氨酸＋胱氨酸
玉米	68	0.027	0.143	0.184	0.211
豆饼	11	0.035	0.055	0.279	0.119
棉籽饼	4.5	0.014	0.029	0.058	0.033
麸皮	13.5	0.024	0.105	0.063	0.065
合计	97	0.100	0.332	0. 58	0.43
标准		0.50	0.40	0.63	0.32
与标准比较		－0.40	－0.07	－0.05	＋0.11

因骨粉中含有钙和磷，所以先用骨粉来满足钙，需要骨粉1.11%（0.400%÷36%＝1.11%）。1.11%骨粉可为日粮供磷0.18%（16%×1.11%≈0.18%）。

赖氨酸含量与标准差0.05%，可用赖氨酸添加剂来补充，蛋氨酸及胱氨酸含量比标准高，不必添加。

原估计矿物质饲料和添加剂约占日粮的3%，现计算结果为骨粉 1.11%、食盐 0.25%、补加赖氨酸 0.05%、维生素和微量元素预混料各为 0.5%，总的加起来为 2.41%，剩余的 0.59%为非营养性添加剂。

第六步，列出最终日粮配方（表 5–20）。

表 5-20　60～90 千克体重育肥猪的日粮配方组成及其营养指标

日粮配方组成		主要营养指标	
饲　料	百分比（%）	营养物质	含　量
玉米	68	代谢能（兆焦/千克）	12.03
豆饼	11	粗蛋白质（%）	14.04
棉籽饼	4.5	赖氨酸（%）	0.63
麸皮	13.5	蛋氨酸+胱氨酸（%）	0.43
骨粉	1.11	钙（%）	0.50
食盐	0.25	磷（%）	0.40
赖氨酸	0.05	食盐（%）	0.25
维生素预混料	0.50		
微量元素预混料	0.50		
非营养性添加剂	0.59		
合计	100		

除了以上手工计算饲料配方方法外，近年来，已有许多专门的饲料配方软件，采用计算机配方，加快了配方的速度。该方法已在规模化猪场及饲料加工厂广泛使用。

3. 饲料加工与调制

我国的饲料资源非常丰富，因此，应因地制宜，广辟饲料来源，根据当地的实际情况，选用来源广、产量大、通过加工处理后能提高其营养价值的适合猪饲料的原料，自行配制加工。这样不但扩大了饲料来源，而且是降低饲料成本的关键一环。

饲料的调制方法　为了便于消化，去除某些有毒、有害物质，饲料原料在饲喂或配料前一般都要进行调制。

饲料的调制方法有以下几种（图 5–27）。

（1）*粉碎*　用于各类籽实饲料及块状饲料。其目的

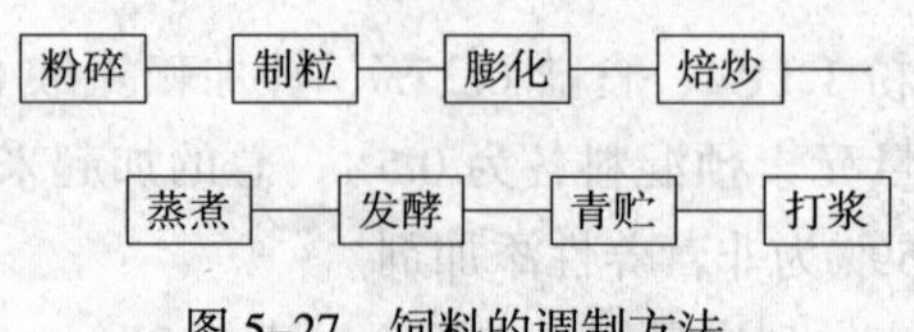

图 5-27　饲料的调制方法

主要是减少咀嚼次数，增加与消化液的接触面，从而提高饲料养分的利用率。仔猪消化能力差，而限饲的母猪由于吃得很快，咀嚼不充分，故饲料宜粉碎得较细。此外，粉碎的粗细因猪的生理阶段不同有一定差异。而且粉碎的细度对饲料消化率的影响很大；细粉碎比粗粉碎可提高 10%左右，比整粒饲喂可提高 20%以上。对于早期断奶仔猪，特别是第一周，要粉碎得越细越好。玉米粉碎粒度从 1 000 微米至 300 微米，每减少 100 微米，增重效果可提高约 5.5%。

（2）制粒　饲料颗粒化是将饲料粉碎后，按照猪的营养需要配合成一定比例，经颗粒机压制成的一定规格的圆柱状颗粒。大量试验证实，颗粒饲料与粉状料相比有许多优点：饲料颗粒化可使淀粉糊化，易于消化和吸收；可破坏饲料中的某些抗营养因子及其他一些毒素，改善饲料利用率；符合猪的采食习性，有助于消化液分泌，有利于健康。

另外，颗粒饲料便于存放和运输，可使猪只不挑食、进食营养平衡，饲喂过程中能减少粉尘污染。

（3）膨化　膨化是对饲料进行加温、加压和加蒸汽调制处理，并挤压出模孔或突然喷出容器，使之骤然降压而实现体积膨大的加工过程。饲料膨化处理有比制粒更好的效果，经膨化处理的饲料更容易被消化吸收；膨化的高温处理几乎可杀死所有的微生物，从而减少消化道疾病的发生；用膨化大豆代替豆粕饲喂早期断奶的仔猪，可取得较快的生长速度和较好的饲料转化率，但成本较高。对于仔猪饲料，主要用于膨化大豆。

（4）焙炒熟化　焙炒可使谷物等籽实饲料熟化，一部分淀粉转变为糊精而产生香味，也有利于消化。豆类焙炒可除去生味和有害物质，如大豆的抗胰蛋白酶因子。焙炒谷物籽实主要用于仔猪诱食料和开口料，气味香且利于消化。通常焙炒的温度为 130～150℃，加热过度可引起或加重猪消化道（胃）的溃疡。烘烤与焙炒类似，只是加热较均匀，不像焙炒，可能使一些籽实加热过度，降低其营养价值。

（5）发酵　发酵是将饲料按 0.5%~1%接种酵母菌，保持适当水分，一般以能捏成团、松开后能散开为准，受温度的影响很大，温度偏低，时间延长。发酵后不需烘干，原料湿一点也不影响发酵的效果。通过发酵可提高饲料的消化率，减少肠道疾病的发生。

（6）青贮　青贮是将饲料加工成一定细度（长度）后，在一定水分和厌氧条件下，经乳酸菌发酵而成的。一般用以处理青绿饲料（图 5-28）。

（7）打浆　打浆主要针对各种青绿饲料和各种块茎

图 5-28　青贮饲料[①]

①如图 5-28 所示，青贮饲料可长期保存、保鲜。发酵好的饲料有一股酸香味，适口性也不错。

青贮饲料时，先挖一青贮池，宽度通常为 2.5～3 米，深度以不超过 3 米为宜，内衬上一层塑料薄膜，将切碎的青绿饲料填满、压实密封、盖严，30 天后取用。

饲料。将新鲜干净的青绿或块茎饲料投入打浆机中搅碎，使水分溢出，变成稀糊状的过程，称为打浆。含纤维多的饲料，打成浆后，可以用直径 2 毫米的钢丝网过滤除去纤维等物质。打成浆的饲料应及时与其他饲料混合后饲喂，不宜长时间存放，特别是夏季，以免变质。

配合饲料的加工工艺 目前，养猪业基本采用配合饲料，而且正逐步由颗粒饲料向粉末饲料转变，我国已研制出一批较适合配合饲料用的机械设备，如磁选机、饲料膨化机、饲料粉碎机、混合搅拌机、颗粒机、成品打包机等（图 5–29）。

配合饲料的加工工艺按传统分类方法，可分为先配料后粉碎和先粉碎后配料两种工艺，在应用上各具特点。

搅拌机　膨化机

磁选机　加工机组

图 5–29　饲料加工机械

(1) 先配料后粉碎工艺　该种工艺是将主、副原料（粉状、颗粒状均有）按饲料配方，用配料装置逐一配料计量，一起送入粉碎机粉碎，然后进入混合设备进行分批混合或连续混合，并在开始混合时将微量组分加入，混合均匀后即成为粉状配合饲料。

以下为其工艺流程（图 5-30）：

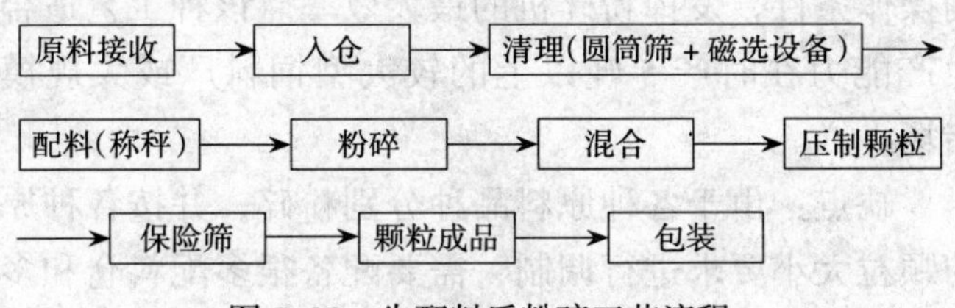

图 5-30　先配料后粉碎工艺流程

优点：原料仓兼作配料仓，可省去大量配料仓及控制设备，还可避免配料仓中粉料结块问题，对减少容积式配料器的配料误差有一定好处。其粉碎机粉碎的是多种物料的混合料，故操作简单，不需经常更换品种，可减少换料时间、提高粉碎机的利用率，同时粉碎机还能起到一定的混合作用。

缺点：由于多种原料流经粉碎机，操作条件较难控制，粉料经过粉碎机时会被粉碎得过细，增加能耗，加之配料与混合连贯性不好，对产品质量有影响，因此，该工艺一般只适应于产量每小时 2 吨以下的饲料厂或中小型规模化养猪场使用。

(2) 先粉碎后配料工艺　该种工艺是将要粉碎的原料逐一粉碎并存于各配料仓中，不需粉碎的副料也逐一存入各配料仓中，然后由计量器按配方的各种比例逐一计量，再经混合设备搅拌均匀后即成为粉状配合饲料。

工艺流程如下（图 5-31）：

优点：原料分别粉碎，可根据每种原料的特性来控

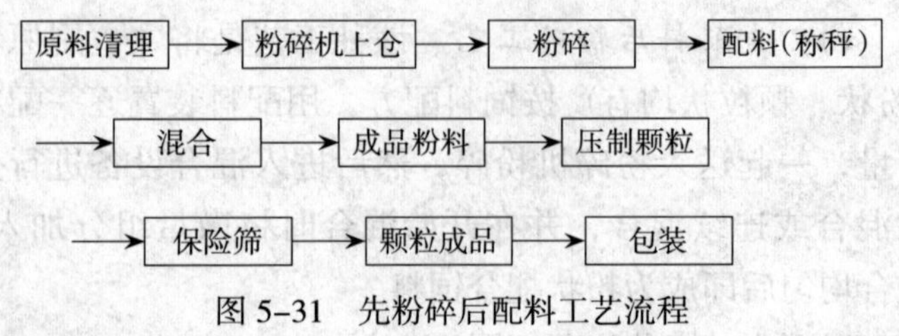

图 5-31　先粉碎后配料工艺流程

制操作条件，发挥粉碎机的最大效率。该种工艺适合于生产能力在时产 5 吨以上的较大型饲料厂或大规模养猪场。

缺点：由于各种原料品种分别粉碎，并按各种原料的颗粒大小要求进行调制，需要配备很多配料仓和多台粉碎机，一次性投资费用较大。

4. 饲料质量检测

配合饲料的质量不仅影响猪的生产性能，而且有可能影响到人的健康。因此，实际生产中一定要注意饲料质量检测工作。

包括饲料原料的检测和饲料成品的检测。

检测项目

(1) 饲料原料的检测　主要检测原料的色泽、气味、水分、发热、虫蛀、杂质、粗细度、霉变等情况，并作出质量判断。实验室检测主要是检测水分、粗蛋白质、粗纤维、灰分、钙、磷；饼粕类除应检测粗蛋白质外，还应检测脲酶活性；骨粉、磷酸氢钙应检测钙、磷和氟；石粉、贝壳粉应检测钙的含量。

(2) 成品的检测　成品主要检测其混合均匀度、水分，定期抽样分析化验粗蛋白质、钙、磷、盐分等，并检查饲料的品种、数量、包装规格、出厂日期、保质期等。

检测方法

主要包括一般感官鉴定、物理鉴定和实验室化学测定。

（1）一般感官鉴定

①视觉：观察饲料的性状、色泽，有无霉变、结块、虫蛀及异物、夹杂物等。

②嗅觉：通过嗅觉鉴别饲料有无霉臭、腐臭、氨臭、焦臭等异味。

③味觉：通过舌舔、牙咬等方法，检查鉴别饲料有无香味或苦味、辣味等异味（图 5-32）。

④触觉：少取饲料放在手上，用指头捻动感觉粒度的大小、硬度、黏稠性、有无夹杂物或水分多少等。

图 5-32　通过味觉鉴定饲料①

（2）物理鉴定　一般借助于物理器械鉴定饲料中异物或杂质。

①筛分法：根据不同原料，采用不同孔径的筛子，测定混入的异物或大致粒度，采用 USA 系列筛②可以准确测定饲料粒度。

②容重测量法：谷类及其他浓厚饲料都有固定的比重。测定饲料的容重，与标准容重进行比较，即可测出饲料中是否混有杂质，以及饲料的质量状况。

①如图 5-32 所示，对饲料可以通过味觉进行检查，以判断其气味、硬度和霉变情况等。

②USA 系列筛指美国专为准确且高效的颗粒大小分析而设计的，直径大小有 3、8、12 和 18 吋等系列标准筛。

③比重法：将饲料倒入各种比重液中，查看样品的沉浮情况，以判别有无泥沙、稻壳、花生皮、锯末等。

④镜检法：用放大镜或解剖显微镜将试样放大10～50倍观察，或加入透明剂或药物处理更易观察。

六、猪场建设与设备

目标

- 了解猪场选址的基本原则
- 熟悉猪场布局及区域划分
- 掌握各种猪舍建筑及设备的要求及结构特征

（一）猪场规划与选址[①]

1. 建场前的准备工作

兴建养猪场时，为能迅速收回投资，并逐渐增加收入，应当事先通过调查研究，弄清楚以下几个问题。

建场目的 要明确为什么要建猪场，建造什么类型的猪场，是建母猪专业场、商品肉猪专业场，还是兴建自繁自养专业猪场。

资源和市场预测 要明确猪场需要什么样的技术人员和技术依托，饲养什么猪种，用什么饲料，是自配料还是使用品牌全价配合饲料，市场行情和发展前景如何等。

规模 要明确建多大规模和使用什么样设备的猪场比较合适，自己的经济基础如何，现有资金多少，能筹集的资金有多少。

场地的选择 要明确场址选在何处最佳，其地势如何，需要多少面积，需要哪些外

①正确选择场址并进行合理的建筑规划和布局，是猪场建设的关键。规划和布局合理，既方便生产管理，也为严格执行防疫制度等打下良好的基础。

部条件（如水、电、道路、卫生状况等），先期计划面积多少，以后是否扩大规模。

资金筹措 要明确建场周期多长，需要多大投资（包括固定资金和流动资金），如何筹措资金，遇到风险怎么办。

效益预测 预测建场后的经济效益和社会效益如何等。

在可行性研究认可的基础上，结合自身的能力和实际经济状况，确定饲养规模，建造养猪场，并设计出养猪场平面布局图和建设规划平面图，建造中大型养猪场需报请县级以上畜牧行政主管部门进行审批备案。

2. 场址的选择

地形、地势和位置 场地的好坏与地形有很大的关系。这主要涉及地形的开阔与狭长，整齐与零乱，以及面积大小三个方面。猪场地形要求开阔整齐，有足够的面积，以利于猪场通风、采光、运输和管理。一般可按繁殖母猪每头 4.5 ~ 5.0 米 ^{2} 或商品育肥猪每头 3 ~ 4 米 ^{2} 考虑，猪场生活区、行政管理区、隔离区等另行考虑，并要留有发展余地①。

①一般一个年出栏万头育肥猪的大型商品猪场，占地面积在 30 000 米 ^{2}（约 45 亩）左右。

猪场要求选择地势高燥、排水良好、背风向阳、有缓坡的地方。地势高有利于排除场内的雨水和污水，有利于保持圈舍干燥与环境卫生；背风可以避免或减少冬季西北风对猪群的侵袭；向阳即猪场要朝南或东南有斜坡，这样既有利于排水，又可以充分地利用太阳能，从而减少能源消耗，降低饲养成本。猪场的地面一般以沙壤土为宜，低洼潮湿的地方不宜建场（图 6–1）。

猪场的位置应选在距居民生活区、工作区、生产区、学校和公共场所较远（一般在 500 米以外）的地方，并在下风方向；远离医院、畜产品加工厂、垃圾及污水处理场 1 000 米以上；禁止在旅游区、自然保护区、水源保

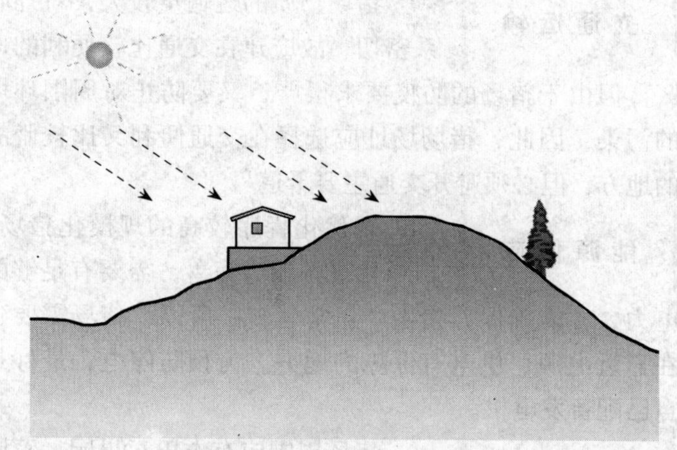

图 6-1　猪场的选址和方位[①]

护区、畜禽疫病区和环境公害污染严重的地区建场。这样既有利于自身的安全，又可减少猪场污水、污物和有害气体对居民健康的危害。

水资源和水质　猪场用水量较大，需要有充足的水源，水质应符合生活饮用水的卫生标准，取水方便，并确保未来若干年不受污染，最好用地下水资源或自来水[②]。如果考虑掘井开采地下水资源，就应计算水需要量以决定水井的数量，从而对所需投资作出估算。各类猪每头每天的总需水量与饮用量可参考表 6-1。

①如图 6-1 所示，专业户养猪场的选址应尽量选用废弃的砖瓦场、空闲地，或村边生荒地、山丘坡地等不耕种的土地建猪舍。选用山丘地时最好建在向阳面。

②水质符合《畜禽饮用水水质》NY 5027—2001 准则的要求。

表 6-1　猪群需水量标准　　单位：升/头

猪　别	每天总需水量	每天饮用量
种公猪	25	10
空怀及妊娠母猪	25	12
带仔哺乳母猪	60	20
断奶仔猪	5	2
后备猪	15	6
肥育猪	15	6

引自连森阳编著：养猪技术与经营，2005，95。

交通运输 猪场物质的运输量较大，对外联系密切，故应建在交通比较便利的地区，但由于猪场的防疫要求很严，又要防止对周围环境的污染，因此，猪场场址应选择在交通便利又比较僻静的地方，但必须避开交通主要干道①。

①猪场应建在远离交通主要干道500米以上的地方。

能源供应 现代化程序较高的规模化猪场，机械化设备较为完善，需要有足够的电力，才能确保养猪生产正常运转。所以，猪场需要建在靠近电源、供电有保障的地方。为预防停电，最好是自己配备发电机。

排污与环保 猪场周围应有农田、果园、菜园等，并便于自流，以就地消耗大部分或全部粪水是最理想的。

专业户养猪场与工厂化养猪场基本相同，主要考虑地势高燥、防疫条件好、交通方便、水源充足、供电方便等条件，规模越大，这些条件要求就越严格（图6–2）。

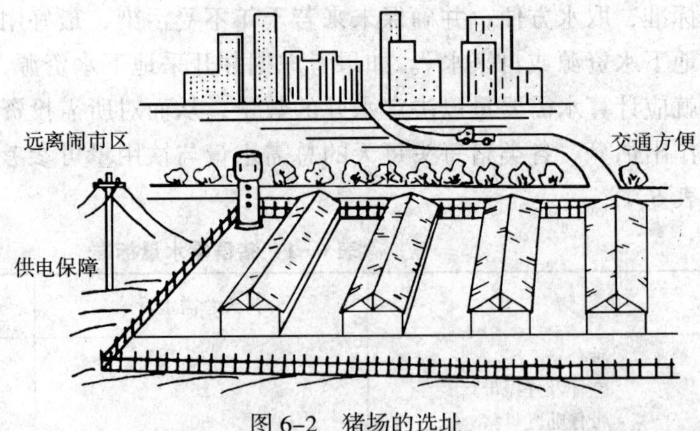

图 6–2 猪场的选址

3. 猪场的布局规划

猪场的总体布局 一个较为完善的工厂化养猪场，在总体布局上至少应划分为生产区、生活和生产管理区、卫生防疫隔离区等三个功能区（图6-3、图6-4）。

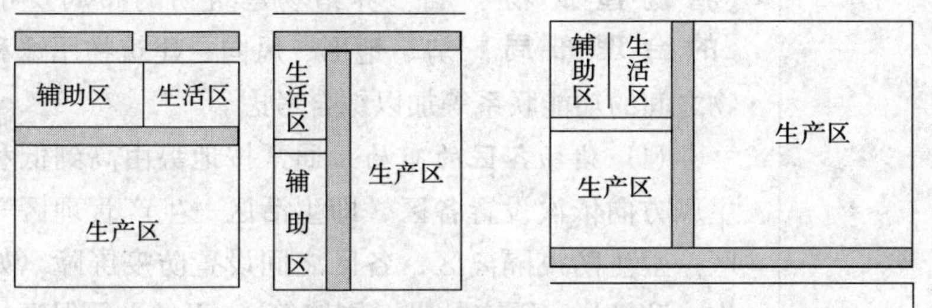

图 6-3　专业性养猪场布局方案

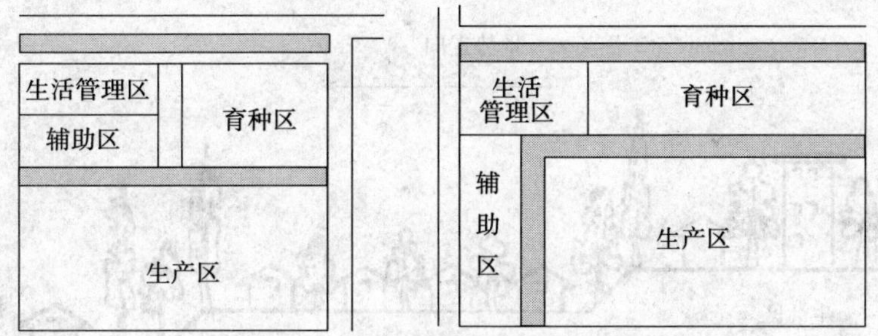

图 6-4　综合性养猪场分区布局方案

（1）生产区　该区是整个猪场的核心区，主要包括各种类型的猪舍（种猪舍、产仔哺育舍、断奶仔猪保育舍、生长肥育猪舍）、人工授精室、消毒室（更衣室、洗澡间、紫外线消毒通道）、值班室、饲料调制间等，处于猪场的核心位置，是猪场的主要建筑群，也是卫生防疫的重点保护区。

（2）生活和生产管理区　该区主要包括与经营管理有关的办公室、会议室、接待室和饲料车间、药房、成品仓库、车库、机械维修室、配电房、警卫室、水塔及职工福利建筑和设施等。由于生活和生产管理区与外界社会联系较为频繁，同时又是职工生活、休息和娱乐的环境，因此，必须尽量减少生产区与该区的相互影响。

(3) 卫生防疫隔离区　该区主要包括隔离舍、兽医室、粪污处理设施、病死猪无害化处理设施、垃圾场等。

猪场建筑物的合理布局　养猪场建筑物的布局要根据地势、地形、风向、建筑物用途和建筑物之间的功能联系等加以综合考虑。

(1) 猪场各区的布局　通常按地势由高到低和夏季主风方向依次设置各区，即生活区→生产管理区→生产区→卫生防疫隔离区，各区之间设置防疫屏障（如防疫沟、防护栏、隔离林带、围墙等），而且必须保证生活区与生产区之间保持 200 ~ 300 米的距离（图 6-5）。

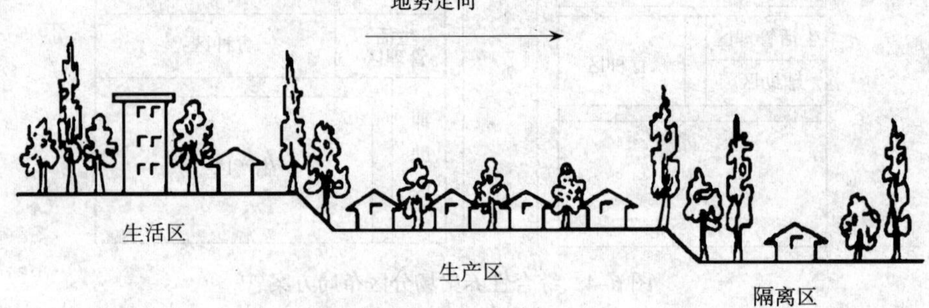

图 6-5　猪场场区规划示意图

在条件许可的情况下，生产管理区还可进一步划分，其中与生产紧密联系而与社会较少联系的部分可紧靠生产区，如饲料仓库、药房、水塔、生产用具房等，其他部分则远离生产区。由于生活区与生产管理区地势高于生产区，所以应当安排专门的沟道排走生活污水和地表径流，以防其流入生产区。生产区应放在猪场的适中位置，处于病猪隔离区的上风或偏风方向，地势稍高于病猪隔离区，而低于管理区。

(2) 生产区内建筑物的合理布局　生产区内建筑物尤其是猪舍的合理布局，是根据猪不同生长时期的生理特点与其对环境的不同要求确定的[①]。

生产区内猪舍的布局一般依地势由高到低和全年主风向，按种公猪舍、空怀母猪舍、妊娠母猪舍、产房、断奶仔猪舍、育肥猪舍、装猪台等建筑物顺序靠近排列。

商品猪位于离场门或围墙近处，围墙内侧设装猪台，运输车辆停在围墙外装车。将种公猪安排在最有利的位置，是因为其价值最高。母猪舍应位于种公猪舍下风方向的地方，两者应相距50米以上。交配场应位于母猪舍附近，但不宜靠公猪舍太近。仔猪舍一般位于生长育肥猪舍的上风向，是因为其抗病能力相对较差，位于上风向可避免生长育肥猪舍的疫病传播到仔猪舍。同时，这种安排也符合生产工艺流水线运作的需要，能够保证最短的转猪线路，既减少转群应激，又有利于符合防疫卫生要求的道路设计。各栋猪舍间应保持10～15米的安全距离，这样既便于生产联系，又减少了种猪感染疾病的机会。生产区内各类猪舍的布局见图6-6。

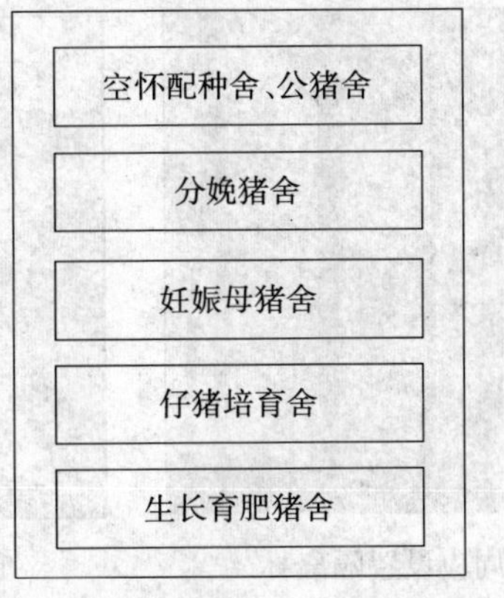

图6-6　各类猪舍的分布示意图[②]

饲料调制室与饲料仓库应设在与各栋猪舍差不多远的适中位置，且便于取水。设置贮粪场时，既要保证卫生防疫安全，又要便于运出、堆放和处理，因此，在卫生防疫隔离区中，贮粪场的位置应当离生产区比较近，其次是兽医室。而垃圾场、病畜隔离舍、尸体堆放处理设施等则应当设在远端。

猪场生产区四周应设围墙，主门和生产区入口要有消毒池和消毒室。消毒池与门口同宽，长为250厘米，

①现代化专业养猪场，一般将繁殖猪、保育猪、育肥猪分开饲养，并且不在一个生产区内，又称为分点式饲养。

②如图6-6所示，生产区内各猪舍的位置需考虑配种、转群等联系方便，并注意卫生防疫。种猪舍、仔猪舍应置于上风向和地势高处；妊娠猪舍、分娩猪舍应放到较好的位置，要接近仔猪培育舍；生长育肥猪舍设在下风向。

深为 15 厘米。消毒室内应装置紫外线灯或喷雾消毒设施，有工作帽、工作服和水靴或塑料袋脚套等。生产区内净道和污道应分开，饲料与病死猪以及运送通道尽量避免交叉，人员、动物和物资运转应采取单一流向，工作人员尽量不要穿越种猪区，并以最短路线到达各猪舍。生产及生活污水采用暗沟排放，防止交叉污染和疫病传播。

①如图 6-7 所示，在猪场四周可种植树木，夏季遮阴防暑，冬季挡风防寒。

②如图 6-8 所示，在猪舍附近可种植树木花草，既绿化环境，又可改善猪舍内小气候。

为了防疫和隔离噪声的需要，在猪场四周应设置隔离林，猪舍之间的道路两旁和裸露地面上可种植花草，绿化环境。场区绿化植树时，需考虑所植入树木的树干高低和树冠大小，防止夏季阻碍通风和冬季遮挡阳光（图 6-7 和图 6-8）。

图 6-7 猪场四周应设置隔离林①

图 6-8 在猪舍前后进行绿化②

（3）猪舍朝向 猪舍的朝向应根据当地主导风向、日照和气候特点等情况，以最有利于采光、通风、防暑或保温等环境需要为依据来确定。一般要求猪舍夏季应少接受太阳辐射，舍内通风量大而均匀；冬季应多接受太阳辐射，冷风渗透少。因此，在炎热地区，应根据当地夏季主风向安排猪舍朝向，以加强通风效果，避免太阳辐射；寒冷地区，应根据当地冬季主导风向确定朝向，减少冷风渗透量，增加热辐射，同时，应避免主风向与猪舍长轴垂直或平行，一般以冬季或夏季主导风向与猪舍长轴有 30° ~ 60° 夹角为宜。为了防暑和防寒，猪舍一般以南向或南偏东、南偏西 15° ~ 30° 夹角为宜。

图 6-9 为一个饲养 600 头基础母猪的现代化猪场的场地规划和平面总体布局示意图。

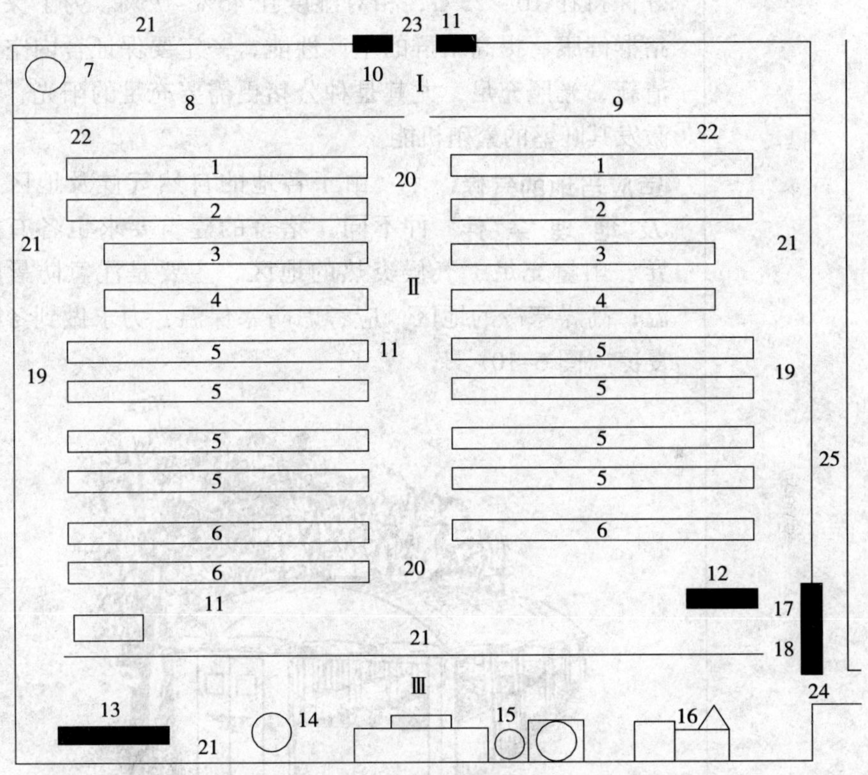

图 6-9　600 头基础母猪养猪场场地规划和平面总体布局示意图

Ⅰ.产前区　Ⅱ.生产区　Ⅲ.隔离区

1.配种室　2.妊娠母猪舍　3.产房　4.保育室　5.生长猪舍　6.育肥猪舍　7.水泵房　8.生活、办公用房　9.生产附属用房　10.门卫　11.消毒室　12.厕所　13.隔离舍及解剖室　14.死猪处理设施　15.污水处理设施　16.粪污处理设施　17.选猪舍　18.装猪台　19.污道　20.净道　21.围墙　22.绿化隔离带　23.场大门　24.粪污出口　25.场外污道

（二）猪舍建筑

1. 猪舍建筑设计的基本原则

符合猪的生物学特性 应根据猪对温度、湿度等环境条件的要求设计猪舍，一般猪舍温度最好保持在 10～25℃，相对湿度在 45%～75%。为了保持猪群健康、提高猪群的生产性能，一定要保证舍内空气清新、光照充足，尤其是种公猪更需要充足的阳光，以激发其旺盛的繁殖机能。

适应当地的气候及地理条件 由于各地的自然气候及地区条件不同，猪舍的建筑要求也各有差异。雨量充足、气候炎热的地区，主要是注意防暑降温；高燥寒冷的地区，应考虑防寒保温，力求做到冬暖夏凉（图 6–10）。

图 6–10　在猪舍前后栽植乔木，以利于防风防暑①

①如图 6–10 所示，猪舍的前后栽植树木，既可在夏季防暑降温、在冬季防风御寒，又可绿化环境、改善猪舍的环境条件。

（1）简单实用，坚固耐用　在建造猪舍时，既要考虑坚实耐用，又要因地制宜考虑经济实惠，要充分利用当地资源，就地取材。也可以用温室大棚养猪，但是必须便于控制疾病的传播，注意通风换气，有利于预防和环境控制（图 6–11）。

图 6–11　拱棚式猪舍[①]

①如图 6–11 所示，拱棚式猪舍设备简单、经济耐用，冬季可防风寒，夏季可撤掉拱棚以通风降温。

（2）便于实行科学的饲养管理

工厂化养猪的生产管理特点是全进全出一环扣一环的流水式作业。所以，在建造猪舍时首先应根据生产管理工艺确定各类猪栏数量，然后计算各类猪舍栋数，最后完成各类猪舍的布局，以达到方便操作、降低劳动生产强度、提高管理定额、保证养猪生产的目的。

2. 猪舍形式与基本结构

猪舍的形式　猪舍的形式繁多，按屋顶形式、墙壁结构与窗户以及猪栏排列等分为多种。

（1）按屋顶形式分类　屋顶的形式可分为单坡式、双坡式、联合式、平顶式、拱顶式、气楼式等。

①单坡式：屋顶由一面斜坡构成，跨度较小，构造简单，屋顶排水好，通风透光好，投资少，但冬季保暖性能差，适合小规模猪场（户）（图 6–12a）。

②双坡式：即有屋脊，屋顶有两斜坡面。此种猪舍保温性能较单坡式和不等坡式要好，但猪舍对建材要求较高，投资较多。多用在跨度较大的猪舍（图 6–12b）。

③联合式：又名道士帽式或不等坡式，其主要优缺

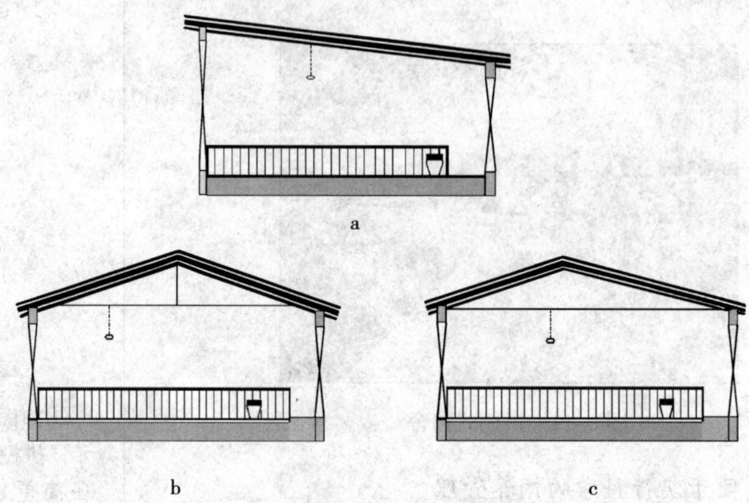

图 6-12　坡式猪舍示意图

a.单坡式　b.双坡式　c.联合式

点与单坡式基本相同，但保温性能较单坡式要好，投资要稍多于其他两种（图 6-12c）。

④平顶式：屋顶由一平面构成，此种屋顶可用于各种跨度的猪舍，一般采用预制板或现浇钢筋混凝土屋面板。主要优点是结构简单，但其造价较高，且屋内通风不好，夏季较热（图 6-13a）。

⑤拱顶式：此种屋顶可为各种猪舍所采用，特别是

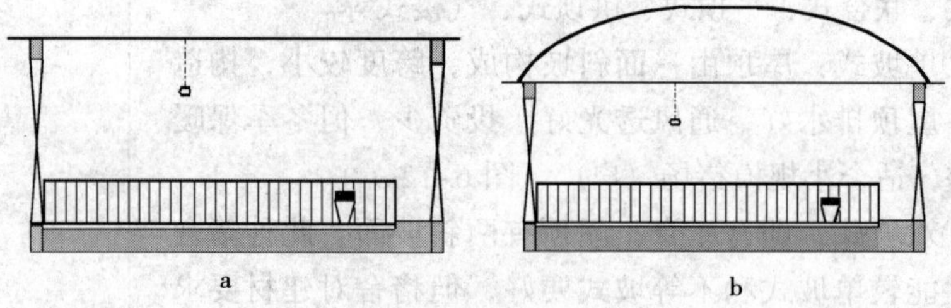

图 6-13　平顶式和拱顶式猪舍示意图

a.平顶式　b.拱顶式

花空心拱壳砖的使用，更为拱式猪舍的冬暖夏凉创造了有利条件。主要优点是不需木料、瓦、铁钉等材料，但结构设计要求比较严格（图 6-13b）。

⑥气楼式：又称为钟楼式，分一侧气楼式（半钟楼式）和双侧气楼式两种（图 6-14）。该种猪舍新鲜的空气由猪舍两侧墙面窗洞进入，有害气体由气楼排出。一侧气楼要注意朝向，背向冬季主导风向，避免冬季寒风倒灌；双侧气楼是利用穿堂风将舍内有害气体带出舍外。

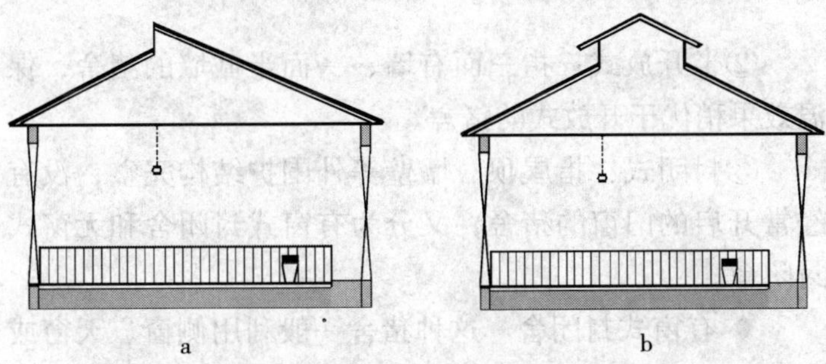

图 6-14　气楼式猪舍剖向示意图

a.一侧气楼式　b.双侧气楼式

气楼的敞开部分应装窗帘，可以是铁丝网、尼龙等材料做成，既透光又有保温作用，还可以根据外界气候条件卷起放下。该种猪舍夏秋季比较凉爽，但冬季与早春保温不够理想。

(2) 按墙壁结构与窗户分类　按墙壁的结构和窗户的有无，猪舍可分为开放式、半开放式和封闭式三种。

①开放式：指三面有墙、一面无墙的猪舍。该种猪舍通风透光好，建筑简单，节省材料，舍内有害气体容易排出（图 6-15）。但由于猪舍不封闭，保温性能不好，猪舍内的气温随着自然界变化而变化，不能人为控制，尤其北方地区冬季寒冷，将会影响猪的正常繁殖与生长。另外，开放式猪舍相对占用面积也较大。

图 6-15　开放式猪舍[①]

①如图 6-15 所示，该种猪舍三面有墙、一面无墙，采光效果好，适合广大农村养殖户养猪。

②半开放式：指三面有墙、一面半截墙的猪舍，保温效果稍优于开放式的猪舍。

③封闭式：指屋顶、墙壁等外围护结构完整，没有经常开启的门窗的猪舍，又分为有窗式封闭舍和无窗式封闭舍。

◆ 有窗式封闭舍　这种猪舍一般利用侧窗、天窗或外界气候来调节自然通风，还可以根据当地气候特点，辅以机械通风，保证冬暖夏凉（图 6-16）。该种猪舍可用于我国大部分地区养猪。其优点是投资少，造价低，施工方便，舍内温湿度容易控制。

图 6-16　有窗式封闭猪舍[②]

②如图 6-16 所示，有窗式封闭猪舍密闭性好，既便于通风，又有利于保温防寒。

◆ 无窗式封闭舍　这种猪舍四周墙壁无窗，造价低，对环境的控制能力有限，但如果对外围护结构和地面做好保温隔热设计，可有效地改善其环境控制功能，适合作为我国绝大多数温暖地区的产仔舍、保育舍，以及北方寒冷地区的各类猪舍。

(3) 按猪栏排列方式分类　按猪栏排列的形式，可分为单列式、双列式和多列式猪舍。

①单列式猪舍：猪栏排成一列，靠北墙可设或不设走道（靠北墙不设走道的，可在猪栏间设南北走道），该种猪舍构造较简单，采光、通风、防潮效果好，适用于冬季不是很冷的地区（图 6–17）。

图 6–17　单列式猪舍剖面示意图

a.不带运动场　b.带运动场

②双列猪舍：猪栏排成两列，中间设走道，管理方便，利用率高，保温效果较好，但采光、防潮效果不如单列式，适用于冬季寒冷的北方地区（图 6–18）。

③多列式猪舍：猪栏排列成三列或四列，中间设 2～3 条走道，保温效果好，利用率高，但构造复杂，造价高，通风降温较困难（图 6–19）。

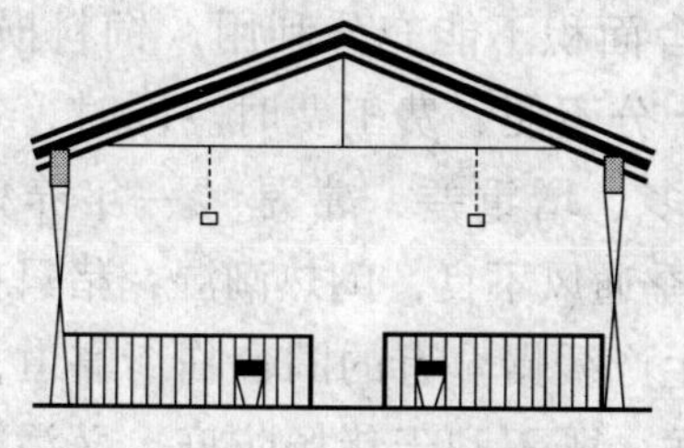

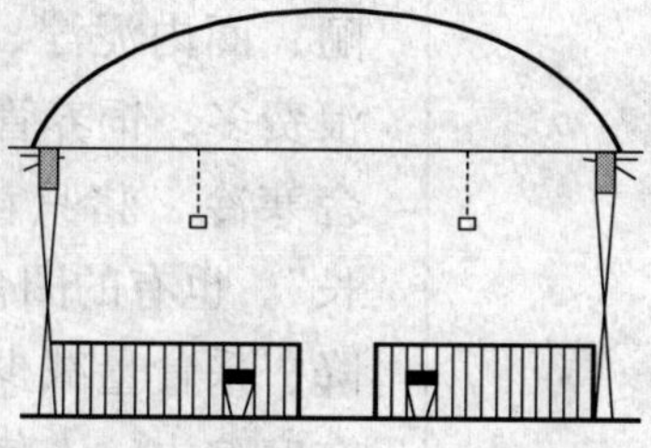

图 6–18　双列式猪舍剖面示意图

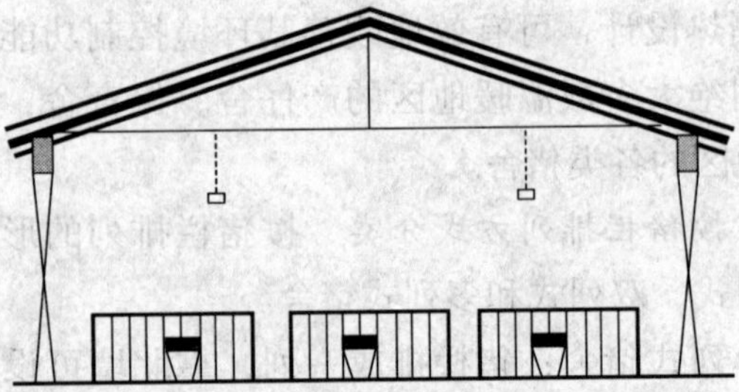

图 6-19　多列式猪舍剖面示意图

(4) **塑料大棚猪舍**　这种猪舍是我国北方地区农户养猪和专业户养猪在冬季普遍采用的一种简易猪舍。白天若舍外温度为 -4℃时，猪舍内最高温度可达 18℃左右，温差达到 22℃。塑料大棚猪舍保温效果明显，具有投资少、见效快、建造简易等优点（图 6-20）。

图 6-20　塑料大棚猪舍示意图①

①如图 6-20 所示，塑料大棚式猪舍，冬季可用塑料薄膜将四周窗户挡上；炎热的夏季可掀开，以通风降温。

旧有圈舍改造及旧有建筑的利用　农户养猪，过去许多地方是土地面、敞开式圈舍。由于圈舍过于简陋，圈内泥泞，圈舍面积不能充分利用，饲料损耗大、浪费多，饲养管理十分不便、费工费时。同时，冬季圈舍寒冷，猪只耗料多、增重差，常是“一年养猪半年长”。也有的圈舍夏季通风不良，闷热潮湿，猪只食欲下降、采食量减少、生产缓慢。有的圈舍临街靠道，或修在庭院内，人猪杂居，既不利于猪场防疫，又污染了人的居住环境。为此，要对旧有圈舍进行改造。改造的原则有如下几点。

(1) *居室与猪舍隔开* 可在村外闲散地块修建猪舍，也可在庭院内稍作改动（将人居室放在前边，猪舍放在后院），中间用菜地、果树隔开。这样安排既有利于改善人的居住环境，又有利于养猪防疫，颇见新意，值得借鉴（图 6-21）。

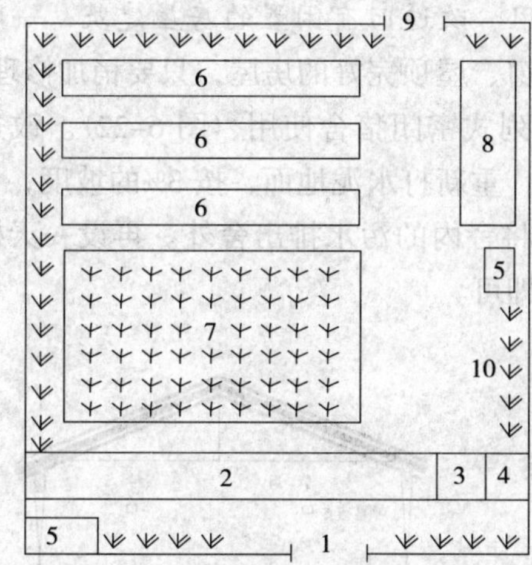

图 6-21 庭院养猪圈舍配置示意图

1.大门 2.居室 3.过道 4.车库 5.厕所 6.猪舍 7.菜地或果树 8.仓库 9.运肥大门 10.绿化带

(2) *改偏房为正房* 有些农户猪圈位靠庭院一侧的偏房，既不背风也不向阳，冬不暖、夏不凉，所以应将其改为坐北朝南的正房。

(3) *圈外积肥* 将积肥坑与猪舍分开，在圈外积肥场堆积，圈内抹上水泥地面。这样不但可改善圈舍内卫生条件，而且还可加大圈内使用面积、增加饲养头数。

(4) *改建保温猪舍* 有条件的地方，尤其是在冬季较冷的地区，应改敞圈为密闭的保温猪舍。采取吃、拉、睡三处分开的管理办法，再与实行厚垫草、挤着睡的高密度养猪等防寒保温措施相配合，效果会更好。

(5) 将旧房改成简易棚式猪舍　这种猪舍夏季便于通风，冬季可罩上 1～2 层塑料薄膜，即成塑料大棚式猪舍。但要注意，塑料薄膜必须要罩严，棚顶要留有可以随时开闭的通气窗（三间圈舍开一个），棚内要安装自动饮水器。棚上应设草帘子，夜间盖上，白天卷起，既可防冰雹及风雪，又可增强夜间的保温效果。

(6) 利用、改造旧有闲置的房屋建筑　一般跨度较大、有门有窗、屋顶完好的房屋，只要稍加修理、改造，即可作为双列式密闭猪舍使用（图 6-22）。改造时应先安排好排水，重新打水泥地面，按 3%的坡度，以明沟或暗沟的形式将舍内的污水排出舍外。再设一天棚，并留好排气天窗即可。

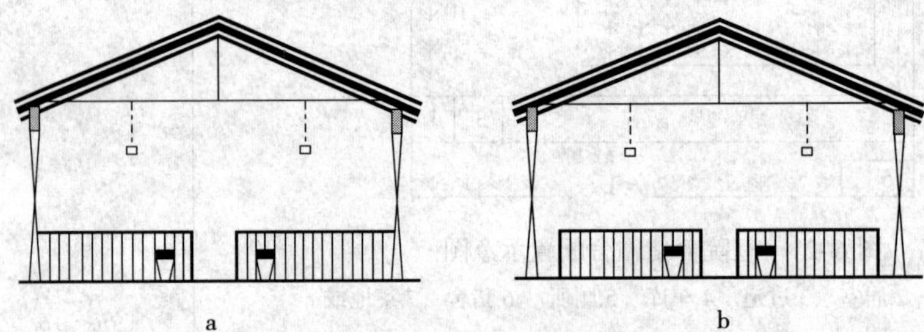

图 6-22　改造猪舍剖面示意图①

a.单通道双列式猪舍　b.三通道双列式猪舍

猪舍基本结构　猪舍的基本结构包括地面、墙、门窗、屋顶等，这些统称为猪舍的外围护结构。外围护结构的性能，直接影响猪舍的小气候状况。

(1) 基础和地面　基础的主要作用是承载猪舍自身重量、屋顶积雪重量和墙、屋顶承受的风力。基础受潮会引起墙壁及舍内潮湿，因此应注意基础的防潮防水。为防止地下水通过毛细管作用浸透墙体，在基础的顶部至墙脚之间应设置防潮层。

①如图 6-22 所示，旧有房间若跨度为 6 米左右，则可改为单通道双列式猪舍；若超过 8 米，则可改作三通道双列式猪舍。

地面对猪舍的保温性能及猪的生产性能有较大的影响。猪舍地面要求保温、坚实、不透水、平整、不滑，以便于清扫和清洗消毒。地面一般要求保持有2%～3%的坡度，以利于保持地面干燥。目前，猪舍多采用水泥地面和水泥漏缝地板。为克服水泥地面传热快的缺点，可在地表下层铺上一层孔隙较大的材料，如炉灰渣、空心砖等。

（2）墙壁　墙为猪舍建筑结构的重要组成部分，它将猪舍与外界隔离开。按墙所处位置可分为外墙、内墙。按墙的长短又可分为纵墙和山墙（或叫端墙）①。猪舍一般为纵墙承重。

①沿猪舍长轴方向的墙叫纵墙，两端沿短轴方向的墙称为山墙。

猪舍墙壁要求坚固耐用，承重墙的承载力和稳定性必须满足结构设计要求（图6-23）。

图6-23　猪舍墙壁和地面②

②如图6-23所示，猪舍墙内表面要便于清洗和消毒，地面以上1.0～1.5米高的墙面应设水泥墙裙，以防冲洗消毒时溅湿墙面和防止猪弄脏、损坏墙面。

（3）门与窗　窗户主要用于采光和通风换气。面积大的窗户，采光多、换气好，但冬季散热和夏季向舍内传热也多，不利于冬季保温和夏季防暑。因此，窗户的大小、数量、形状和位置应根据当地气候条件合理设计。

猪舍的外门一般以高2.0～2.3米、宽1.2～1.5米为宜。门外设坡道，以便于手推车和猪只通过。外门的设置应避开冬季主导风向，必要时加设门斗。

（4）屋顶　屋顶主要起到遮挡风雨和保温隔热等作用，要求坚固，有一定的承重能力，不漏水、不透风，同时由于其夏季接受太阳辐射和冬季通过它失热较多，因此，要求屋顶必须具有良好的保温隔热性能①。

①有条件的猪场，可在猪舍内加设吊顶，这样可明显提高其保温隔热性能，但会增大投资成本。

3. 各类猪舍的建筑特点

种公猪舍　种公猪具有体格较高大、爱运动、破坏力强、怕热不怕冷等特点。在炎热地区，种公猪舍多采用开放式或半开放式，跨度一般较小，净高较大，以利于防暑降温；而寒冷地区则一般采用封闭式猪舍，用大窗户通风。另外，种公猪舍围栏设施及圈门宜坚固结实，且应达到栏高 1.2 ~ 1.4 米、栏门宽 0.8 米左右，地面应坚实平整，排水坡度为 5%左右。一般应配运动场（图 6–24）。

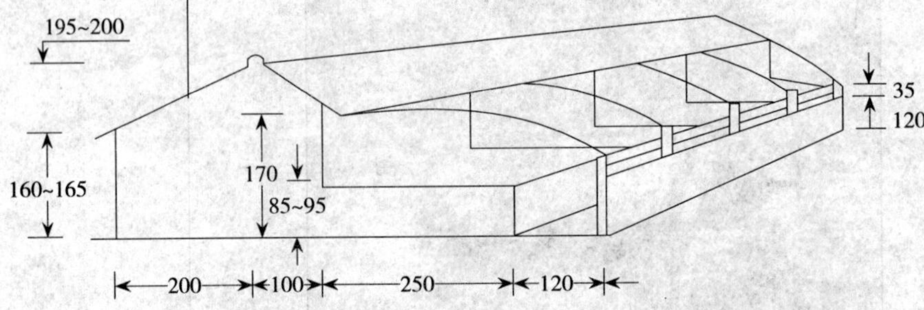

图 6–24　种公猪舍侧面示意图（单位：厘米）

近年来，一些规模猪场把公猪栏和配种栏合二为一，即用公猪栏代替配种栏，典型的结构形式有两种：一种是结构和尺寸与公猪栏相同（图 6–25），配种时将公、母猪驱赶到配种栏中进行配种。另一种是由空怀待配母猪与 1 头公猪组成一个配种单元，4 头母猪分别饲养在 4 个单体栏中，公猪饲养在母猪后面的栏中。空怀母猪达到适配年龄后，打开后栏门进入公猪栏由公猪进行配种，配种结束后将母猪赶入原栏进行观察，确定妊娠后再转入妊娠栏或舍内饲养（图 6–26）。

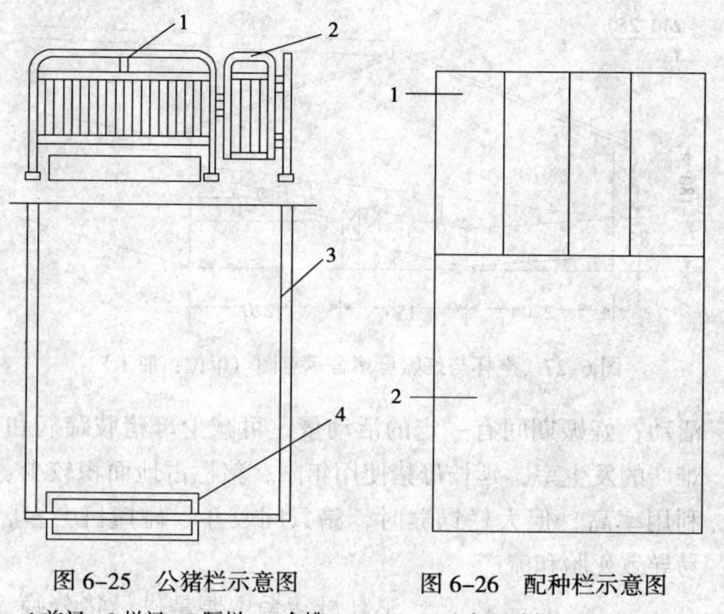

图 6-25　公猪栏示意图

1.前门　2.栏门　3.隔栏　4.食槽

图 6-26　配种栏示意图

1.空杯母猪栏　2.公猪区

空怀与妊娠母猪舍　空怀、妊娠母猪舍可为单列式（可带运动场）、双列式、多列式等几种。空怀、妊娠母猪可群养，也可单养。群养时，以空怀母猪每圈 4～5 头，妊娠母猪每圈 2～4 头为宜（图 6-26）。这样既节约圈舍，又能提高猪舍的利用率。空怀母猪群养时，可相互诱发发情，但发情不易检查；妊娠母猪群养易因争食、咬架而导致死胎、流产等。空怀、妊娠母猪单养（隔栏定位饲养）时，优点是易进行发情鉴定，便于配种，利于妊娠母猪的保胎和定量饲喂（图 6-27）；缺点是母猪运动量小，受胎率有降低趋向，肢蹄病增多，影响母猪的利用年限。

空怀母猪隔栏单养时，可与公猪饲养在一起，4～5 个待配母猪栏对应 1 个公猪栏，这样就可不用专设配种栏。妊娠母猪群养时，饲喂亦可采用隔栏定位采食的饲喂方式，采食时猪只进入小隔栏，平时则在大栏内自由

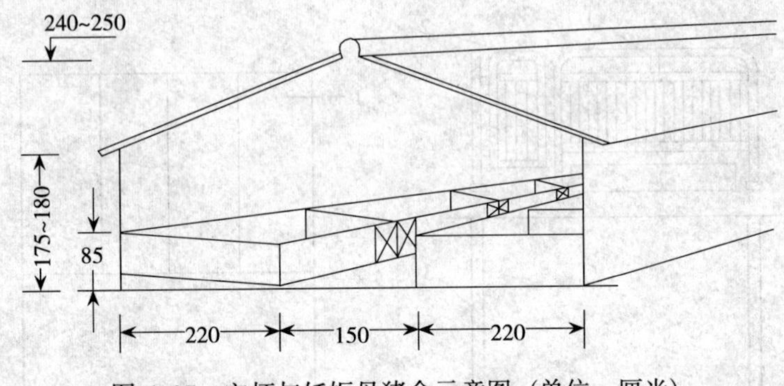

图 6-27　空杯与妊娠母猪舍示意图（单位：厘米）

活动；妊娠期间有一定的活动量，可减少母猪肢蹄病和难产的发生率，延长母猪使用年限；猪栏占地面积较少、利用率高，但大栏饲养时，猪只间咬斗、碰撞机会多，易导致死胎和流产。

泌乳母猪舍　泌乳母猪舍主要是供母猪分娩、哺育仔猪用，其设计既要满足母猪需要，同时要兼顾仔猪的要求，通常为三走道双列式。

分娩母猪适宜温度为 16～18℃；新生仔猪体热调节机能发育不全，怕冷，适宜温度为 29～32℃，气温低时仔猪通过挤靠母猪或相互挤堆来取暖，这样常出现踩死、压死等现象。根据这一特点，泌乳母猪舍内应设母猪限位区和仔猪活动栏两部分（图 6-28）。中间部位为母猪限位区，宽一般为 0.6～0.65 米，两侧为仔猪栏。仔猪活动栏内一般设仔猪补饲槽和保温箱，保温箱采用加热地板、红外灯或热风器等，以给仔猪局部供暖（图 6-29）。有条件的可使用母猪分娩栏（图 6-30）。

仔猪培育舍　仔猪培育舍又称仔猪保育舍。仔猪断奶后就转入仔猪培育舍饲养，由于刚断奶仔猪身体各机能发育尚不完全，体温调节能力差，怕冷，机体抵抗力和免疫力差，易感染疾病。因此，仔猪培育舍应给仔猪提供一个温暖、清洁的环境。仔猪

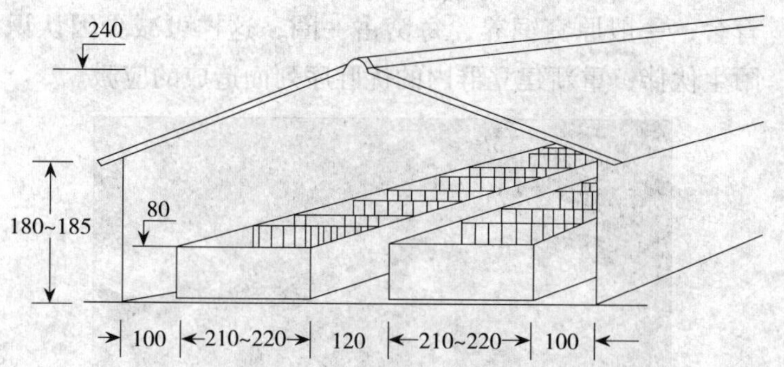

图 6-28　泌乳母猪舍示意图[①]（单位：厘米）

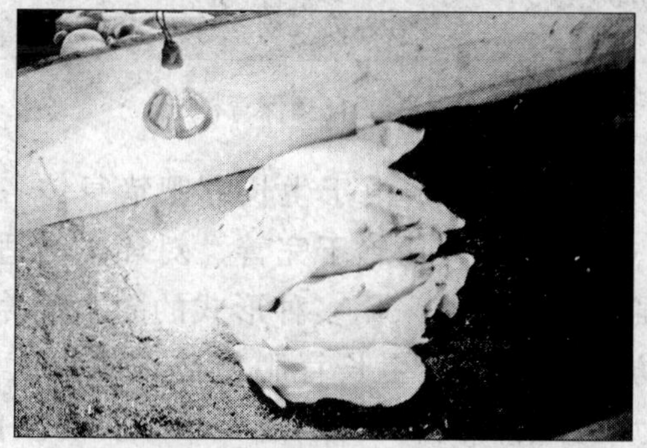

图 6-29　在保温箱内设置红外线灯[②]

图 6-30　母猪分娩栏[③]

培育舍及上述的泌乳母猪舍在冬季一般需要有供暖设备，以保证仔猪有个较为适宜的生活环境。

保育猪可采用地面或网上群养，有条件的可使用仔猪保育栏（图 6-31）。每圈 8～12 头，仔猪断奶后转入培

①如图 6-28 所示，为双列三走道式泌乳母猪舍。每个大栏内又分为母猪栏和保育猪栏，两者相通，乳仔猪可自由进出。

②如图 6-29 所示，在乳猪保育箱内设置红外线灯，以给乳猪取暖保温。

③如图 6-30 所示，母猪在分娩栏内分娩，乳猪既可在母猪栏内吮乳，也可在保育栏（箱）内休息、取暖。

育舍，一般原窝饲养，每窝占一圈，这样可减少因认识陌生伙伴、重新建立群内的优胜序列而造成的应激。

图 6–31 仔猪保育栏①

①如图 6–31 所示，仔猪在保育栏内生活，既卫生清洁，又温暖，有利于快速生长发育。

生长育肥猪舍 由于生长育肥猪身体各机能发育均趋于完善，对环境的适应能力相对增强，因此，可采用多种形式的圈舍饲养，但也要注意防暑和保温，生长育肥猪适宜的温度为 15～20℃。为减少猪群周转次数，避免不必要的损伤，往往把育成和育肥两个阶段合并成一个阶段饲养，一般多采用地面群养，每圈 8～10 头，每头猪的占栏面积和采食宽度分别为 0.8～1.0 米 ^{2} 和 35～40 厘米（表 6–2）。

表 6 - 2 各类猪的圈养头数、每头猪的占栏面积和采食宽度

猪群类别	大栏群猪头数	每圈适宜头数	面积（米^2/头）	采食宽度（厘米/头）
断奶仔猪	20～30	8～12	0.3～0.4	18～22
后备猪	20～30	4～5	1.0	30～35
空怀母猪	12～15	4～5	2.0～2.5	35～40
妊娠前期母猪	12～15	2～4	2.5～3.0	35～40
妊娠后期母猪	12～15	1～2	3.0～3.5	40～50
设防压架的母猪	—	—	4.0	40～50
泌乳母猪	1～2	1～2	6.0～9.0	40～50
生长育肥猪	10～15	8～12	0.8～1.0	35～40
公猪	1～2	1	6.0～8.0	35～40

4. 猪舍环境控制

猪舍的保温隔热 保温是阻止热量由舍内向舍外散失，隔热是阻止舍外热量传到舍内。猪舍的保温隔热性能取决于猪舍的式样、尺寸及外围护结构所用材料的热工性能和厚度等。设计猪舍时，应根据当地气候条件选择猪舍的形式，考虑其尺寸大小，对于有窗和密闭式猪舍，最好经过建筑热工计算来确定围护结构的材料和结构的方案，以保证猪舍设计的最优化。

(1) 保温防寒 加强猪舍外围护结构的保温性能，是提高猪舍保温性能的根本措施。根据猪舍的特点，猪舍外围护结构的保温性能应保证在冬季舍内温、湿度的状况下，墙和屋顶（吊顶）内表面不结露。对于导热性强的地板如水泥地面，为减少从地板的失热和对猪只的影响，可在床面下层设保温地板。哺乳仔猪还可以采用放置电热地板、红外线灯或给猪床上铺垫草等方式取暖（图 6-32）。

图 6-32 在仔猪栏内安置红外线灯①

门窗失热量大，在寒冷地区应在满足采光或夏季通风的前提下，尽量少设门窗。地窗、通风孔应可以启闭，冬季封闭保暖，夏季打开通风降温。

在不影响饲养管理的前提下，应减少外围护结构的面积。适当降低猪舍的高度（以檐高 2.2～2.7 米为

①如图 6-32 所示，通过合理设计猪舍的保温隔热性能，根据猪体情况采用供暖、降温、通风、光照、空气处理等设备，给猪创造一个符合其生理要求和行为习性的适宜环境至关重要。

宜)，可明显提高保温效果。

(2) 隔热防暑　夏季舍外高温和强烈的太阳辐射会使猪舍温度升高，加之猪只散发的大量体热，在白天舍内温度往往高于舍外，影响猪只的正常生产。因此，除绿化遮阴、降低饲养密度外，还需加强猪舍的隔热设计，如将屋顶建成两层，以加强空气循环，从而降低屋顶内表面和舍内的空气温度；或将猪舍的屋顶和墙壁采用浅色、光亮的外表面，可反射较多的太阳辐射热，从而减少向舍内传递的热量。

另外，在生产管理中还可采取其他一些有效的降温措施，如淋浴、喷雾、蒸发垫冷却空气、加强通风等，来增加猪体热量散发和降低舍内温度。

猪舍的通风

通风是改善猪舍小气候的重要措施，任何季节都必不可少。通风可以排除猪舍中多余的水汽，降低舍内湿度，防止围护结构内表面结露，同时可排除空气中的尘埃、微生物、有毒有害气体(如氨气、硫化氢、二氧化碳等),改善猪舍空气的卫生状况。同时,也是防暑降温的有效措施。

猪舍通风分自然通风和机械通风两种方式。

(1) 自然通风　自然通风是靠自然界风力造成的风压和舍内外温差形成的热压，使空气流动，进行舍内外空气交换的通风方式。炎热地区应适当加大猪舍窗户面积，减少窗间墙的宽度，通过增大通风量，加强热压通风，来提高猪舍的防暑降温效果（图6-33）。

(2) 机械通风　密闭式猪舍跨度较大，仅靠自然通风不能满足其要求时，需辅以机械通风；无窗式猪舍则必须依靠机械通风。机械通风可分为两种形式。①负压通风：即用轴流式风机将舍内污浊空气抽出，使舍内气压低于舍外，则舍外空气由进风口流入，从而达到通风

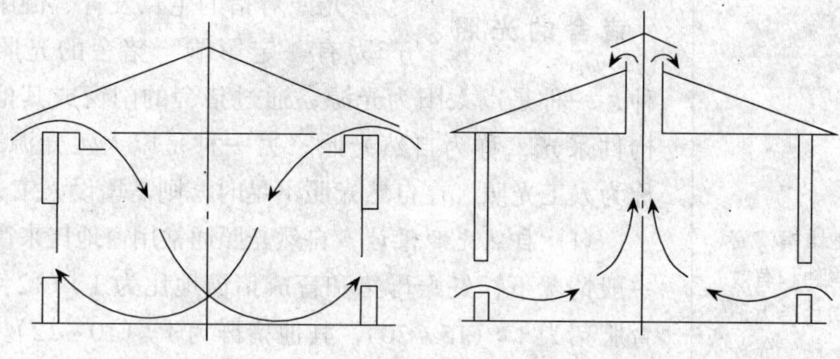
猪舍上进、下排的通风方式　　猪舍侧进、上排的通风方式

图 6-33　猪舍自然通风方式示意图

换气的目的（图 6-34）。负压通风设备简单，投资少，通风效率高，在我国被广泛采用，其缺点是对进入舍内的空气不能进行预处理。②正压通风：即将舍外空气用离心式或轴流式风机通过风管压入舍内，使舍内空气压力高于舍外，在舍内外压力差的作用下，舍内空气由排气口排出（图 6-35），从而达到通风换气的目的。正压通风可以对进入舍内的空气进行加热、降温、除尘、消毒等预处理，但需设风管，设计难度大，在我国较少采用。

①如图 6-34 所示，近年来人们较多采用纵向通风形式，即风机设在猪舍山墙上，进风口设在另一端山墙上，其通风效果明显。

图 6-34　猪舍纵向通风方式①

图 6-35　现代化猪舍正压通风系统②

猪舍的光照

光照对猪的生长发育、健康和生产力有一定影响。猪舍的光照有两种，一种是以太阳为光源，通过猪舍的门窗或其他透光构件采光，称为自然光照；另一种是以人工光源采光，称为人工光照。在自然光照不足时，则需增设人工光照。

(1) 自然光照设计　自然光照通常用窗地比来衡量①。一般情况下，妊娠母猪和育成猪窗地比为1∶(12～15)，育肥猪为1∶(15～20)，其他猪群为1∶(10～12)。根据这些参数即可确定猪舍窗户的面积。为便于通风换气，猪舍南北墙均应设置窗户。同时，为了冬季保暖防寒，常使南窗面积大、北窗面积小，其具体可根据当地气候确定合理的南北窗面积比。炎热地区南北面积比为(1～2)∶1，夏热冬冷地区和寒冷地区为(2～4)∶1（图6-36）。

(2) 人工照明设计　人工照明设计应保持猪床照度均匀，以满足猪群的光照需要。一般情况下，各类猪的照度需求是不一样的（表6-3）。

①窗地比指门窗等透光构件和有效透光面积与舍内地面面积之比，亦称采光系数。

图6-36　大窗式猪舍②

②如图6-36所示，在窗户面积一定时，可酌情多设窗户，并沿纵墙均匀设置。窗户的形状可根据猪舍宽度大小酌情确定，一般以方形窗居中为佳。

表6-3　各类猪的照度需求　　单位：勒克斯

类　别	妊娠猪	育成猪	育肥猪	其他猪
有窗式猪舍	50～70	50～70	35～50	50～100
无窗式猪舍	14～16	14～16	8～12	14～18

5. 各类猪栏舍的快速计算方法

养猪场的设计首先应根据所确定的工艺流程和技术参数，先计算出各类猪舍猪栏的数量，然后才能合理地计算出每栋猪舍的建筑面积。以饲养100头基础母猪的猪场为例，进行猪舍的猪栏数计算，其方法如下。

分娩舍猪栏数　分娩舍猪栏数＝年间分娩窝数×分娩舍饲养时间/365。

母猪100头，平均每年产2.3窝，年间分娩窝数为100（头）×2.3窝＝230窝，分娩舍饲养时间为42天（表6–4）。

表6-4　年间分娩舍的饲养时间

项目	天数
分娩前倒入天数	7天
哺乳时间	28天
断奶仔猪停留时间	4天
清洗消毒时间	3天
合　计	42天

注：①现代化养猪场，多实行乳猪21日龄断奶；
②经产母猪分娩前倒入分娩舍的时间可缩小到3天。

分娩舍猪栏数为230×42/365＝26.5，所以分娩舍应建27个分娩栏。

交配舍猪栏数　交配舍猪栏数＝（年间分娩窝数×交配舍饲养时间）/（365×每栏饲养头数）。

1年分娩230窝，每周平均分娩4.4窝，1周需要断乳的母猪数为4～5头，断乳后进行交配确认需要6周的时间，交配舍饲养时间为55天（表6–5）。

表6-5　交配舍饲养时间

项目	天数
断乳后发情天数	10天
妊娠确认天数	42天
清洗消毒时间	3天
合　计	55天

交配舍猪栏数为（230×55）/（365×5）=6.9，所以每栏如5头群饲，则需要7个大猪栏；如单栏饲养，则需要35个猪栏。

妊娠舍猪栏数　妊娠舍猪栏数=年间分娩窝数×妊娠舍饲养时间/365。

母猪妊娠期114天，除去交配猪舍饲养42天和提前7天转到分娩猪舍的天数，再加上3天清洗消毒的时间，就是妊娠猪舍的饲养时间，为68天（表6-6）。

表6-6　妊娠舍的饲养时间

妊娠时间	114天
减去交配猪舍时间	−42天
减去分娩猪舍时间	−7天
清洗消毒时间	3天
合　计	68天

年间分娩窝数为230窝。

妊娠舍猪栏数为230×68/365=42.8，所以妊娠猪舍需要43个单体栏。

更新猪栏数　更新猪栏数=（年更新头数×更新猪栏饲养时间）/（365×每栏饲养头数）。

种猪的更新率按40%计算，年更新头数为100×40%=40头。

更新猪栏饲养时间（指后备猪从6月龄饲养到8月龄）90天，每栏饲养5头。

更新猪栏数为（40×90）/（365×5）=2，所以需要建2个更新猪栏。

种公猪栏数　（本交的猪场）15头母猪需要配备1头种公猪，种公猪要单栏饲养。

种公猪栏数为基础母猪数/15=100/15=6.67，所以，种公猪需要7个单栏舍。

断乳仔猪舍的猪栏数 断乳仔猪舍的猪栏数 =（年间分娩窝数 × 窝平均离乳仔猪头数 × 生长舍饲养时间）/（365 × 每栏饲养头数）。

年间分娩窝数 230 窝，窝平均离乳仔猪头数 10 头，每栏饲养 10 头仔猪；断乳仔猪舍的仔猪饲养为 46 天（表 6–7）。

表 6-7 断乳仔猪舍的饲养时间

断乳仔猪舍的仔猪饲养时间 减去分娩猪舍时间 清洗消毒时间	75 日龄 —32 天 3 天
合 计	46 天

断乳仔猪舍的猪栏数为(230 × 10 × 46)/(365 × 10) = 28.9，所以断乳仔猪舍需要建 29 个仔猪培育栏。

生长猪舍猪栏数 生长猪舍的猪栏数 =（年间分娩窝数 × 窝平均离乳仔猪头数 × 断乳仔猪舍饲养时间）/（365 × 每栏饲养头数）。

年间分娩窝数 230 窝，窝平均断乳仔猪头数 10 头（未考虑死亡数），每栏饲养仔猪头数 10 头；生长猪舍的饲养时间为 48 天（表 6–8）。

表 6-8 生长猪舍的饲养时间

生长猪舍的猪饲养到 减去仔猪培育时间 清洗消毒时间	120 日龄 —75 天 3 天
合 计	48 天

生长猪舍的猪栏数为（230 × 10 × 48)/（365 × 10) = 30.2，所以生长猪舍需要建 30 个生长猪栏。

肥育猪舍猪栏数 肥育猪舍的猪栏数 =（年间分娩窝数 × 窝平均离乳仔猪头数 × 肥育猪舍饲养时间）/（365 × 每栏饲养头数）

年间分娩窝数 230 窝，窝平均断乳仔猪头数 10 头

(未考虑死亡数)，每栏饲养肥育猪头数6头；生长猪舍的饲养时间为63天（表6–9）。

表6-9　肥育猪舍的饲养时间

项目	时间
肥育猪舍的猪饲养到 减去饲养舍饲时间 清洗消毒时间	160日龄 一120天 3天
合　计	43天

肥育猪舍的猪栏数为（230×10×43）/（365×6）= 40.87，所以育肥猪舍需要建41个育肥猪栏。

(三) 养猪常用设备

1. 猪栏

(1) 根据猪栏的结构形式，猪栏可分为实体猪栏、栏栅式猪栏、综合式猪栏。

①实体猪栏：一般采用砖砌结构，也称砖砌隔栏，厚度120厘米、高度1.0～1.2米，外抹水泥或采用混凝土预制件构成。其优点是可以就地取材，投资费用低；缺点是占地面积大，不便于观察猪的活动，通风不良。

②栏栅式猪栏：多采用金属型材焊接而成，一般由外框、隔条组成栏栅，几片栏栅和栏门组成一个猪栏。其优点是占地面积小，便于观察猪只，通风阻力小；缺点是投资较大。

③综合式猪栏：是综合了上述两种猪栏的结构，一般是相邻的两猪栏隔墙采用实体栏，沿饲喂通道正面采用栏栅，这样就兼备了两者的优点。

(2) 根据猪栏内饲养猪的类别，猪栏可分为种公猪栏、空怀母猪栏、妊娠母猪栏、哺乳母猪栏、保育猪栏、断奶仔猪栏、生长猪栏、后备猪和肥育猪栏。猪栏占地面积及结构尺寸见表6–10和表6–11。

表 6-10 每头猪所需要的猪栏面积指标

猪群类别	每栏头数	实体地面猪栏（米²）	漏缝地板猪栏（米²）
种公猪	1	5.0～7.0	4.0～6.0
空怀母猪	3～6	1.5～2.0	1.4
妊娠母猪	1	2.5～3.0	2.2
哺乳母猪	1	5.0～5.5	4.0～4.5
断奶仔猪	10～20	0.3～0.6	0.2～0.4
生长猪	8～12	0.6～0.9	0.4～0.6
肥育猪	8～12	0.9～1.2	0.6～0.8
后备猪	2～4	0.7～1.0	0.9～1.0

表 6-11 几种猪栏（栏栅式）的主要技术参数 单位：米

猪栏类别	长	宽	高	隔条间距	备注
公猪栏	3	2.4	1.2	0.1～0.11	
后备母猪栏	3	2.4	1.0	0.1	
培育栏	1.8～2	1.6～1.7	0.7	≤0.07	饲养1窝猪
	2.5～3.0	2.4～3.5	0.7	≤0.07	饲养20～30头猪
生长栏	2.7～3.0	1.9～2.1	0.8	≤0.1	饲养1窝猪
	3.2～4.8	3.0～3.5	0.8	≤0.1	饲养20～30头猪
肥育栏	3.0～3.2	2.4～2.5	0.9	0.1	饲养1窝猪

注：在采用小群饲养的情况下，空怀母猪栏、妊娠母猪栏的结构与尺寸和后备母猪栏相同。

2. 饲喂设备

猪舍的喂料设备可分为普通食槽和自动食槽两类。普通食槽根据其使用材料又可分为水泥食槽和金属食槽两种。水泥食槽坚固耐用，价格低廉，既适合喂干料也适合喂湿拌料，同时还可兼做水槽，其缺点是不易清扫；金属食槽易于清扫，但只适合饲喂干料。

根据目前大多养猪场所采用的自由采食和限量饲喂方式，食槽也可分为自由采食食槽（自动食槽）和限量采食食槽两种。

(1) 自动食槽 在培育猪、生长猪和肥育猪群中，一般多采用自动食槽让猪自由采食。自动食槽即在食槽的顶部装有饲料贮存箱，能贮存一定量的饲料，随着猪的采食，饲料在重力的作用下，不断从饲料贮存箱落入下面的食槽内（图 6–37）。

①如图 6–37 所示，使用自动食槽可以间隔较长时间加料，大大减少了喂饲工作量，提高了劳动生产率。

图 6–37　自动食槽[①]

自动食槽的式样有多种（图 6–38），其主要尺寸参数见表 6–12。

a

b

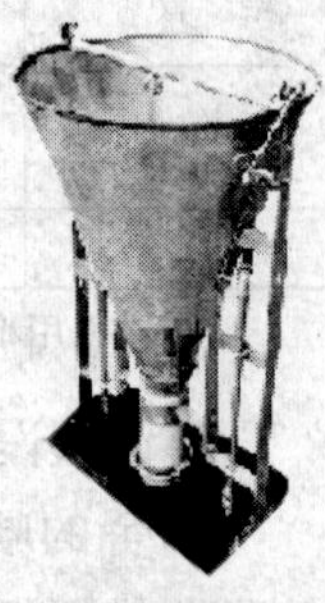

c

图 6–38　各种自动食槽

a.长方形双面自动食槽　b.圆形自动食槽　c.饲料饮水一体自动食槽

表 6－12　自动食槽的主要尺寸参数　　单位：厘米

猪群种类	高	宽	采食间隙	前缘高度
仔猪	40	40	14	10
幼猪	60	60	18	12
生长猪	70	60	23	15
肥育前期至 60 千克	85	80	27	18
肥育后期至 100 千克	85	80	33	18

(2) 限量食槽　用于公猪、母猪等需要限量饲喂的猪群。小群饲养的母猪和公猪的限量食槽一般由水泥制成，造价低廉，坚固耐用（图 6–39），其主要结构参数见表 6–13。

每头猪所需要的食槽长度大约等于猪肩部宽度，不足时会造成饲喂时争食；太长时不但会造成食槽浪费，个别猪还会踏入槽内吃食，弄脏饲料。每头猪采食所需食槽长度见表 6–14。

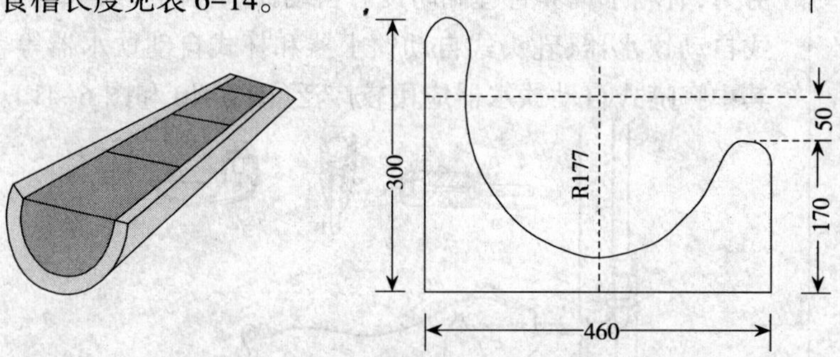

图 6–39　限量水泥食槽（单位：毫米）

表 6－13　水泥食槽的主要尺寸　　单位：厘米

猪群种类	宽	高	底厚
仔猪	20	10～12	4
幼猪、生长猪	30	15～18	5
肥育猪、母猪	40	20～22	6

表 6－14　每头猪采食所需要的食槽长度

猪的类别	体重（千克）	每头猪所需饲槽长度（厘米）
仔　猪	15 以下	18
幼　猪	30 以下	20
生长猪	40 以下	23
	60 以下	27
肥育猪	75 以下	28
	100 以下	33
繁殖猪	100 以下	50

3. 饮水设备

猪场的饮水设备有水槽和自动饮水器两种形式。水槽有水泥水槽和石槽等，这种设备投资小，较适合个体养殖户或没有自来水的小型猪场使用；其缺点是必须定时加水，工作量较大，且水的浪费量大，卫生条件也差。

猪的自动饮水设备一般包括供水管道、过滤器、减压阀及自动饮水器等几个部分。这种供水方式的优点是节省劳力,有利于饲养管理和防疫。自动饮水器的种类有鸭嘴式自动饮水器、乳头式自动饮水器和杯式自动饮水器等，其中鸭嘴式自动饮水器应用较广泛(图 6-40 和图 6-41)。

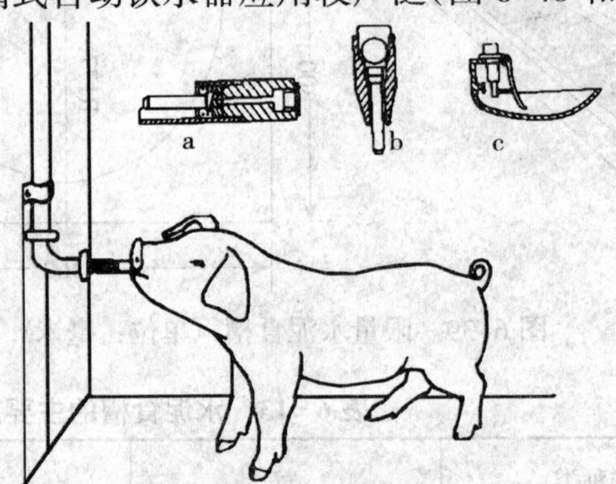

图 6-40　猪自动饮水器结构示意图①

a.鸭嘴式饮水器　b.乳头式饮水器　c.杯式饮水器

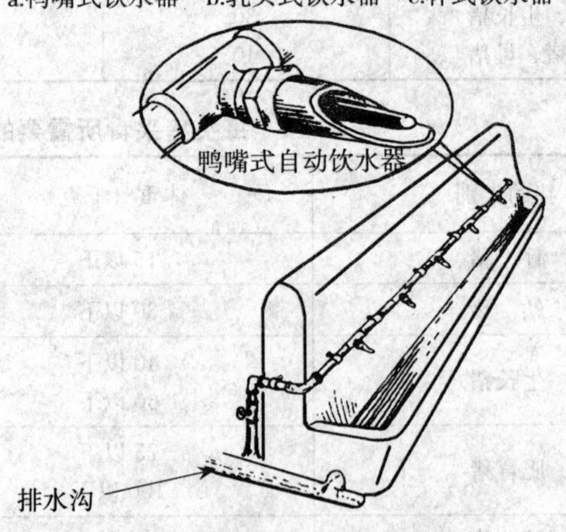

图 6-41　鸭嘴式自动饮水设置②

①如图 6-40 所示，在安装自动饮水器时要注意其高度，一般与猪的肩高相等，以便于猪只饮水。

②如图 6-41 所示，在自动饮水器下面可设置水槽，水槽的一侧留有漏水孔，以便及时将水排入排水沟内。

各种类型自动饮水器的安装高度见表 6-15。自动饮水设备可以日夜连续供水，提高了劳动效率，而且清洁卫生，减少浪费，一般规模化猪场多采用这种形式。

表 6-15　自动饮水器的安装高度　　单位：毫米

种　类	鸭嘴式	杯　式	乳头式
公　猪	750～800	250～300	800～850
母　猪	650～750	150～250	700～800
后备母猪	600～650	150～250	700～800
仔　猪	150～250	100～150	250～300
培育猪	300～400	150～200	300～450
生长猪	450～550	150～250	500～600
肥育猪	550～600	150～250	700～800
备　注	安装时阀体斜面向上，最好与地面成 45°夹角	杯口平面与地面平行	与地面成 45°～75°夹角

4. 漏缝地板

漏缝地板的种类较多，根据所采用的材料可分为水泥、金属、塑料地板；根据地板的形状可分为块状、条状和网格状等。

水泥漏缝地板　水泥漏缝地板的表面应平整光滑，无蜂窝状疏松孔隙，以免刮伤猪只，同时还应避免粪尿的积存，并具有足够的强度以承受猪只的重量及外界的机械损伤。

金属漏缝地板　金属漏缝地板可分为网格状地板和焊接式条状地板（图 6-42），网格状地板适用于分娩母猪栏和断奶仔猪栏，条状地板则适合于生长肥育猪栏。

塑料漏缝地板　塑料漏缝地板是以工程塑料压制而成的，可以小块拼装组合，使用很方便。这种地板的导热性小，保温性能好，因此适合用于哺乳仔猪的休息区和断奶仔猪保育栏。不同材料漏缝地板的结构与尺寸见表 6-16。

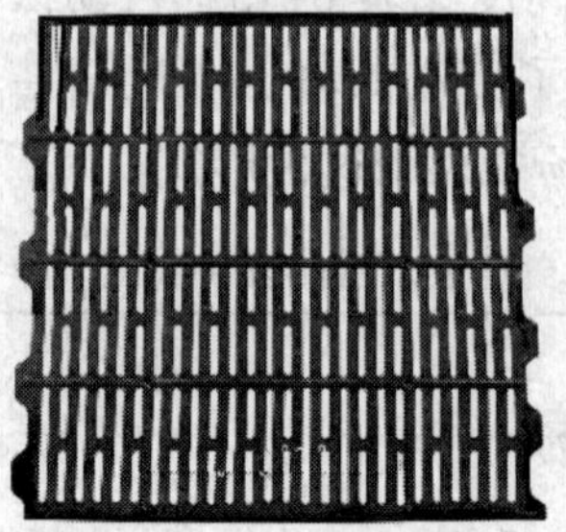
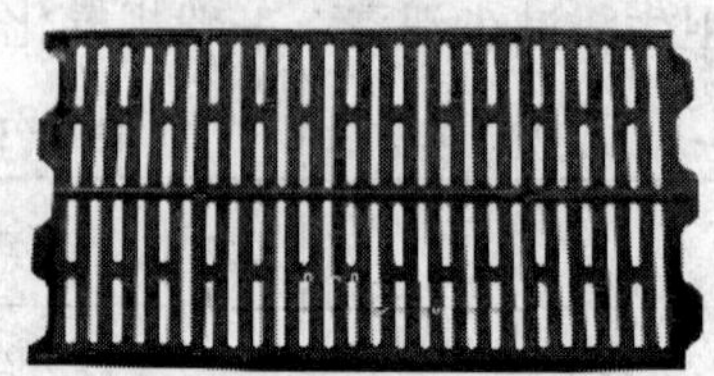

图 6-42　条状漏缝板

表 6-16　不同材料漏缝地板的结构与尺寸　　单位：毫米

类　别	铸　　铁		钢筋混凝土	
	板条宽	缝隙宽	板条宽	缝隙宽
幼猪	35～40	14～18	120	18～20
肥育猪、妊娠母猪	35～40	20～25	120	22～23

5. 通风设备

气楼式猪舍使用天窗通风，无天窗的猪舍一般采用屋顶自动通风机（图 6-43）和轴流式通风机进行负压通风。轴流式通风机多为大直径、低速、小功率（图 6-44），这种风机通风量大、噪音小、耗电少，可靠耐用，适于长期使用。

图 6-43　屋顶自动通风机

6. 清粪设备

猪场的清粪方式有人工清理、机械清理和水冲清理等几种方式。

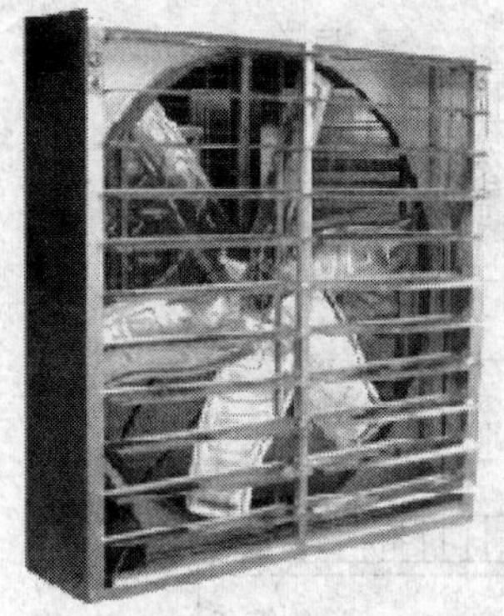

图 6-44　轴流式通风机

人工清粪　主要是靠人员打扫猪圈粪便，需要粪尿清理车、铁锹等设备和用具，再用车拉到粪便场堆积起来进行发酵处理（图 6-45）。

图 6-45　人工清粪[①]

①如图 6-45 所示，人工清理粪便劳动强度较大，需要时间长，适合于个体养殖户及规模较小的猪场。

水冲清理　这种方法多用于封闭式、双列式猪舍。粪尿沟设在猪台中央通道下面，舍内各猪栏都有暗沟相通，每天用水将栏内粪尿冲入粪尿沟，粪尿沟由一端向一头倾斜，再通过总坑道流入舍外大的粪坑内，然后定期从大坑中清除粪尿（图 6-46）。

机械清理　常用的机械有粪尿水固液分离机和刮板式清粪机，多为规模化养猪场所采用。

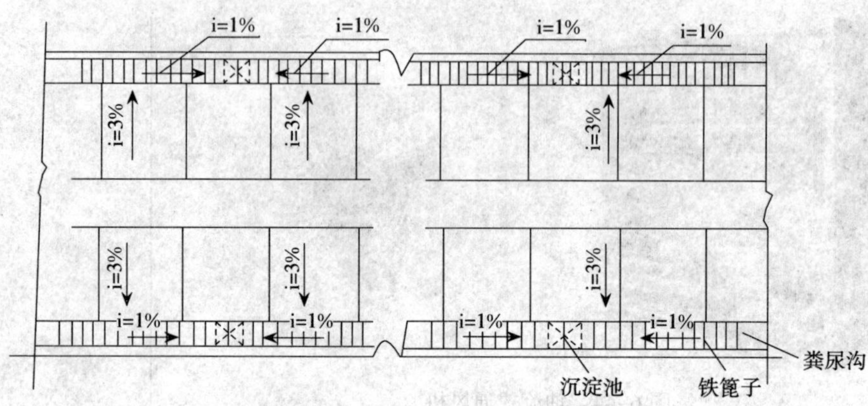

图 6-46 猪舍粪尿沟平面图

(1) 粪尿水固液分离机 此种分离机有多种，应用较多的有倾斜筛式固液分离机、振动式固液分离机、回转滚筒式和压榨式固液分离机等。

(2) 刮板式清粪机 此种清粪机有两种形式，一种为单向闭合回转的刮板链，适用于双列对头式饲养猪舍，粪沟为漏缝地板的明沟，刮粪板可将粪尿一直刮到舍外集粪池，再进行进一步处理；另一种为步进式往复循环刮板清粪机，它既可用于地面浅沟刮粪，又可用于漏缝地板下的深沟刮粪，这种刮粪机多用钢索牵引，由驱动装置、滑轮刮板及电控装置构成（图 6-47）。

图 6-47 刮板式清粪机

七、猪的饲养管理

目标

- 了解各种猪饲养管理的目的意义
- 掌握各种猪的培育技术
- 掌握猪的人工授精技术

(一) 后备猪的培育

培育后备猪①的目的是获得体格健壮、发育良好、具有品种的典型特征和高度种用价值的种猪。为了使养猪生产持续地保持较高的生产水平，每年必须选留和培育出占猪群25%～30%的后备公猪、母猪，来补充、替代年老体弱、繁殖性能降低的种公猪、母猪。因此，培养优秀的后备种猪是提高养猪生产水平，获得经济效益的基础。

1. 后备猪的生长发育特点

后备猪与商品肉猪不同，商品肉猪生长期短，5～6月龄体重达到90～100千克时，即可出栏屠宰上市，追求的是快速生长和优良的肉质；而后备猪培育的是优良种猪，不仅生存期长（3～5年），而且还担负着周期性强、几乎没有间歇的繁殖任务。因此，需要根据后备猪的生长发育规律，在其生长发育的不同阶段，控制饲料类型、营养水平和饲喂量，改变其生长曲线②和模型，促进或抑制猪体某些部位和器官组织的生长发育，以培育

①后备猪是育仔阶段结束，初步留作种用到初次配种前的青年猪。

②生长曲线描述动物体重随年龄增长而发生的规律性变化，一般为S形曲线。它反映了动物或各个机体组成部分成熟的内在动力与这种动力进行表达时所处环境的相互关系。

出符合要求的后备种猪。

体重的增长规律　体重是猪体各部位及组织生长发育的综合度量指标，并表现出品种的特性。在正常饲养条件下，后备猪体重的绝对生长随月龄的增长而增加，而相对增长强度则随月龄的增长而降低，到成年时，即稳定在一定的水平，呈现出慢—快—慢的趋势。一般认为生长快的后备猪的繁殖成绩亦好。表7–1列出了长白猪体重的增长特点。

表7-1　长白猪体重的增长特点

性别	性　能	月　龄									
		出生	1	2	4	6	8	10	12	14	成年
公猪	体重（千克）	1.5	10	22	57	100	140	170	200	200	250
	日增重（千克）	283	400	567	767	667	500	500	333	300	
	生长强度	100	567	120	46	25	17	10	8	5	6
母猪	体重（千克）	1.5	9	20	55	95	130	160	190		300
	日增重（千克）	250	367	567	667	600	500	500	306		
	生长强度	100	500	122	49	27	15	10	9		6

我国地方猪种的体重变化与引入的瘦肉型猪有所不同。地方猪种4月龄以前生长强度最高，8月龄以前生长速度最快；瘦肉型猪在2月龄以前生长速度最大，6月龄以增重速度最快。除受到品种类型的影响之外，后备猪的生长发育和体重变化还受到饲粮营养、饲喂方式、环境条件等诸多因素的影响。后备猪培育期的饲养水平，要根据后备猪的种用目的来确定。日增重的快慢只能作为判断后备猪发育的间接依据，若生长速度过快，虽已到达配种体重，但生理上还没有达到适配状态，这时就进行配种，则会导致初产母猪的配种困难，并对其今后的繁殖性能不利。所以，后备猪培育期的生长速度要适度加以控制。表7–2列出了荣昌猪体重的增长特点。

表 7-2 荣昌猪体重的增长特点

性别	性能	月龄								
		出生	2	4	6	8	10	12	18	24
公猪	体重（千克）	0.83	9.69	23.50	41.6	56.90	64.17	81.50	103.0	116
	日增重（千克）	148	230	302	255	121	289	120	72	117
	生长强度	100	1 068	142.5	77.0	36.8	12.8	27.0	8.7	4.2
母猪	体重（千克）	0.83	9.69	25.85	43.84	60.18	81.82	82.3	107.1	115.1
	日增重（千克）	148	269	300	272	361	80	131	45	81
	生长强度	100	1 068	167	69.6	37.3	35.9	0.58	1.0	2.5

猪体各组织的生长规律　猪体内各组织器官生长发育的顺序和强度是不平衡的，随着年龄的增长，表现出一定的规律性，其顺序为：神经→器官→骨骼→肌肉→脂肪。

就骨骼、肌肉和脂肪三种组织而言，其发育高峰出现的时间、维持时间的长短，与品种类型、饲料营养及饲养管理水平有关。正常饲养管理条件下，体躯骨骼、肌肉、脂肪的增长顺序与强度比较见图 7–1。

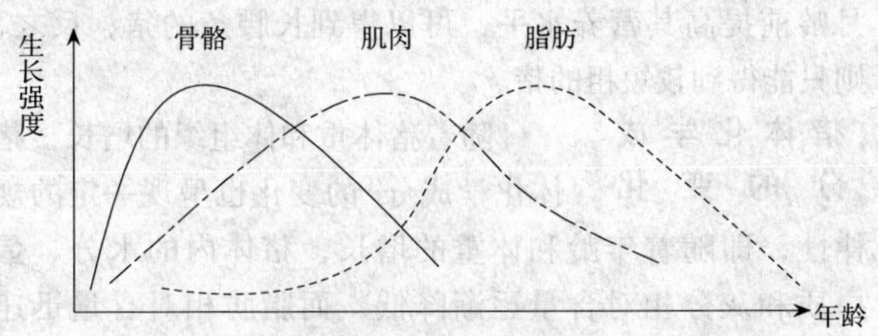

图 7–1 体躯骨骼、肌肉、脂肪的增长顺序与强度①

组织生长是一个与时间有关的现象，每一组织都有其生长发育的最高峰，然后生长速度下降，同时另一组织的生长速度增高并在某一时间达到最高峰。因此，必然要有一个肌肉生长最快的时期，之后肌肉生长速度下降而脂肪生长速度提高。现代瘦肉型猪种，一般骨骼从

①如图 7–1 所示，正常饲养管理条件下，早熟易肥的品种生长发育期较短，脂肪沉积高峰期出现得较早；而瘦肉型品种生长发育期较长，脂肪大量沉积出现的时间较晚，肌肉生长强度大，且持续时间较长。

生后到4月龄生长最快，4月龄后开始下降；肌肉在4～6月龄、体重30～70千克时增长最快，在6月龄、体重90千克时生长强度达到最高峰。脂肪生长速度一直在上升，在6～7月龄、体重90～100千克时生长强度达到最高峰，而后下降，但其绝对增重仍随体重的增加而直线上升，直至成年。

利用动物生长规律，可以通过在适当的时期控制饲粮中的营养物质量来调节猪体肌肉和脂肪的生长。如可在肌肉生长快速时期给以高营养水平，尤其要重视蛋白质的给量及其生物学价值，从而促进其骨骼和肌肉的发育，然后在脂肪生长快速时期适当限饲以减少脂肪的沉积。

猪体各部位的生长规律 仔猪初生时头大，四肢长，躯干相对短而浅，后腿发育较差。随着年龄和体重的增长，体高、身长首先增加，其后是深度和宽度增加。尤其是后备猪阶段，体躯骨骼发育快速，体躯先是向长度方向发展，然后向粗宽方向发展。如果6月龄前提高其营养水平，可以得到长腰条的猪；反之，则只能得到较短粗的猪。

猪体化学成分的变化 随着猪体重和体组织的增长，猪体化学成分[①]的变化也呈现一定的规律性，即随着年龄和体重的增长，猪体内的水分、蛋白质和灰分相对含量逐渐降低，而脂肪相对含量迅速增高。

①猪体的化学成分同其他生物体一样，都是由水分、无机盐、糖类、脂质、蛋白质、核酸等组成。

猪在生长过程中，增重所含成分随年龄和体重的增加而变化。幼猪增重中水分所占比例高达50%；90千克以上的猪增重以脂肪为主，占65%以上。蛋白质的增长，幼龄时所占比例稍高；体重达90千克以上时，蛋白质增重比例降至10%以下。灰分的增长则变化不大（表7-3）。

表 7-3 猪体化学成分

猪体体重（千克）	水分（%）	蛋白质（%）	灰分（%）	脂肪（%）
出生时	79.95	16.25	4.06	2.45
25	70.67	16.56	3.06	9.74
45	66.76	14.94	3.12	16.16
68	56.07	14.03	2.85	29.08
90	53.99	14.48	2.66	28.54
114	51.28	13.37	2.75	32.14
136	42.48	11.63	1.06	42.64

2. 后备猪的选留要点

体形外貌的选择 后备猪的体形外貌应具有品种特征，如毛色、耳型、头型、背腰长短、体躯宽窄、四肢粗细、高矮等均要符合品种的特征要求。后备猪毛色要有光泽，无卷毛、散毛、皮垢，骨骼发育良好，四肢健壮，肌肉发达，后臀丰满，体躯长而直。过于肥胖、瘦弱的猪都不能留作后备猪。

健康状况的选择 应选择生长发育正常、精神活泼、健康无病和来自无任何遗传隐患家系的个体作为后备猪（图 7-2）。

图 7-2 健康仔猪①

繁殖性状的选择 后备猪应来源于繁殖力高（如产仔数多、哺育能力强、断奶窝重大等）的家系。种公猪应有良好的外生殖器官（图 7-3）；

①如图 7-2 所示，健康的仔猪往往表现为食欲旺盛，动作灵活，贪食，好强，无疝气、隐睾、单睾、乳头内翻等遗传疾病。

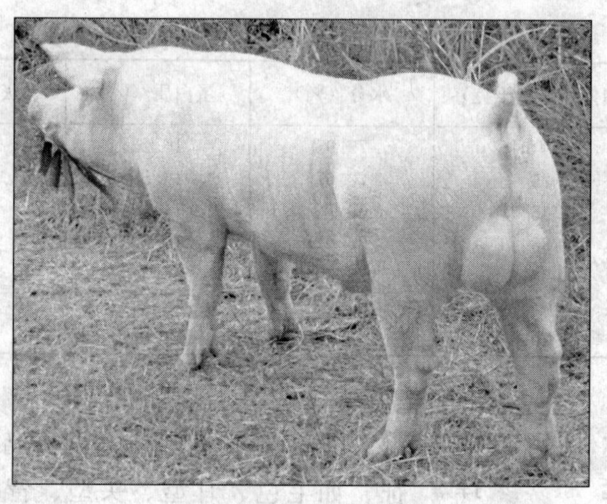

图 7-3　种公猪[①]

母猪应有正常的发情周期，发情征状明显，阴户发育较大且下垂等。

生长发育或肥育性状的选择　后备猪的生长发育性状[②]或其全同胞的肥育性状是选择后备种猪的依据，包括生长速度和饲料利用率两方面。后备种猪应选择本身和其全同胞肉猪生长速度快、饲料利用率高的个体。

胴体性状的选择　对于后备种猪本身，只能在6月龄时用仪器测量背膘厚度和眼肌面积，并以此来表示本身的背脂和瘦肉生长情况。而胴体品质是通过屠宰其同胞来获得的，多用屠宰率、背膘厚度、眼肌面积、瘦肉率、脂肪率和肉的品质等多项指标来衡量。后备种猪应选择胴体品质良好的家系。

3. 后备猪的选留时期

后备猪从断奶到初次配种，根据不同生长发育时期特点，要经过多次筛选（一般进行五次）才可将优异个体选留下来，从而使整个猪群的生产力水平不断提高。

①如图7-3所示，留作种用的种公猪，睾丸发育良好，左右对称且松紧适度，阴筒包皮正常、性欲高、精液品质好。

②生长发育性状指猪体在生长发育过程中所有特征的总和。

2 月龄或断奶时的选择

断奶时，小母猪可按预留数的3～5倍、小公猪按预留数的5～8倍选留。以自身表现为主，亲代成绩为辅。先进行窝选，然后在其中选择（图7–4）。一般留作种用的仔猪应长得快，体重大，发育好，肢蹄健壮，特征明显，有6对以上、排列整齐的乳头；公猪睾丸紧凑、匀称，体质外形基本符合本品种要求，没有遗传缺陷。

图7–4 窝选后备猪①

①如图7–4所示，窝选是在父母亲都是优良个体的相同条件下，从产仔数多、哺育好、断奶和育成猪窝重大的窝中选留发育良好的公母仔猪。

4 月龄选择

4月龄时，主要是结合本身发育情况，以2～4月龄的平均日增重为主，当时的体重为辅，再结合其同胞的日增重及体重（要高于合群均值），参考亲代表现，淘汰那些生长发育不良、不符合要求或者有突出缺陷的个体，一般要留下50%左右。

6 月龄选择

后备种猪6月龄时，各个组织器官已有了相当的发育，优缺点更加突出明显，可按4月龄原则严格选择（图7–5）。

8 月龄选择

按4月龄选择原则根据6～8月龄的平均日增重，结合体长与生产性能发挥有关的外形及健康状况，再选留一次。淘汰个别性器官发育不良、性欲低、精液品质差的后备种公猪和

图 7-5　6 月龄时后备猪的选择[①]

① 如图 7-5 所示，6 月龄时可按 4 月龄原则，根据猪的体形外貌、生长发育状况、性成熟表现、外生殖器官、背膘厚度等性状进行严格的选择，淘汰一部分。

发情周期不规律、发情征状不明显的后备母猪。此时要求体重应达到 100 千克以上。

配种前选择　后备猪于初配前根据 8 月龄的选择办法，按预留数作最后一次选留。后备种猪占猪群的比例，取决于基础母猪的头数和公猪的比例，在本交的情况下，公母猪的比例一般为 1：(20 ~ 30)。如采用人工授精，公猪的数量可大大减少，比例为 1：(400 ~ 800)。

4. 后备猪的饲养管理

后备猪的饲养　(1) 营养水平　对于后备猪的饲养要求是能正常生长发育，保持肥瘦度适宜的种用体况。适当的营养水平是后备猪生长发育的基本保证，如营养水平过高，不仅浪费饲料，而且会使母猪过肥，对配种、怀孕有不良影响；营养水平过低，会使母猪生长发育受阻，初情期推迟，繁殖总成绩降低。日粮中的营养水平和营养物质含量应根据后备猪生长阶段的不同而异。要注意能量和蛋白质的比例，特别要满足矿物质、维生素和必需氨基酸的供给，切忌用大量的能量饲料喂饲，防止后备种猪过肥，从而影响其种用价值。

(2) 饲养方式　后备猪宜采用前高后低的饲养方式。即在培育前期（体重 60 千克以前）进行高营养水平饲养；培育后期（体重 60 千克以后）进行低营养水平饲养。

(3) 饲喂技术　后备猪的日粮有精料型和青粗料型两种，后备公猪应以精料型为主，体积不宜过大，以免喂成草腹，影响以后配种，但可喂给一定量的品质优良的豆科牧草，以满足其对维生素、矿物质等营养的需要。后备猪的日粮喂给量，育成期应占体重的 2.5%～3.0%；体重 80 千克以后，喂量应占体重的 2.5%以下。日粮的适当喂量，既可保证后备猪的良好生长发育，又可控制体重的快速增长，保证各组织器官的充分发育（图 7-6）。

图 7-6　控制后备猪的体重

后备猪的管理

(1) 分群饲养　后备种猪 2 月龄时实行公母混群饲养，每栏 10～12 头，4 月龄实行公母分群饲养，每栏5～6 头为宜。

(2) 加强运动　运动对后备猪来说非常重要，既可锻炼体质，促进骨骼和肌肉的发育，保证匀称结实的体型，又可防止过肥和肢蹄病，增强体质和性活动能力。因此，后备猪舍应设有运动场，以便让猪自由活动（图 7-7）。

(3) 认真调教　后备猪从小要加强调教，以建立人猪和谐关系，训练其良好的生活规律，逐渐养成在固定位置排便、睡觉、进食和饮水习惯。

(4) 定期测量　后备种猪应按月龄定期测量体尺、

图 7-7　后备猪应加强运动①

①如图 7-7 所示，后备种猪每天都应适当运动 1～2 小时。有运动场的可放入运动场运动，无运动场的也可放入田野里或在道路上运动。

体重，根据体尺、体重变化，随时调整日粮的营养水平和饲料饲喂量。

(5) 日常管理　及时清除粪便，保持圈舍干燥和清洁卫生，注意通风。要做好防寒防暑和猪舍、地面、用具、食槽等的定期消毒工作，定期驱虫和预防接种。

5. 后备猪的性成熟

后备猪饲养到一定年龄后，公猪会出现性行为，母猪会有周期性的发情变化。公猪有爬跨行为并有精液射出时，被称为性成熟，但这时，生殖器官和其他组织器官仍尚未完全成熟（体成熟）。

猪性成熟的早晚随品种类型、饲养水平和气候环境不同而异。我国地方猪种特别是南方的地方猪种性成熟早，培育和引进猪种性成熟晚些（表 7-4）。

表 7-4　不同品种猪性成熟时的年龄和体重

品　种	性成熟年龄（月）		体重（千克）	
	公猪	母猪	公猪	母猪
地方猪种	2～3	3～4	40～70	30～40
培育和引进猪种	4～5	5～6	70～90	60～80

(二) 种公猪的饲养管理

1. 种公猪的特点

养好种公猪的目的，是为了获得数量充足、质量好的精液，从而提高与配母猪的受胎率和产仔数，并延长种公猪的使用寿命。目前我国大多数猪场以饲养瘦肉型种公猪为主，具有以下特点。

(1) 体型大　瘦肉型种公猪的成年体重一般为 300 千克左右，有的品种四肢细而软弱，容易发生肢蹄病。为此，饲养瘦肉型种公猪除应严格按其饲养标准饲养外，还应进行自由或驱赶运动，使其保持良好的种用体况（图 7-8）。

图 7-8　杜洛克种公猪①

(2) 青年猪性成熟较晚　瘦肉型青年猪性成熟和开始配种利用的时间均晚于我国地方猪种。国内优良猪种一般 6~7 月龄即达性成熟，可以开始配种繁殖；国外引入猪种要到 8 月龄左右。

(3) 神经类型敏感　瘦肉型种公猪要求稳定、优越的饲养管理条件，常因突然的变化刺激而发生应激反应，如精液品质下降、死精等，严重的可危及生命。

(4) 生长速度快、饲料利用率高　瘦肉型猪具有生

①如图 7-8 所示，杜洛克猪为目前世界上瘦肉率最高的瘦肉型品种之一。该种猪个体大、生长快，一般都作为杂交副本使用。

长速度快、饲料报酬高的突出特点（图 7–9），但对饲料的营养水平和各种营养成分的比例要求较高，稍有不慎就会出现营养缺乏症。

图 7–9　瘦肉型育肥猪[①]

①如图 7–9 所示，瘦肉型育肥猪生长发育速度快，饲料报酬率高，优秀猪种 150 多天即可出栏，料肉比在 2.7 以下。如杜长大杂交猪。

（5）*肉质较差*　瘦肉型肉猪生产瘦肉的能力很强，但肉质较差，表现在肌间脂肪少、风味差等方面。

2. 种公猪的饲养

营养需要　种公猪有精液量大、总精子数目多、交配时间长等特点，因此，需要消耗较多的营养物质。一般公猪配种期间消化能水平不能低于 12.97 兆焦 / 千克，以粗蛋白质 14% ~ 15%，日饲喂饲料量 2.5 ~ 3.0 千克为宜。

猪精液中的大部分物质是蛋白质，所以，种公猪特别需要氨基酸平衡的蛋白质饲料。参与精液形成的氨基酸有赖氨酸、色氨酸、胱氨酸、组氨酸、蛋氨酸等，其中赖氨酸最为重要。因此，喂给种公猪的日粮中不仅要注意蛋白质的数量，更要注意蛋白质的质量，以保证氨基酸平衡，否则会影响精液品质和受精率。

饲养方式　根据猪全年内配种任务的集中和分散情况，分为一贯加强和配种季节加强两种饲养方式。

（1）*一贯加强的饲养方式* 母猪实行全年均衡产仔的猪场，种公猪需常年配种使用。因此，全年都要均衡地保持公猪配种所需要的高营养物质水平。

（2）*配种季节加强的饲养方式* 实行季节性产仔的猪场，种公猪的饲料管理分为配种期和非配种期。配种期饲料的营养水平应高于非配种期20%～25%。在配种季节前一个月开始，就要给公猪逐渐增加营养直至配种结束。一般可在原日粮的基础上，加喂鱼粉、鸡蛋、多种维生素和青饲料，以使种公猪在配种期间保持旺盛的性欲和良好的精液品质，提高受胎率和产仔数。配种季节过后，逐步降低营养水平，只要供给公猪维持种用体况的营养需要即可。

日粮配合 为了满足公猪的营养需要，应根据种公猪饲养标准组成日粮进行饲喂。不能给种公猪饲喂太多的粗饲料和青绿饲料，以免因饲料体积过大，造成母猪腹大下垂而影响配种（图7-10）。

图 7-10 合理搭配种公猪饲料①

如果种公猪少，在当地买不到公猪商品料，也可以用哺乳母猪料代替公猪料，但不能使用生长育肥猪饲料。

①如图 7-10 所示，饲养种公猪的饲料搭配要多样化，但日粮中应该有较多的精料，最好是全价配合饲料，这样有利于提高精液品质以及公猪的配种能力。

饲喂技术 饲喂种公猪应该定时定量。一般每天饲喂2～3次，冬天2次、夏天3次，每次都不要喂得太饱，以八九成饱为宜。体重150千克以内的公猪，日喂量为2.0～2.5千克；150千克以上的公猪应喂给2.5～3.0千克的全价颗粒饲料，并且最好采用湿拌料（适用于自拌料场户）或全价颗粒饲料饲喂法。每天供给充足的饮水。

3. 种公猪的管理

单栏饲养 种公猪一般实行单栏饲养（图7-11），也可小群饲养。小群饲养一般以两头一圈，最多不应超过三头为宜。

图7-11 单栏饲养种公猪①

①如图7-11所示，单栏（圈）饲养种公猪较安静，可以减少外界的干扰，避免爬跨其他公猪和养成自淫的恶习。且公猪能够保持正常食欲，节省饲料。

适当运动 合理的运动，可促进猪的食欲，帮助消化，增强体质，提高生殖机能。运动不足会使公猪贪睡、肥胖、性欲下降、四肢软弱，且多发肢蹄病，影响配种能力和使用年限。因此，种公猪应加强运动。

对于肥胖的种公猪，应该在饲料中减少能量饲料的数量，增加青饲料的数量，并将公猪放到栏外适量增加运动，一般以每天上下午各运动 1 小时为宜，以保持良好的体况；对于体态消瘦的种公猪，应加强营养，并减少或暂时停止配种，以尽快恢复膘情和体况（图 7-12）。

图 7-12　加强种公猪运动①

①如图 7-12 所示，种公猪每天运动应不少于 1 000 米，一般在早晚进行为宜。在配种季节，应加强营养，适当减轻运动量；在非配种季节，可适当降低营养水平，增加运动量，以免养得过肥，影响配种。

防止自淫

公猪自淫是公猪受到不正常的性刺激引起性冲动后，爬跨其他公猪、饲糟或围墙而自动射精的现象，容易造成阴茎损伤。公猪养成自淫的恶习后体质瘦弱、性欲减退，严重时不能配种。

防止公猪自淫的措施是杜绝不正常的性刺激，将公猪舍建在远离母猪舍的上风向，不让公猪见到母猪，使公猪闻不到母猪气味、听不到母猪声音。如果公猪群饲，当公猪配种后会带有母猪气味，易引起同圈公猪爬跨，这时，可让公猪配种后休息 1～2 小时后再回圈。

配种场地应与公猪舍有一定距离，防止发情母猪到公猪舍逗引公猪。后备公猪和非配种期公猪应加大运动量或延长放牧时间，公猪整天关在圈内不活动也容易自淫。

刷拭、修蹄

经常刷拭猪体可保持皮肤清洁，促进血液循环，减少皮肤病和寄生虫病的发生，提高种公猪性欲，并且还可使种公猪温驯听从管教（图 7–13）。不良的蹄形会影响公猪的活动和配种，并可能在交配时刺伤母猪，故要经常修整种公猪的蹄子。

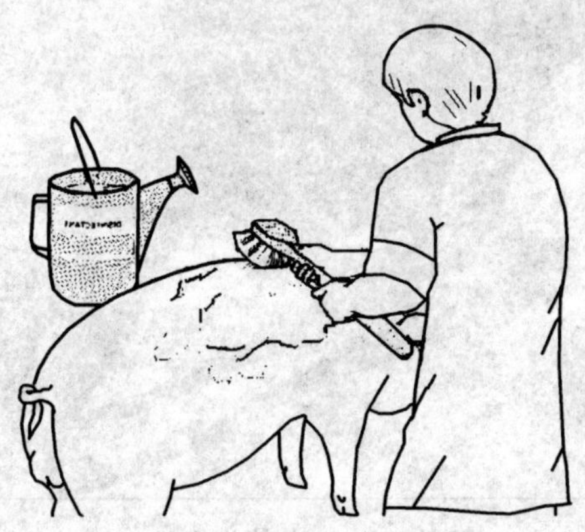

图 7–13　刷拭种公猪体[①]

①如图 7–13 所示，应每天坚持刷拭种公猪体，一般以每天 1～2 次为宜，以保持猪体清洁卫生。

精液检查品质

实行人工授精的种公猪，在配种季节到来前 20 天，要检查精子的数量、密度、活力、颜色和气味等。在配种季节即使不采用人工授精，也应每隔 10 天检查一次精液。根据检查结果调整配种次数、营养和运动量，保证配种期的高受胎率。每次采精都要检查精液品质，对于本交的种公猪每月也要检查 1～2 次精液品质。

防寒防暑

冬季注意防寒保温，可减少饲料的消耗和疾病的发生。夏季要做好防暑降温工作，因为气温过高、湿度过大，轻者可使公猪性欲降低，重者可使公猪精液品质下降，甚至会中暑死亡。防暑降温的措施很多，如通风、洒水、洗澡、遮阳等方法，可因地制宜进行（图 7–14）。发生热性疾病时，应及时治疗。

图 7-14　用遮阳网遮阳防暑①

①如图 7-14 所示，炎热的夏季，可于猪圈运动场上搭设遮阳网，或于猪圈前后搭建凉棚、种植树木等，以降温防暑。

建立正常的管理制度　妥善安排公猪的饲喂、饮水、放牧、运动、刷拭、日光浴、休息等生活日程，使种公猪养成良好的生活习惯，增进健康，提高配种能力。

4. 种公猪的利用

初配年龄　后备种公猪参加配种的适宜年龄，一般应根据猪的品种、年龄和体重来确定（图 7-15）。

图 7-15　适时配种②

②如图 7-15 所示，我国地方培育品种猪的初配年龄一般为 9～10 月龄，体重为 60～70 千克；国外引进品种猪的初配年龄一般为 10～12 月龄，体重为 90～120 千克。

过早参加配种，不仅影响公猪正常的生长发育，缩短公猪的利用年限，而且易导致配种母猪产仔少，仔猪个小体弱、生长缓慢；过晚配种会使公猪性情不安，影响正常的生长发育，甚至养成自淫的恶癖。

配种强度

种公猪的配种强度应适当，一般应根据种公猪的年龄和体质状况合理安排。如配种过度频繁，则可显著降低精液品质，缩短利用年限，降低配种能力，最终影响受胎率；如果长期不配种，则会使公猪性欲不旺盛，精子中衰老和死亡的数量增加，同样会引起受胎率下降。

适宜利用强度：本交时，一般1~2岁的青年公猪，每3天配种1次；壮年公猪每天可配种1~2次，如果每天配种2次，可早、晚各配1次，时间间隔8~10小时，第二天休息1天。

夏天配种时间宜安排在早、晚凉爽时进行，避开中午；冬季宜安排在上午和下午天气暖和时进行，避开早晚。人工授精时，青年种公猪每周采精1~2次，成年种公猪每周采精2~3次。配种前、后1小时内不要喂饲、饮冷水，以免危害猪体健康（图7–16）。

图7–16　不要在雪地上配种①

①如图7–16所示，寒冷的冬季，不要在舍外和冰雪地上配种，以免冻伤种公猪。

利用年限 一般的繁殖猪场种公猪可饲养到4～5岁，种用年限3～4年。应及时淘汰更换老龄公猪。

配种中注意事项 公母猪交配的场地要平坦而干燥，特别是要在种公猪射精过程中保持安静，严防其他任何干扰。公母猪交配完毕，要先赶走母猪，让公猪留在原地自由活动半小时后再赶进圈舍，不得立即饮水或进食。

如果公母猪个体差异悬殊，则可采用配种架，并加以人工辅助配种。公母猪配种前，公猪若包皮内积尿，应先挤出后再配种（图 7-17）。

图 7-17　人工辅助配种①

公猪是多次射精的家畜，一次交配时间可达 15～20 分钟，射精时间约为 6 分钟，本交配种时每次交配的射精次数应以两次为宜，控制射精次数，并不会影响母猪的受精率和产仔数。因为交配时 80%的精子都是在开始射精的头两分钟内射出的。

公、母猪交配时，可采用单次配种和重复配种两种方法②。实践证明重复配种可比单次配种受胎率提高

①如图 7-17 所示，当公猪个体过大、母猪个体小配不上时，可采取人工辅助配种的方法，在公猪爬上母猪背时，辅助人员用手把母猪尾拉开，另一手牵引公猪包皮引导阴茎插入母猪阴道。

②单次配种指在母猪一个发情期内，只用公猪交配或人工输精一次的配种方法；重复配种指在母猪一个发情期内，用同一头公猪先后交配两次的配种方法。

10% ~ 15%。可见在母猪发情期内，以先后交配两次以上、每次时间间隔 8 ~ 12 小时为好。

种公猪的配种能力、精液品质和使用年限，不仅与饲养管理有关，而且取决于初配年龄和利用强度。利用强度要根据年龄和体质强弱合理安排，如果利用过度就会出现体质虚弱、配种能力降低和利用年限缩短的状况；相反如果利用过少，就会导致种猪肥胖而影响配种。

5. 猪的人工授精技术

人工授精及其优点　猪的人工授精[①]也称人工配种。与自然交配相比，猪的人工授精具有显著的优越性。

(1) 提高公猪利用效率　人工授精既可提高种公猪的配种效率、减少种公猪的饲养头数、节约饲料等饲养管理费用、降低饲养成本，又可加快猪种的改良，有利于实现猪群的良种化（图 7-18）。

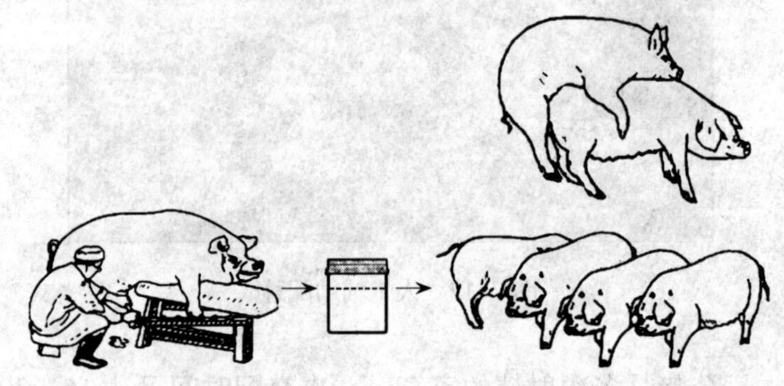

图 7-18　人工授精与自然交配的比较[②]

(2) 减少母猪损伤　采用人工授精技术可以克服因公猪体重、体型悬殊太大而造成的配种困难，或因母猪生殖道存在某些异常而引起的配种困难。

(3) 加速猪群改良速度　人工采出的精液经过稀释可长时间保存，经过运输可使母猪配种不受地区限制，

①猪的人工授精是利用人工方法采集公猪的精液，经过必要的处理，将合格的精液输入到发情母猪的生殖器官内，使母猪受胎的一种方法。

②如图 7-18 所示，自然交配时，一头公猪一次只能和一头母猪交配；而人工授精时，一头公猪一次射出的精液经过稀释后，可以给 10 多头发情母猪输精。

有效解决公猪不足地区母猪的配种问题，扩大优良种公猪的利用率，促进猪群改良，有效地提高猪群的质量。

(4) 提高繁殖率　人工授精输精前精液都要经过检查，只有优质的合格精液才能用于输精，而且要选择最适当的时机，将精液输到最适当的部位，这样才能提高母猪的受胎率，增加产仔数和仔猪成活数。

(5) 减少传染病　采用人工授精配种，公母猪不直接接触，可防止疾病的传播，特别是可有效地防止猪生殖器官疾病的传播。

假母猪台架的设置及用具

假母猪台（或叫采精台）是猪人工采精的必要设备。采精台的制作力求简便、结实，便于操作，公猪易于爬跨，且要因地制宜设置。采精台一般用木材制成，最好在台架背部垫以适量的稻草或棉絮，外层盖带毛的猪皮，后端可加盖一层塑料泡沫，以加强公猪的舒适感觉。采精台的式样尺寸见图 7-19。

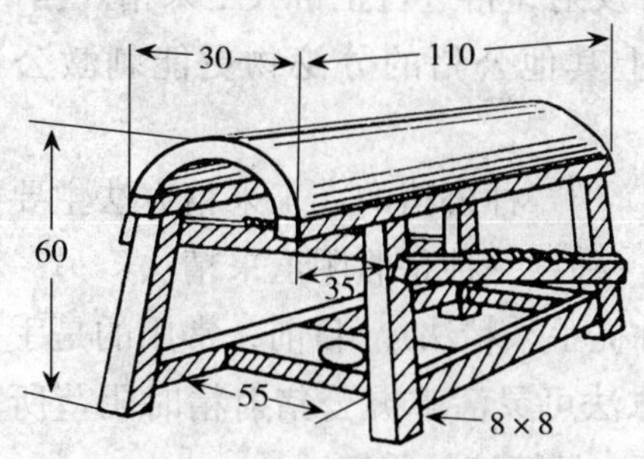

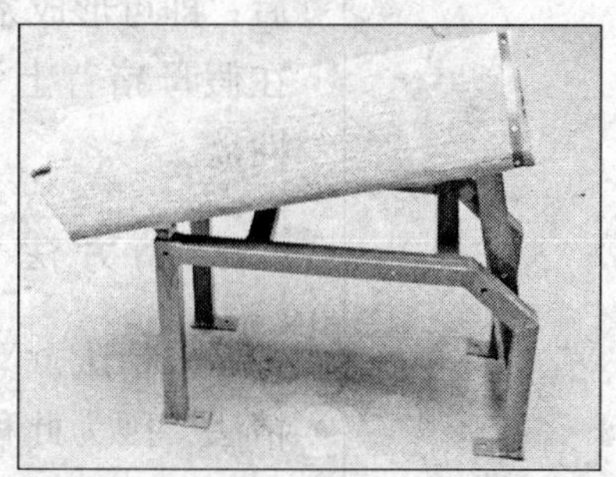

图 7-19　采精台的构造（单位：厘米）

采精的用具主要有：假阴道（图 7-20）、采精器皿、药品、纱布及消毒用品。

训练公猪

无论采用哪种采精方法，公猪都必须要经过采精训练。

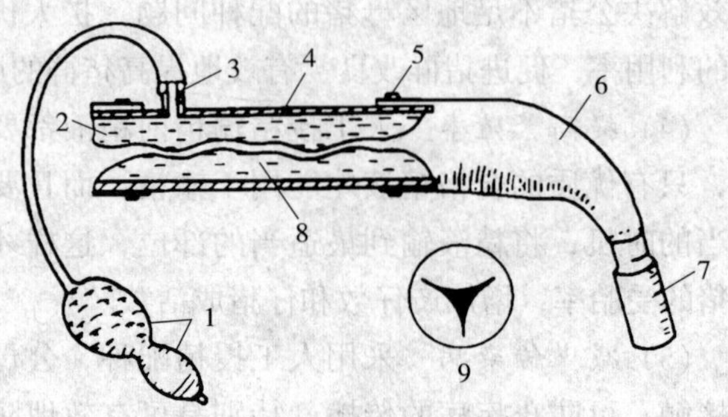

图 7-20　猪用假阴道的构造示意图[①]

1.双联橡皮球　2.假阴道内胎　3.注水孔
4.假阴道外筒　5.固定胶圈　6.胶皮漏斗
7.集精瓶　8.温水　9.假阴道口

①如图 7-20 所示，假阴道采精法是借助于特制模仿母猪阴道功能的器械采取公猪精液的方法，目前已很少使用。

训练方法要根据具体情况而定，通常是选择一头发情旺盛的小母猪，把它固定在假母猪下面，然后把公猪赶来，引起性欲冲动，待公猪爬上假母猪台后，将公猪阴茎导入假阴道或空拳内进行采精。如此训练 2～3 次后，即可形成条件反射，再进行正常人工采精。据试验，在假母猪背上涂上其他公猪的分泌物更能刺激公猪的性欲。

采精方法

种公猪的人工采精方法主要有两种：一种是假阴道采精法，另一种是手握采精法（又称徒手采精法）。目前，常用的是手握采精法，因为此种方法可灵活掌握公猪射精时阴茎所需要的压力，操作简便，且精液品质好。

（1）*方法步骤*　采精前，先消毒好采精所用的器械，并将 4～5 层纱布放在采精杯上备用。采精者应先剪平指甲，洗净消毒或戴上消毒过的软胶手套，穿上清洁的工作服，然后进行采精，其操作要领如下。

①握：采精员蹲在假母猪的右后方，待公猪爬上假母猪时，立即用 0.1%高锰酸钾水溶液擦洗公猪的包皮和

污物，并用清洁毛巾擦干。在公猪出现性欲高潮伸出阴茎时，采精员应立即用左手（手心向下）握住公猪阴茎前端的螺旋部，握的松紧度以不让阴茎滑落为准（图7-21）。

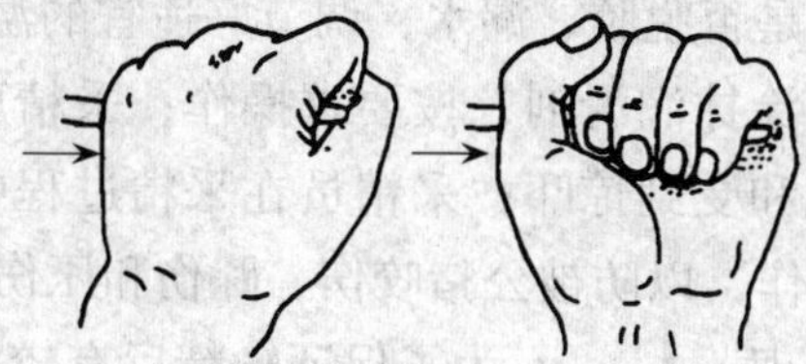

图 7-21 手握采精法示意图①

①如图 7-21 所示，箭头表示阴茎进入方向。

②拉：随着公猪阴茎的抽动，顺势小心地把阴茎全部拉出包皮外。

③擦：拉出阴茎后，将拇指轻轻顶住并按摩阴茎前端，可增加公猪快感，促进完全射精。

④收：当公猪静伏射精时，左手应有节奏地一松一紧地捏动，以刺激公猪充分射精，一般先去掉最先射出的混有尿液等污物的精液，待射出乳白色精液时，再用右手持集精瓶收集。当排出胶样凝块时，应用手将其排除掉（图 7-22）。

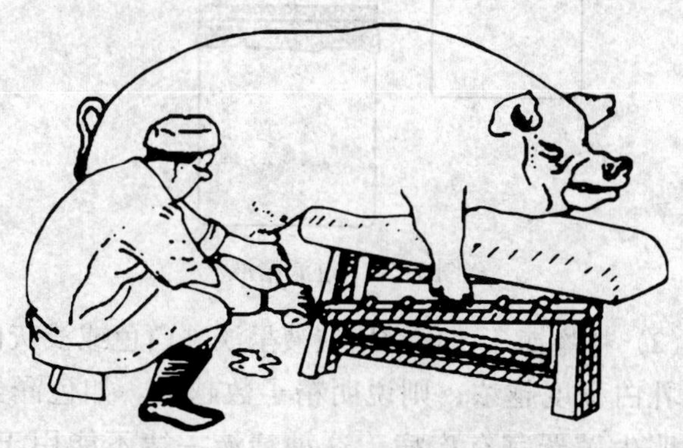

图 7-22 徒手采精法示意图②

②图 7-22 所示，徒手采精法不需要更多设备，而且操作简单易行，是当前较广泛使用的一种采集精液的方法。

采精完后，应顺势将阴茎送入包皮内，将公猪从假母猪身上赶下来。

（2）注意事项　采精时一定要保持安静；种公猪在吃食前、后半小时内不能进行采精；采精最好在天亮前进行；若用假阴道采精，采精前一定要消毒，严格检查内胎、漏斗是否脱胶、漏水，调节好适宜的温度、压力，并在内胎上涂抹润滑剂，按要求操作；采精后严禁种公猪下水洗澡和受到惊吓；采精员在采精过程中要注意安全，小心操作，以防被公猪咬伤、踩伤和压伤。

精液品质检查　为了保证输精后有较高的受胎率和产仔数，每次采精后和输精前必须进行精液检查，以了解公猪精液品质的优劣，从而作为精液稀释、保存和运输的依据，并确定其配种能力。评定精液品质的主要指标如下。

（1）射精量　正常情况下，猪的射精量（图 7–23）为 200 ~ 400 毫升，最高可达 400 ~ 500 毫升。

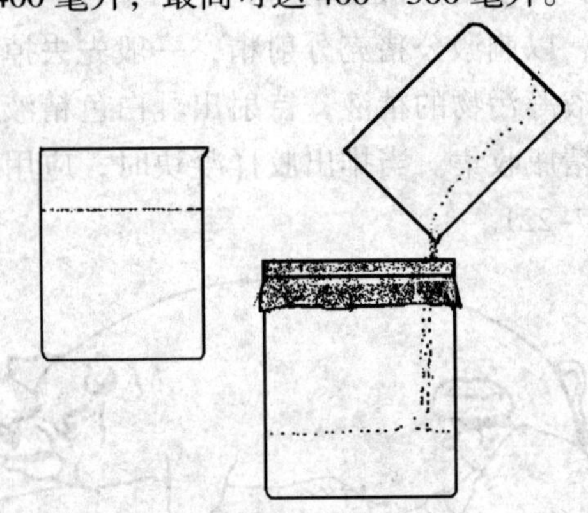

图 7–23　过滤精液[①]

①图 7–23 所示，由于猪的精液中含有胶状物，采精后应先用消毒纱布过滤，然后再稀释使用。通常将过滤后的精液数量称为射精量。

（2）精液颜色　正常猪精液呈淡乳白色或浅灰白色。精液乳白程度越浓，则说明精子数越多。如色泽异常，则说明生殖器官有疾病，这种精液一律不能用于输精（图 7–24）。

（3）精液气味　正常的精液有一种特殊的腥味，新鲜精液较浓。若带有臭味或其他异常气味，均属于不正

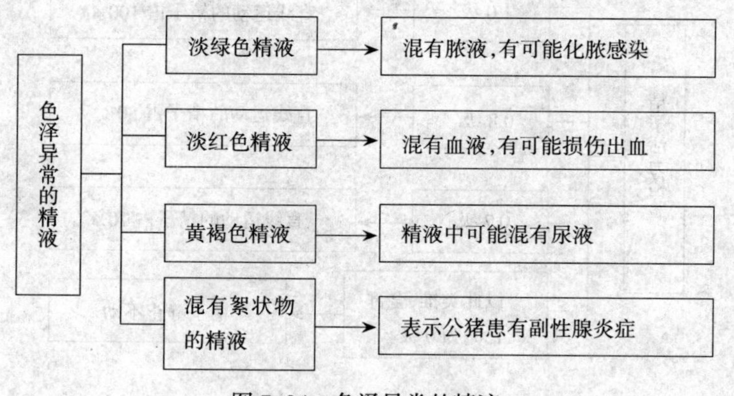

图 7-24 色泽异常的精液

常精液，应废弃。

（4）*精液酸碱度* 公猪精液呈弱碱性，pH 为 6.9～7.5。检查时一般用万能试纸检验。测定时用消毒过的玻璃棒蘸取少许精液于试纸上，再与标准比色纸进行比较，即可得出 pH。若精液 pH 超过或低于这一范围，则说明精液品质不良，不能使用。

（5）*精子活力* 精子活力（率）指精子的活动能力。一般是用在显微镜下呈直线前进运动精子所占全部精子的百分比来表示。呈直线前进运动的精子愈多，精子活力愈强，输精后受胎率愈高。一般采取 10 级评分法。一般在载玻片温度保持 35～38℃的条件下检查精子的活力（图 7-25）。正常情况下用于输精的精子活力应在 0.6 级（直线运动的精子低于 60%）以上，活力低于 0.6 级的应废弃。

检查方法：先在载玻片上滴一滴精液，盖上盖玻片（注意不要产生气泡），然后置于 300 倍左右的显微镜下进行观察。

（6）*精子密度* 精子密度指单位容积（1 毫升）的精液中含有的精子数量，是精液品质（每次射精的精子总

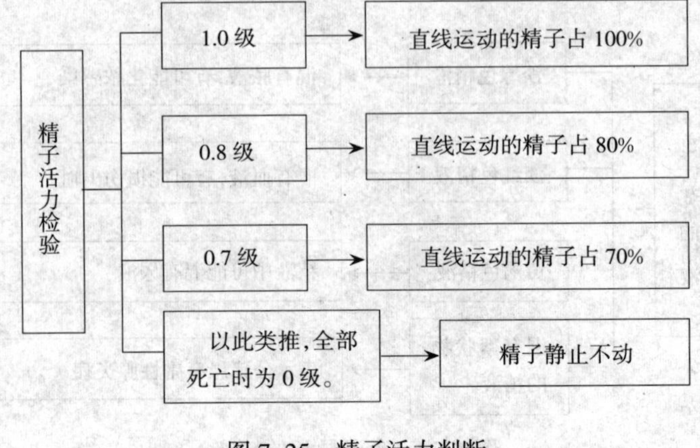

图 7–25　精子活力判断

数）评定的重要指标，又关系到输精剂量中精子的总数。测定精子密度的方法主要有估测法和血球计数法等两种。

①估测法：常与精子活力检查（原精检查）同时进行，一般来说，每毫升精液中含 2 亿以上个精子的为密，1 亿～2 亿个精子的为中，1 亿个以下的为稀。判断方法是按在显微镜整个视野中精子布满的程度和活动的情况来定（图 7–26）。

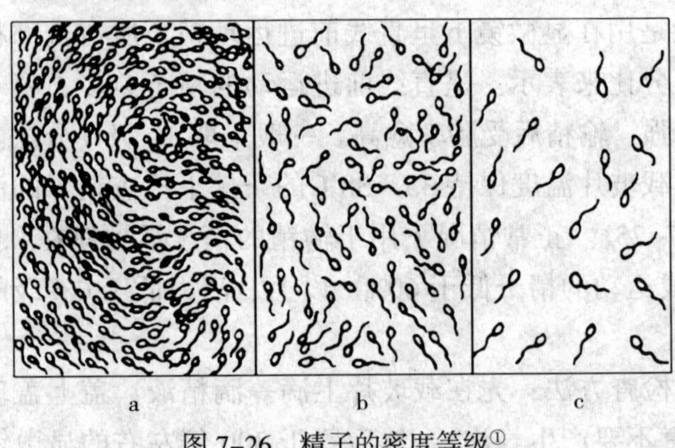

图 7–26　精子的密度等级[①]

a.密　b.中　c.稀

②血球计数法：采用白细胞吸管作稀释液，可准确地测定单位容积精液中的精子数。

①如图 7–26 所示，如果精子间的空隙不可容纳 1 个精子，一般很难看到单个精子的活动情况，此种精液密度为密；若视野中精子彼此之间的距离大约可容纳 1～2 个精子，单个精子的活动情况清楚可见，此种精液密度则为中；若在视野中精子分布稀，空隙很大，精子彼此间能容纳 2 个或以上精子，此种精液密度则为稀。

（7）畸形精子　正常精子的形状如蝌蚪，凡双头、双尾、无头、无尾、大头、小尾、尾部蜷曲等统称为畸形精子（图 7–27）。正常精液畸形精子率不超过 18%时，对受精力影响不大，精子畸形率超过 20%的应废弃不用。

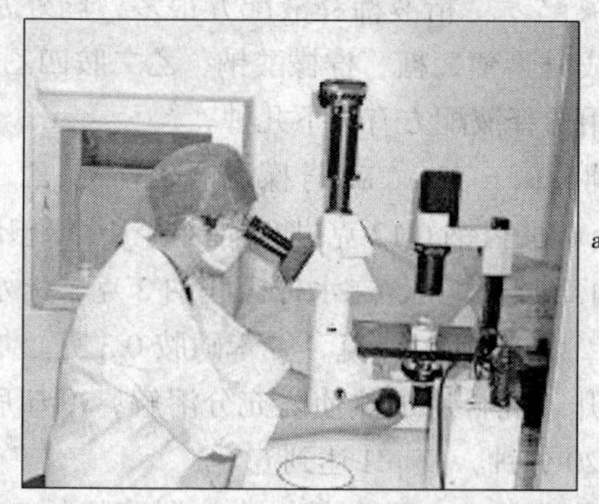

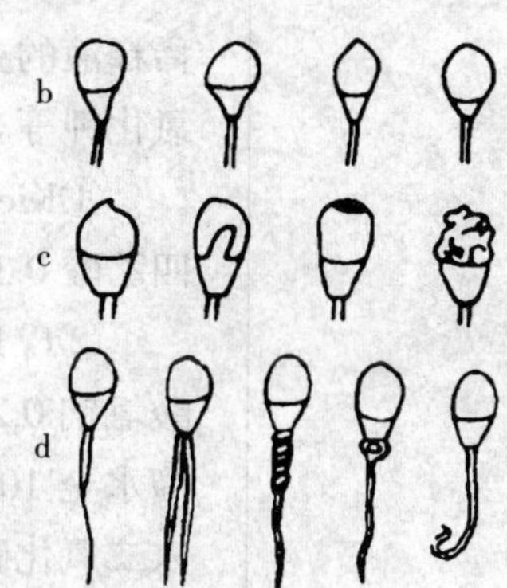

图 7–27　畸形精子检查
a.显微镜　b.头部异常　c.顶体异常
d.颈部和尾部异常

检查方法：将精液滴制成抹片，用红（蓝）墨水染色 3 分钟，用水洗，干燥后，在显微镜下观察。检查总精子数应不少于 200 个，再计算出畸形精子百分率。

稀释精液　精液在输精前必须用配制好的稀释液进行稀释。稀释的目的是延长精子存活时间，增加精液量，使精液得以充分利用。

（1）稀释液种类　精液稀释液的种类很多，在生产实践中应根据其目的、保存方法、效果及各成分的价格而选用不同配方的稀释液。

①现用稀释液：该种稀释液适用于采精后稀释立即输精，目的是扩大精液量，增加配种头数。稀释液一般以简单、等渗透压的糖类或奶类为主体。

②常温（15～20℃）保存稀释液：该稀释液适用于

精液常温短期保存用。这类稀释液含有较低的 pH 和少量的抗生素。

③低温（0～5℃）保存稀释液：适用于精液低温保存用。稀释液中以卵黄或奶类为主体，可抗冷休克。

（2）稀释液配方　精液稀释液配方很多，国外常用稀释液的主要成分为葡萄糖、柠檬酸钠、乙二胺四乙酸、氯化钾等。常用稀释液配方有以下几种。

①Kiev：葡萄糖 6 克，二水柠檬酸钠 0.37 克，乙二胺四乙酸 0.37 克，碳酸氢钠 0.12 克，加蒸馏水至 100 毫升。

②IVT：葡萄糖 0.3 克，二水柠檬酸钠 2 克，无水碳酸氢钠 0.21 克，氯化钾 0.04 克，氨苯磺胺 0.3 克，加蒸馏水至 100 毫升。混合后加热使之充分溶解，冷却后加入二氧化碳约 20 分钟，使 pH 达到 6.5。

③奶粉—葡萄糖液：葡萄糖 9 克，脱脂奶粉 3 克，碳酸氢钠 0.24 克，α-氨基-对甲苯磺酰胺盐酸盐 0.2 克，磺胺甲基嘧啶钠 0.4 克，加灭菌蒸馏水至 200 毫升。

在稀释液中常用的抗生素有：庆大霉素、林肯霉素、壮观霉素、新霉素、黏菌素等，这些抗生素的抑菌效果比传统的青霉素和链霉素要好。

目前，我国常用的常温保存稀释液配方为：葡萄糖 5～6 克，柠檬酸钠 0.3～0.5 克，乙二胺四乙酸 0.1 克，抗生素 10 万国际单位（以庆大霉素、先锋霉素和林肯霉素为佳），加蒸馏水至 100 毫升。

以葡萄糖—柠檬酸—卵黄稀释液为例，其制作方法如图 7–28。

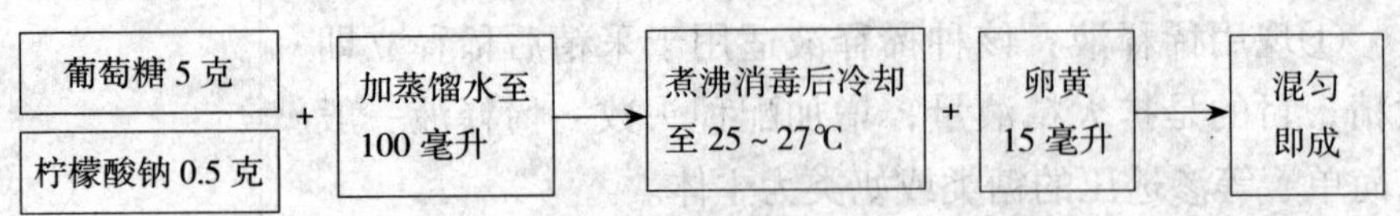

图 7–28　葡萄糖—柠檬酸—卵黄稀释液的制作方法

此外，还有5%葡萄糖稀释液、蜜—卵稀释液等。

（3）稀释倍数　稀释液稀释倍数应根据原精液的品质、需配母猪头数，以及是否需要运输和贮存而定。精液的最大稀释倍数见表7-5。

表7-5　精液的稀释倍数

类　别	密　度		
	密级	中级	其　他
活力 稀释倍数	0.8级以上 2	0.6～0.8级 0.5～1	不足0.6级 不宜保存和稀释，只能随取随用

稀释后的精液如不马上应用，则应分装在30～40毫升（一次输精量）的小瓶内（装满、瓶内不留空气、瓶口封严）保存。保存的环境温度为15℃左右（10～20℃）。通常有效保存时间为48小时左右，如原精液品质好、稀释得当，则可保存72小时左右。

按以上要求保存的精液可直接运输，在运输过程中要避免震荡，保持合适的温度。

（4）稀释过程中的注意事项　稀释液要现配现用；应将配制稀释液使用的一切用具洗涤干净、消毒，用前必须用稀释液冲洗方能使用；稀释液的温度要与精液温度相等，稀释液应沿杯壁徐徐加入，与精液混合均匀，切勿剧烈震荡；要避免直射阳光、药味、烟味等对精子产生不良影响；操作室的温度应保持在18～25℃；精液稀释后应立即分装保存，尽量减少能耗；猪的精液以稀释1～2倍为宜。

输　　精

输精是人工授精最后一个技术环节，也是决定人工授精技术成败的关键。其要点如下：

（1）输精用具　猪的输精器由一条橡皮输精管、延长连接管和输精袋（或瓶）组成（图7-29）。

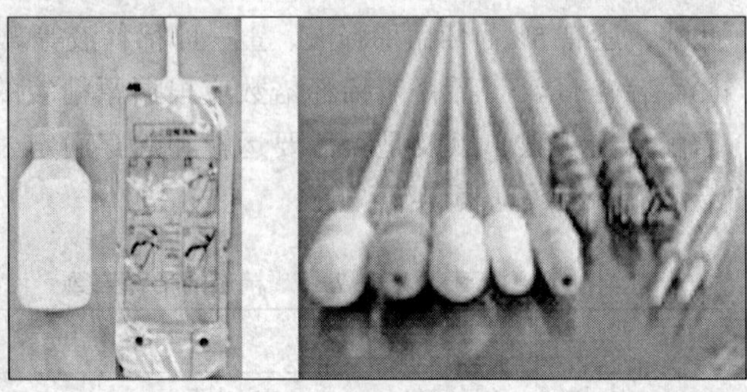

图 7-29　输精器具[①]

①图 7-29 所示，输精管有螺旋头和圆头两种。

(2) 输精前的准备　输精前，输精人员应将指甲剪短磨光，将手洗净擦干。要对所有输精器械进行彻底洗涤、消毒。母猪外阴部要用 0.1%高锰酸钾或 1/3 000 新洁尔灭溶液清洗消毒。冷冻精液必须先升温解冻，经检查质量合格后方可用于输精。

(3) 输精　让母猪自然站稳，输精员用左手将母猪阴唇张开，右手持输精管，先用少许精液蘸湿阴道口，然后将胶管缓缓插入阴道，并向前旋转滑进，直至子宫颈内(图 7-30)。待插进 25 ~ 30 厘米感到插不进时，稍稍向外拉出一点，然后连接输精袋将精液注入子宫，输精量每次为 20 毫升 / 头，输精不宜太快，一般每次需 5 ~ 10 分钟。

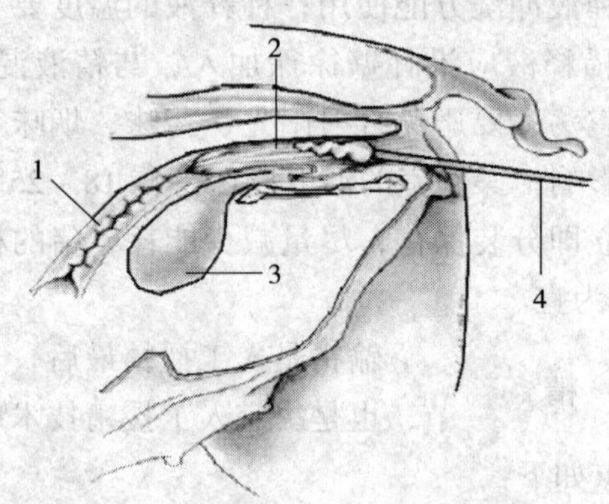

图 7-30　母猪输精部位示意图[②]

1.子宫　2.子宫颈　3.膀胱　4.输精管

②如图 7-30 所示，输精时，先将输精管插入到子宫颈外口处，然后接上输精袋进行输精。

输精时如有精液倒流，可转动胶管，换个方向再注入子宫内。输精完毕，缓缓抽出输精管，然后用手按压母猪腰部或在其臀部拍打几下，以免母猪弓腰收腹，造成精液倒流（图 7–31）。

为了提高母猪的受胎率和产仔数，最好在第一次后，间隔 8 ~ 12 小时时再重复输精一次，特别是对于较难受胎的母猪和初配母猪，重复输精尤为重要。据试验，重复输精比单次输精能提高受胎率 5.6%，提高产仔数 3.95 头（表 7–6）。

①如图 7–31a 所示，输精时，先让助手将母猪尾巴抬起，使之充分暴露阴部以便输精。

如图 7–31b 所示，为防止母猪弓腰影响输精和精液外流，输精时输精人员可用一只脚踏住母猪的腰部。

a

b

图 7–31 用输精管输精①

表 7 - 6 不同输精方法比较

输精方法	输精母猪数（头）	受胎数（头）	产仔数（头）	窝均产仔数（头）	受胎率（%）
单次输精	223	198	1 909	6.45	87.6
重复输精	118	111	1 227	10.4	93.2

输精后，必须立即清洗好用具，然后带回消毒备用，并及时做好配种记录。

（三）种母猪的饲养管理

1. 空怀母猪的饲养管理

哺乳母猪从仔猪断奶到发情配种期间为空怀期，从广义上讲，还包括到初配年龄的后备母猪。饲养空怀母猪的目的，是保持正常的种用体况（不肥不瘦），能正常发情、排卵，并能及时配种、受孕。

发情周期与发情征状

（1）发情周期　母猪达到性成熟后，即会出现固有的性活动周期，亦称发情周期。通常把上次发情到下次发情的间隔时间称为发情周期。母猪的发情周期平均为21天，发情持续时间为19～24小时。我国地方品种比国外引入品种发情持续时间长。

（2）发情征状　根据母猪的表现和生殖器官变化，整个发情期可分为三个阶段。

①发情前期：母猪表现不安，食欲减退，不断鸣叫，外阴部肿大，阴道黏膜呈淡红色（图 7-32）。爬跨其他母猪，但不接受公猪爬跨，此期大约持续 12～36 小时。

图 7-32　母猪发情初期外阴变化①

①如图 7-32 所示，发情前期母猪外阴肿大，有黏液从阴道流出，用拇指和无名指撑开阴唇，可见其黏膜呈淡红色。

②发情中期：母猪继续表现不安，食欲严重减退或废绝，时而呆立，两耳颤动，时而追随爬跨其他母猪或

靠近公猪嗅其腹股沟部，外阴部肿大，阴道黏膜呈深红色，黏液稀薄透明，愿意接受公猪爬跨和交配。此期大约持续 6 ~ 36 小时，为输精的最佳时期。

图 7–33　发情中期的母猪

③发情后期：母猪性情趋于稳定，外阴部开始收缩，阴道黏膜呈淡紫色，黏液浓稠，不愿接受公猪爬跨，此期大约持续 12 ~ 24 小时。

(3) 配种时机　一般母猪发情后 24 ~ 36 小时开始排卵，排卵持续时间为 10 ~ 15 小时，排出的卵子保持受精能力的时间为 8 ~ 12 小时。精子在母猪生殖器官内保持受精能力的时间为 10 ~ 20 小时，配种后精子到达受精部位（输卵管壶腹部）所需的时间为 2 ~ 3 小时。据此计算，适宜的交配或输精时间是在母猪发情后的 20 ~ 30 小时。

如果交配过早，当卵子排出时，精子已丧失受精能力；交配过晚，当精子进入母猪生殖道内时，卵子已失去受精能力，两者都会影响受胎率，即使受精也可能因结合子活力不强而中途死亡。因此，很难准确掌握最佳受精时间。所以在生产实践中，只要母猪可以接受公猪爬跨，即配第一次。第一次配种后经 12 ~ 20 小时，再配第二次。一般一个发情期内配种两次即可，更多交配并不能增加产仔数，甚至有副作用，关键要掌握好配种的适宜时间。

为准确判断适宜配种时间，应每天早、晚两次利用试情公猪[①]对待配母猪进行试情（或压背反射）（图7-34）。就品种而言，本地猪发情后宜晚配（发情持续期长），引进品种发情后宜早配（发情持续期短），杂种猪居中间。就母猪年龄而言，即老母猪发情时间短，应提前配；小母猪发情时间长，应适当晚些，即老配早、小配晚、不老不小配中间。从母猪的本身表现来看，在阴部红肿刚开始消退和站立不动时配种较合适。国外引进瘦肉型猪种发情不太明显，要认真观察，为防止漏配可每天早晚进行试情。

①试情公猪指用于鉴别母猪是否发情、输精管已被接扎的公猪。

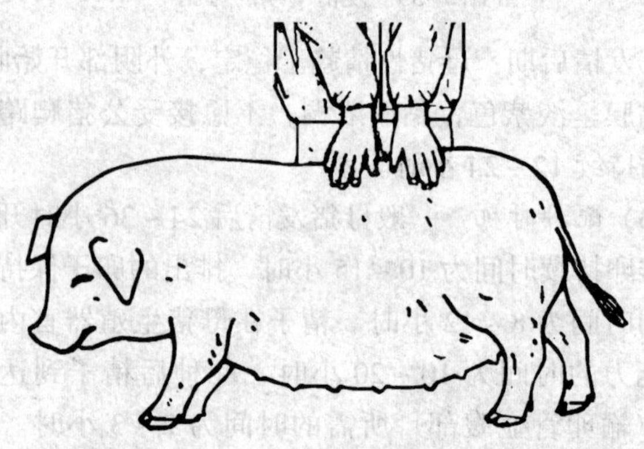

图 7-34　用压背法进行母猪发情鉴定[②]

②如图 7-34 所示，用双手按压母猪背部，如母猪呆立不动，呈现出接受交配姿势，即说明发情母猪已到了交配（输精）的适宜时间。

空怀母猪的饲养

空怀母猪在配种前的饲养十分重要，因为后备猪正处在生长发育阶段，经产母猪常年处于紧张的生产状态，所以，必须按照饲养标准和母猪的饲养管理实际来配制饲粮，供给营养水平较高的日粮（一般与妊娠期相同），使之保持适度膘情（不肥不瘦、七八成膘）。就像群众讲的那样："待配母猪八成膘，容易怀胎产仔高"。

因为母猪太肥或太瘦都会出现不发情、排卵少、卵子活力弱、受精能力低等现象，并易造成母猪空怀。母猪标准体况的判定见表 7–7。

表 7-7　母猪标准体况的判定

得分	体况	P_2 点的背脂厚度（毫米）	髋骨突起的感触	体　形
5	明显肥胖	25 以上	用手触摸不到	圆形
4	肥	21	用手触摸不到	近乎圆形
3.5	略肥		用手触摸不明显	长筒形
3	理想	18	用手能够摸到	长筒形
2.5	略瘦		用手能够明显摸到，并可观察到	狭长形
1～2	瘦	15 以下	能明显观察到	骨骼明显突出

注：P_2 点为母猪最后肋骨在背中线往下 6.5 厘米处。

许多试验证明，对空怀母猪在饲养上实行短期优饲，可促进其发情排卵和提高受胎率。后备母猪一般于配种前 10 ~ 14 天，在原日喂料量基础上，增加料量 0.5 千克左右，配种结束后停止加料；经产母猪在原日喂料量基础上，增加料量 0.4 千克左右，并视体况增减饲料量。

空怀母猪的日粮有精料型和青粗料型，可根据实际情况选择。采用精料型日粮饲喂空怀母猪时，料量为每日 2 千克左右，日喂 2 次，自由饮水。

空怀母猪的管　　理　空怀母猪有单栏饲养和群养两种方式。单栏饲养空怀母猪是工厂化养猪生产中常采用的一种形式，即将母猪固定在栏内实行禁闭式饲养，活动范围很小，并于母猪栏圈的后侧（尾侧）饲养种公猪，以促进母猪发情，一般 4 ~ 5 个待配母猪对应 1 个公猪栏，这样就不用专设配种栏了。这种方式节约圈舍，能提高猪舍的利用率，但发情不易检查。小群饲养就是将 8 ~ 10 头同时（或相近）断奶的母猪放在同一栏内，猪只可以自由运动，特别是设有舍外运动场的猪舍，运动的范围较大。实践证明，群饲空怀母猪可促进母猪发情，特别是群内出现发情母猪后，由于爬跨和外激素的刺激，可以诱导其他空怀母猪发情，也可用试情公猪试情（图 7–35）。

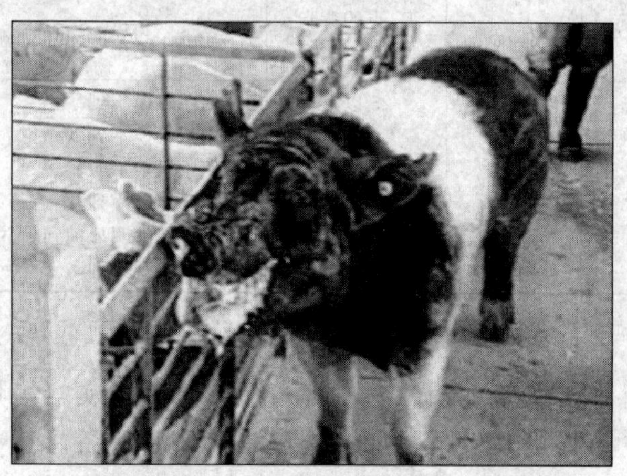

图 7–35　用试情公猪试情[1]

促进空怀母猪发情的措施

（1）公猪诱导法　①利用试情公猪去追逐、爬跨不发情母猪，可有效地促使其发情排卵（图 7–36）；②将公猪发情时发出的求偶声录制下来，向不发情的母猪播放，一日数次，连播数日，利用生物模拟的作用，可促进母猪较快发情。

图 7–36　用试情公猪诱导刺激[2]

①如图 7–35 所示，将试情公猪放入母猪群中，通过公猪嗅闻、追逐、爬跨，可以检查出发情母猪。

②如图 7–36 所示，将试情公猪放入不发情的母猪群中，通过公猪追逐、爬跨刺激，来诱导母猪发情排卵。

(2) *合群并圈* 将不发情母猪合并到有发情母猪的圈内，利用正在发情、寻求交配的母猪求偶的冲动，追逐、爬跨母猪，做公猪交配动作。通过爬跨等诱导刺激，促进其发情排卵。

(3) *加强运动* 通过加强户外运动、接受日光浴、呼吸新鲜空气，可促进不发情母猪发情排卵，如能与放牧相结合效果更好。

(4) *按摩乳房* 每天早晨按摩乳房 10 分钟，可促进不发情母猪发情排卵（图 7–37）。

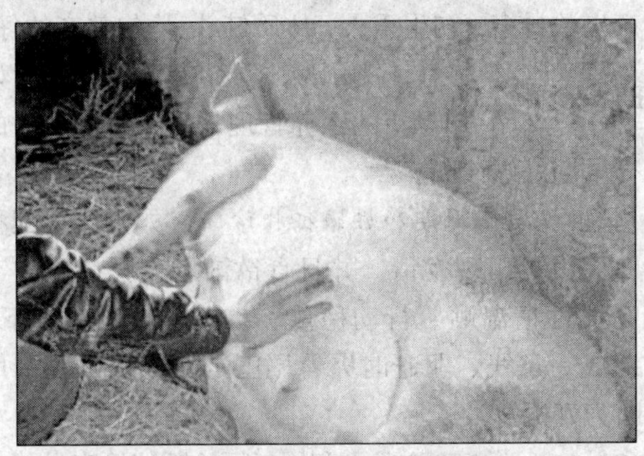

图 7–37 按摩不发情母乳的乳房①

(5) *药物治疗* 对于不发情母猪，可用孕马血清皮下注射 5 ~ 10 毫升，一般 3 ~ 7 天后即可发情。肌注绒毛膜促性腺激素，1 000 单位 / 头，效果也非常显著。注射三合激素（含有丙酸睾丸素 2.5 毫克，黄体酮 12.5 毫克，苯甲酸雌二醇 1.5 毫克），每次 2 毫升，间隔 24 小时再注射 1 次，从处理到发情间隔约 3 天。

(6) *精液诱导法* 取健康公猪精液 1 ~ 2 毫升，用 3 ~ 4 倍冷开水稀释，用注射器注入少量至母猪鼻孔内；或用小喷雾器向母猪鼻孔喷雾，一般 4 ~ 6 小时即可发情，12 小时即达发情高潮。据测试，采用这种办法催情

①如图 7–37 所示，试验证明，按摩母猪的乳房不仅可提高母猪的泌乳量，而且可促进其发情。用手掌前后按摩乳房，一侧按摩后再按摩另一侧，也可用湿热毛巾进行按摩，这样还可以起到清洁乳房和乳头的作用。

配种，初产母猪受胎率平均为87%，经产母猪为96%。应当指出的是，无论采取什么措施，发情只是第一步，关键是促使母猪排卵和多排卵，只发情不排卵达不到受胎的目的。因此，生产上不能将注意力只集中在促使母猪发情的一些措施上，关键是加强母猪的饲养管理，促使母猪发情排卵，这样才能提高母猪受胎率。

2. 妊娠母猪的饲养管理

饲养管理妊娠母猪的目的，是保证胎儿能在母体内得到充分的生长发育，防止化胎、流产和死胎的发生，使母猪产出数量多、初生重大、体质健壮、均匀整齐的仔猪。

妊娠诊断

为了减少母猪漏配和加强对妊娠母猪的饲养管理，需要对配种后的母猪进行早期妊娠诊断。

（1）根据发情周期和妊娠征状诊断　如果母猪配种后经过3周没再出现发情，并且食欲渐增上膘快、被毛顺溜光亮、性情温顺、行动稳重、贪睡、尾巴自然下垂、阴户缩成一条线、驱赶时夹着尾巴走路等现象，则可初步诊断为妊娠。

（2）妊娠诊断仪诊断　利用妊娠诊断仪检查母猪是否妊娠，准确率较高，可有效降低母猪空怀率（图7-38）。

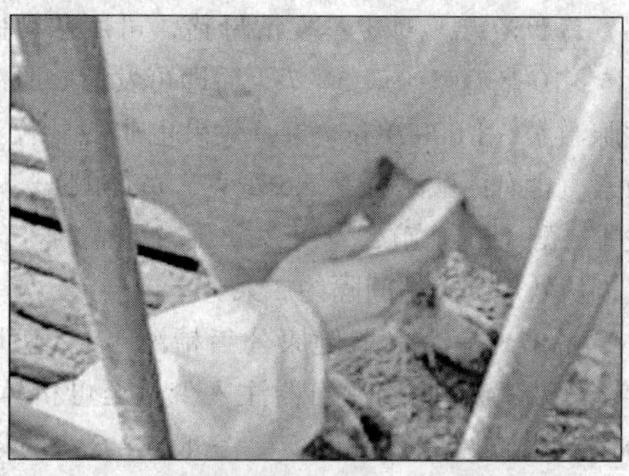

图7-38　用妊娠诊断仪检查母猪是否妊娠①

①如图7-38所示，在母猪配种或输精后35天和55天，将妊娠诊断仪的探头上涂上耦合剂，放置于倒数第二个乳头斜上方，若仪器发出短而间隔短的声音表明没有妊娠，若声音长而间隔长的声音则可以确定母猪已经妊娠。

(3) 激素诊断　在母猪配种后的 16 ~ 17 天，在耳根皮下注射 3 ~ 5 毫升人工合成雌激素。注射后出现发情的母猪为未妊娠，在 5 天内不发情的母猪为已妊娠。但要注意，使用此法一定要慎重，如果使用不当会造成流产或产生繁殖障碍。

(4) 化学诊断　取母猪尿液 15 毫升，放入大试管中，加浓硫酸 3 毫升或浓盐酸 5 毫升，加温至 100℃，保持 10 分钟，冷却至室温，加入 18 毫升苯，加塞振荡，分离出有雌激素的液体层，加 10 毫升浓硫酸，再加塞振荡，并加热 80℃，保持 25 分钟，借日光或紫外线灯观察，若在硫酸层出现荧光，则是阳性反应，说明母猪已妊娠；否则为未妊娠。

胚胎生长发育与死亡　从精子与卵子结合、胚胎着床、胎儿发育直至分娩，这期间胚胎有三个死亡高峰。

(1) 妊娠前 30 天内的死亡　卵子在输卵管的壶腹部受精形成合子，合子在输卵管中呈游离状态，并不断向子宫游动，24 ~ 48 小时到达子宫系膜的对侧上，并在它的周围形成胎盘，这个过程大约需 12 ~ 24 天。受精卵在第 9 ~ 13 天的附植初期，易受各种因素的影响而死亡，如近亲繁殖、饲养不当、热应激、产道感染等，死亡率占胚胎总数的 20% ~ 25%。这是胚胎死亡的第一个高峰期。

(2) 妊娠中期的死亡　妊娠 60 ~ 70 天后胎盘发育停止，而胎儿发育加快，互相排挤，造成营养供应不均，致使一部分胎儿死亡或发育不良。此外，粗暴地对待母猪，如鞭打、追赶等，以及母猪间互相拥挤、咬架等，都能通过神经刺激而干扰子宫的血液循环，减少对胚胎的营养供应，增加死亡率。这是胚胎死亡的第二个高峰期。

(3) 妊娠后期和临产前的死亡，包括死胎、弱胎和临产窒息三部分 死胎和弱胎多由于怀孕中后期营养不足所造成；窒息是临产前母猪因受不良刺激、剧烈活动等原因，导致分娩前脐带中断所造成的。

由于这些损失，一般母猪所排出的卵子（20 个左右），大约只有一半能正常受精并正常发育成活（图 7-39）。

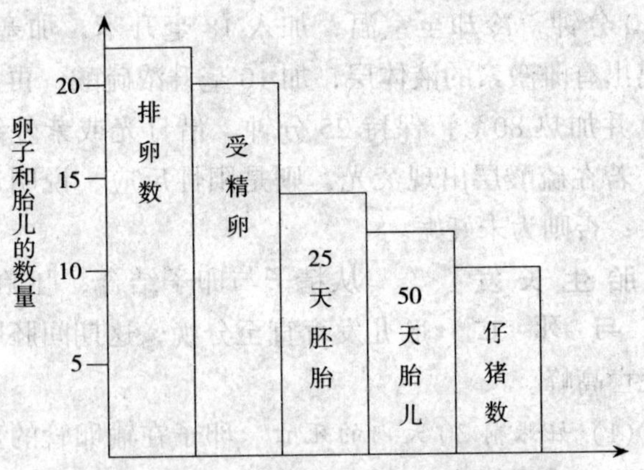

图 7-39 妊娠期胚胎和胎儿的损失示意图

预产期推算 母猪配种时要详细记录配种日期，一旦断定母猪妊娠就要推算出预产日期，以便于饲养管理，做好接产准备。推算母猪妊娠期平均按 114 天计算。

(1) "三三三"法 即在配种日期加上 3 个月，3 个星期又 3 天。如：一头母猪的配种日期是 6 月 8 日，其预产期则是 6 + 3 = 9 月，8 + （3 × 7） + 3 = 32（以 30 天为 1 个月，32 天为 1 个月 2 天），故为 10（9 + 1）月 2 日。

(2) 算式推出法 即配种月份减 8 为分娩月，配种日减 8 为分娩日。如 11 月 25 日配种，则预产月为 11-8 = 3，预产日为 25-8 = 17，即 3 月 17 日为预产期。若配种日期小于或等于 8 时，则现在配种日上加 30 后再

减 8，同时在配种月上减去 1，如 11 月 1 日配种，则预产日为：1 + 30 − 8 = 23，预产月为：11 − 8 − 1 = 2，即预产期为 2 月 23 日。若式中配种月小于或等于 8 时，则先在配种月上加 12 后再减8 即可，如 5 月 24 日配准，则预产日为：24 − 8 = 16，预产月为：5 + 12 − 8 = 9，即 9 月 16 日为预产期。

（3）查表法　由于月份有大有小，并且天数不等，因此，为了把预产期推算得更准确，把月份大小的误差排除，同时也为了应用方便，减少临时推算的错误，可查预产期推算表（表 7–8）。

表 7-8　母猪预产期推算表①

日＼月	一	二	三	四	五	六	七	八	九	十	十一	十二
1	4.25	5.26	6.23	7.24	8.23	9.23	10.24	11.24	12.25	1.24	2.24	3.25
2	4.26	5.27	6.24	7.25	8.24	9.24	10.25	11.25	12.26	1.25	2.25	3.26
3	4.27	5.28	6.25	7.26	8.25	9.25	10.26	11.26	12.27	1.26	2.26	3.27
4	4.28	5.29	6.26	7.27	8.26	9.26	10.27	11.27	12.28	1.27	2.27	3.28
5	4.29	5.30	6.27	7.28	8.27	9.27	10.28	11.28	12.29	1.28	2.28	3.29
6	4.30	5.31	6.28	7.29	8.28	9.28	10.29	11.29	12.30	1.29	3.1	3.30
7	5.1	6.1	6.29	7.30	8.29	9.29	10.30	11.30	12.31	1.30	3.2	3.31
8	5.2	6.2	6.30	7.31	8.30	9.30	10.31	12.1	1.1	1.31	3.3	4.1
9	5.3	6.3	7.1	8.1	8.31	10.1	11.1	12.2	1.2	2.1	3.4	4.2
10	5.4	6.4	7.2	8.2	9.1	10.2	11.2	12.3	1.3	2.2	3.5	4.3
11	5.5	6.5	7.3	8.3	9.2	10.3	11.3	12.4	1.4	2.3	3.6	4.4
12	5.6	6.6	7.4	8.4	9.3	10.4	11.4	12.5	1.5	2.4	3.7	4.5
13	5.7	6.7	7.5	8.5	9.4	10.5	11.5	12.6	1.6	2.5	3.8	4.6
14	5.8	6.8	7.6	8.6	9.5	10.6	11.6	12.7	1.7	2.6	3.9	4.7
15	5.9	6.9	7.7	8.7	9.6	10.7	11.7	12.8	1.8	2.7	3.10	4.8
16	5.10	6.10	7.8	8.8	9.7	10.8	11.8	12.9	1.9	2.8	3.11	4.9
17	5.11	6.11	7.9	8.9	9.8	10.9	11.9	12.10	1.10	2.9	3.12	4.10
18	5.12	6.12	7.10	8.10	9.9	10.10	11.10	12.11	1.11	2.10	3.13	4.11
19	5.13	6.13	7.11	8.11	9.10	10.11	11.11	12.12	1.12	2.11	3.14	4.12
20	5.14	6.14	7.12	8.12	9.11	10.12	11.12	12.13	1.13	2.12	3.15	4.13
21	5.15	6.15	7.13	8.13	9.12	10.13	11.13	12.14	1.14	2.13	3.16	4.14
22	5.16	6.16	7.14	8.14	9.13	10.14	11.14	12.15	1.15	2.14	3.17	4.15
23	5.17	6.17	7.15	8.15	9.14	10.15	11.15	12.16	1.16	2.15	3.18	4.16

①如表 7–8 所示，上行月份为配种月份，左侧第一列为配种日期，从左侧第 2～13 列的数字为预产期（如 5.5 表示 5 月 5 日，下同）。例如：5 月 2 日配种，经查表后，其预产日期为 8 月 24 日。

（续）

日＼月	一	二	三	四	五	六	七	八	九	十	十一	十二
24	5.18	6.18	7.16	8.16	9.15	10.16	11.16	12.17	1.17	2.16	3.19	4.17
25	5.19	6.19	7.17	8.17	9.16	10.17	11.17	12.18	1.18	2.17	3.20	4.18
26	5.20	6.20	7.18	8.18	9.17	10.18	11.18	12.19	1.19	2.18	3.21	4.19
27	5.21	6.21	7.19	8.19	9.18	10.19	11.19	12.20	1.20	2.19	3.22	4.20
28	5.22	6.22	7.20	8.20	9.19	10.20	11.20	12.21	1.21	2.20	3.23	4.21
29	5.23		7.21	8.21	9.20	10.21	11.21	12.22	1.22	2.21	3.24	4.22
30	5.24		7.22	8.22	9.21	10.22	11.22	12.23	1.23	2.22	3.25	4.23
31	5.25		7.23		9.22		11.23	12.24		2.23		4.24

妊娠期母猪的变化　母猪妊娠后即进入非常时期，胚胎不断地生长发育，同时在各种激素的作用下，母猪本身的各组织器官也发生了一系列变化。在正常饲养管理情况下，整个妊娠期经产母猪可增重40～50千克，初产母猪可增重50～60千克，母猪增重中15%是蛋白质，25%是脂肪。

在母猪妊娠后的20天左右，是受精卵附植(附植是从妊娠后12天开始到24天结束)到子宫角的不同部位，并逐渐形成胎盘的时期。这一时期，胚胎重量很轻，绝对增重不高，母猪没有多大的变化。

在母猪妊娠后的90天到分娩前的3～5天，胎儿的生产发育与增重特别迅速，母猪的消化能力特别强，胎儿的体重有60%是在这一时期增加的(表7-9)。

表7-9　各阶段猪胎儿的长度和重量

妊娠天数	30	40	50	60	70	80	90	100	出生
重量（克）	2	23	40	110	263	400	550	1 060	1 300～1 500
占初生重的百分率（%）	0.15	0.9	3	8	19	29	79	82	100

另外，初产母猪妊娠全程一般可增重36～50千克；而经产母猪只需增重27～39千克，因为经产母猪本身不再生长发育，上述增重已足以弥补分娩与泌乳时的失重，

使母猪的断乳重与配种时与原重相当。

妊娠母猪的饲养

（1）营养水平 从妊娠母猪体重和胎儿体重的增长来看，妊娠母猪对营养的需要，随妊娠天数的增加而提高。胎儿的生长规律一般是前期慢、后期快、最后更快，特别是最后一个月，胎儿生长最快，体重的1/3都是这个时期形成的，营养需要最多。因此，在妊娠母猪的饲养上，一般都把母猪的整个妊娠期为两个阶段，前两个月称为妊娠前期，后两个月为妊娠后期；或者分为三个阶段，0～40天为妊娠初期，41～80天为妊娠中期，81～114天为妊娠后期。

母猪妊娠前期由于胎儿发育较慢、母猪对营养的利用率高，故所需营养不多，但要注意饲料营养的平衡性；妊娠中后期，随着胎儿发育加快，营养需要量也随之增加，此时的营养水平决定着仔猪的初生体重。同时也是为了让母猪在体内蓄积一定的养分，待产后泌乳使用（图7-40）。

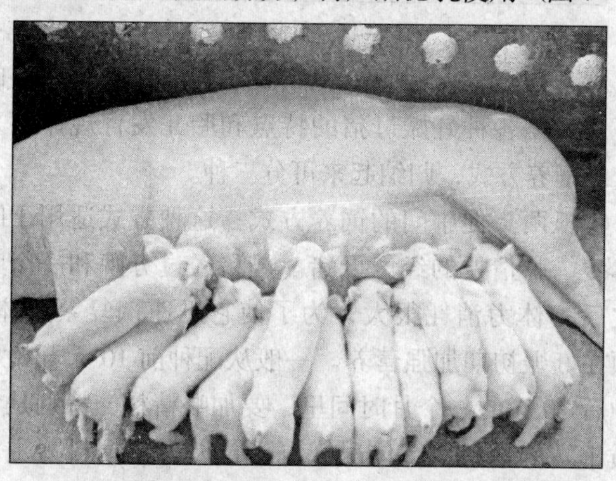

图7-40 哺乳母猪给仔猪哺乳[1]

①如图7-40所示，加强妊娠中后期，尤其是后期母猪的营养，是保证胎儿正常生长发育，提高仔猪初生重和母猪泌乳量的关键。一般于妊娠95天时开始给母猪补料。

一般饲养条件下，能量和蛋白质基本可满足胚胎发育的需要，不是极端不足不至于造成胚胎死亡，妊娠后期能量和蛋白质不足只会降低仔猪初生重和活力，一般不会导致胎儿死亡，但能量水平过高则会增加胚胎死亡率。妊娠母猪营养性流产，化胎，产木乃伊、死胎、畸形仔猪，主要是妊娠期维生素和矿物质不足所致。如钙、磷不足时死胎数增加，仔猪活力差；维生素 A 缺乏可导致胚胎死亡并被吸收，产死胎，瞎眼、兔唇等畸形仔猪；核黄素和泛酸缺乏可导致胚胎或初生仔猪死亡（图 7-41）。

①如图 7-41 所示，母猪流产，产出死胎、弱胎。

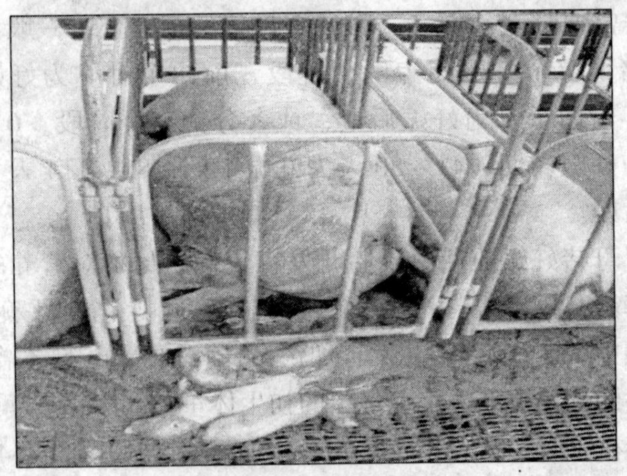

图 7-41　母猪流产①

（2）饲养方式　中国传统养猪在以青粗饲料为主的前提下，根据各种妊娠母猪的特点和胎儿发育规律，采取相应的饲养方式，归纳起来可分三种。

①抓两头促中间的饲养方式：这种方式适用于断奶后体瘦、膘情差的经产母猪。母猪经过分娩和一个哺乳期之后，体力消耗很大，为了使它迅速恢复繁殖体况，必须在妊娠初期加强营养。一般从配种前 10 天开始，到配种后 20 天的一个月时间里，要加喂精料，特别是含蛋白质丰富的饲料，待体况恢复后再以青粗饲料为主，并按饲养标准饲喂。直到妊娠 80 天后，由于胎儿增重较快，故应向日粮中再添加精料，以加强营养，这样日粮就形成一个高—低—高的营养水平，但后期的营养水平，应高于妊娠前期。

②步步登高的饲养方式：这种方式适用于初产母猪和哺乳期间配种的母猪。因为初产母猪配种后本身仍处于生长发育阶段，哺乳母猪担负着双重的生产任务。因此，整个妊娠期间的营养水平，应随着胎儿体重的增长而逐步提高，到分娩前一个月达到最高峰，但在产前5天左右，日粮应减少30%，以免造成难产。

③前粗后精的饲养方式：这种方式适用于配种前体况良好的经产母猪。因为妊娠初期胎儿还小，加之母猪膘情较好，此期可以适当降低营养水平，在饲粮中喂些青粗饲料。到妊娠中后期，由于胎儿发育增快，营养需要量增加，因此应按标准饲养，增加精料的喂量，以满足胎儿迅速生长的需要。

(3) 饲喂技术　不论采取哪种饲养方式，母猪妊娠后期都要进行短期优饲，以保证胎儿的迅速生长、母猪乳腺组织的正常发育和泌乳期有充足的泌乳量。一种办法是每天每头母猪增喂1千克以上的混合精料；另一种办法是在原饲粮中添加动物性脂肪或植物油脂（占日粮的5%~6%），自由饮水，两种方法都能取得良好效果。

近年来的许多研究证实，在母猪妊娠最后两周，日粮中添加脂肪有助于提高仔猪初生重和存活率。同时，常乳中的脂肪和蛋白质含量也有所提高。

妊娠母猪的管理　母猪妊娠期管理的中心任务就是保证胎儿正常发育，防止流产，每胎都能产出活力强、初生重大、数量多的仔猪。管理方法应因猪而异。在妊娠初期30天应让母猪恢复体力，让其吃好、睡好和少运动，可以合群管理，每群4~5头；妊娠中期30天要让母猪运动充足，每天至少1~2小时；妊娠后期最好是单栏饲养，应逐渐减少运动量或让母猪自由活动，产前5~7天停止运动，并随时观察母猪表现，结合预产期判断其分娩征兆。

保持圈舍清洁卫生和周围环境的安静，防止妊娠母猪相互拥挤、咬架和急转弯，以及在光滑泥泞的道路上运动，严禁鞭打和惊吓，以免造成损伤而引起死胎和流产。更换饲料要逐渐过渡（一般 4～5 天），切忌突然变更，以免引起母猪便秘、腹泻，甚至流产。不喂发霉、腐败、变质或带有毒性和强烈刺激性的饲料，防止造成母猪中毒、胚胎死亡和流产。冬季要防寒保温，防止母猪感冒发烧而导致胚胎死亡或流产；夏季要防暑降温，特别是母猪妊娠初期应防止高温而导致胚胎死亡。

3. 哺乳母猪的饲养管理

哺乳母猪的饲养管理是母猪整个繁殖周期中的最后一个生产环节。这一阶段的饲养管理好坏，不仅影响仔猪的成活率和断奶体重，而且对母猪下一个繁殖周期的生产有着显著影响。

分娩前的准备工作

（1）产房消毒　在妊娠母猪调入产房的前 5～7 天，要彻底将产房清扫干净，并用 2%～3%火碱溶液或 2%～5%来苏儿溶液等进行消毒，再用清水冲净。用 20%石灰乳粉刷墙壁。然后空栏晾晒 3～5 天，方可调入母猪（出产母猪产前 5～7 天，经产母猪产前 2～3 天进入产房）。

（2）产房及用具准备　产房应保持干燥（相对湿度 60%～75%）、温暖、通风良好、空气新鲜、光线充足。寒冷季节，产房温度以 15～20℃为宜，并应有仔猪保温设备，如仔猪保温箱、红外线灯或电热板等。若用垫草保温，垫草要干燥、柔软、清洁、长短适中，以 10～15 厘米为宜。还应准备好消毒液、接生器械等物品（图 7–42）。

（3）猪体消毒　母猪上产床前，要将其全身冲洗干净，保持产床清洁卫生，以减少初生仔猪的疾病（图7–43）。

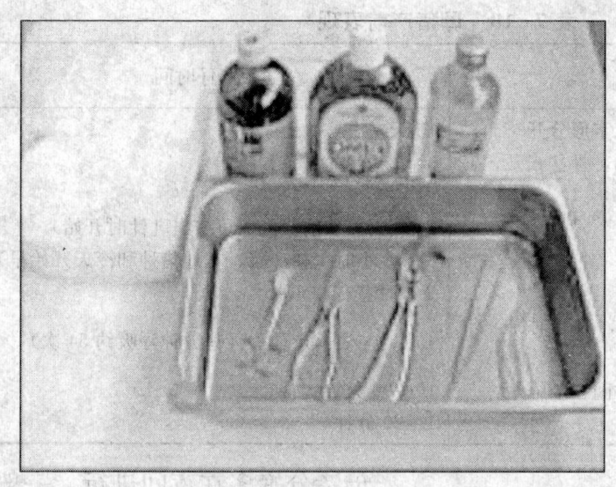

图 7-42　接生常用器械物品①

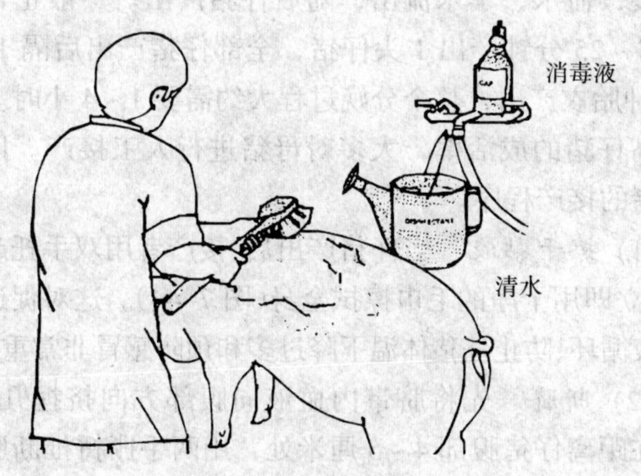

图 7-43　全身刷拭消毒②

母猪临产表现　母猪临产前乳房、外阴、行为等都有明显的变化，如行动不安，起卧不定，食欲减退，衔草做窝，乳房膨胀、具有光泽、可挤出奶水，频频排尿等（表 7-10）。有了这些征兆，一定要有人看管，做好接产准备工作。

①如图 7-42 所示，母猪产前还要准备高锰酸钾、碘酒、酒精、棉球、缝合线、手术剪、刀、毛巾、照明用等工具。

②如图 7-43 所示，猪体消毒时，冬天要用温水，夏天用冷水。于分娩前要将母猪的腹部、乳房及阴户附近的污物清除干净，并用 0.1%高锰酸钾溶液或 2%～5%来苏儿溶液进行消毒，然后洗净擦干。

表 7-10 母猪产前表现

产前表现	距产仔时间
乳房胀大，乳头向两外侧呈八字形分开	15 天左右
阴户红肿，尾根两侧开始下陷，骨盆张开，臀部肌肉出现明显塌陷（俗称松胯）	3～5 天
可挤出乳汁（乳汁透明）	1～2 天（从前面乳头可挤出乳汁时开始）
刁草做窝（俗称闹栏）	8～16 小时（初产猪、本地猪种和冷天开始早）
乳汁为乳白色	6 小时左右
呼吸加快，每分钟 90 次左右，时起时卧，常呈犬坐姿势，频频排尿	4 小时左右（产前一天每分钟呼吸约 54 次）
躺下、四肢伸直、阵缩间隔时间逐渐缩短	10～90 分钟
阴户流出分泌物	1～20 分钟

接产操作 母猪分娩多在夜间进行，一般多侧卧，经几次剧烈阵缩与努责后，胎衣破裂，血水、羊水流出，随后仔猪产出。一般正常分娩每 5～25 分钟产出 1 头仔猪，全部仔猪产出后隔 10～20 分钟胎衣产出，整个分娩过程大约需要 1～4 小时。为了提高仔猪的成活率，大多对母猪进行人工接产。以下为母猪的接产程序。

(1) 擦干黏液　当仔猪产出后，接产者用双手托起仔猪，并立即用干净的毛巾擦拭全身(图 7–44)。这对促进仔猪血液循环、防止仔猪体温下降过多和预防感冒非常重要。

(2) 断脐　先将脐带内血液向腹部方向挤捏几次，然后在距离仔猪腹部 4～5 厘米处，用两手撕捋扯断脐带

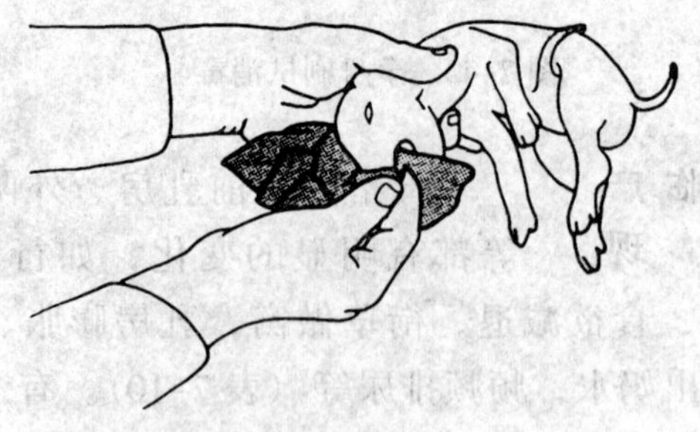

图 7–44 清除仔猪口鼻内的黏液①

①如图 7–44 所示，仔猪出生后，要立即清除仔猪口中及鼻孔周围的黏液，以免仔猪吸入而引起窒息，然后先用干草，后用毛巾或干净的麻袋片迅速擦干仔猪身上的黏液。

（一般不用剪刀，以免流血过多），断端涂以5%碘酊消毒，若断脐时流血过多，可用手指捏住断头，直到不出血为之，完毕将仔猪置于保温箱中（图7-45）。

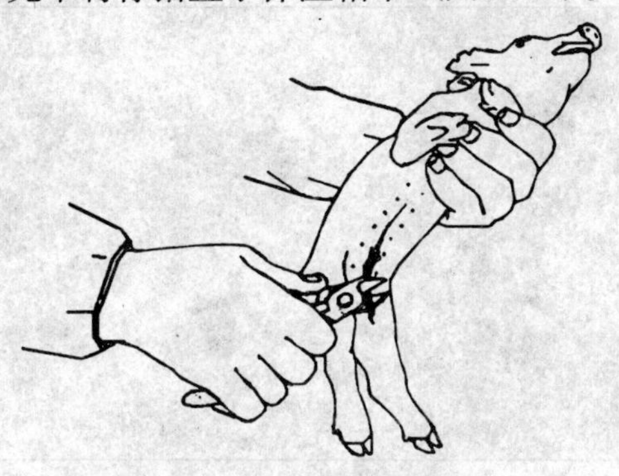

图7-45　断　脐①

①如图7-45所示，断脐时先将其带内的血往仔猪肚中挤压，然后在离仔猪脐孔3~4厘米处，用手指撕捋扯断。

（3）饮服抗生素　断脐后，可向仔猪口腔内注入2毫升的庆大霉素或长效土霉素、高锰酸钾水等，以防仔猪腹泻。

（4）仔猪编号　编号可便于记载和鉴定，对种猪具有重大意义，可以分清每头猪的血统、发育情况和生产性能。

编号的标记方法很多，目前常用剪耳法，即利用耳号钳在猪耳朵上打缺口。每剪一个耳缺，代表一个数字，把几个数字相加，即得其号码。每头猪实际耳号就是所有缺口代表数字之和（图7-46）。

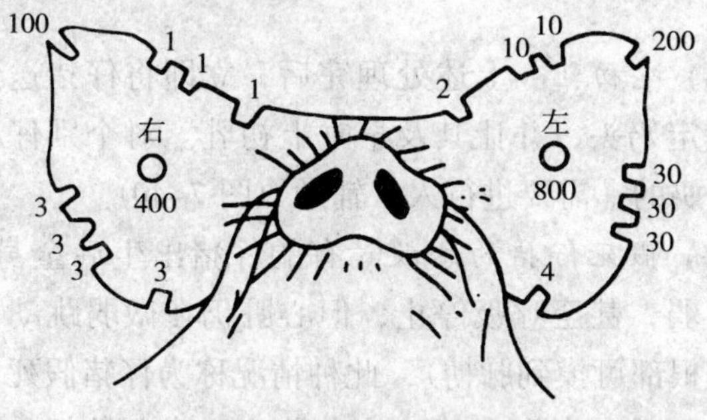

图7-46　仔猪剪耳号方法②

②如图7-46所示，编号时，最末一个数字是单号的一般为公猪，双号的为母猪，其原则是用最少的缺口代表一个猪的耳号，比较通用的剪耳方法为：左大右小、上一下三，左耳尖缺口为200、右耳为100；左耳小圆洞为800、右耳为400耳根号为世代数。

目前，许多大型规模化养猪场多采用耳标记号，具体使用方法见耳标使用说明（图 7–47 和图 7–48）。

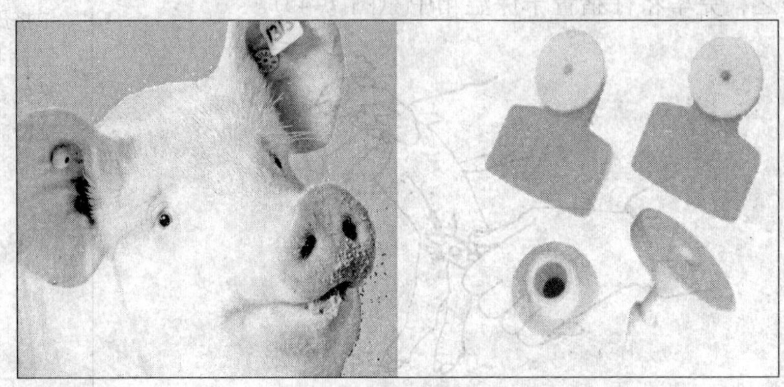

图 7–47 猪耳标

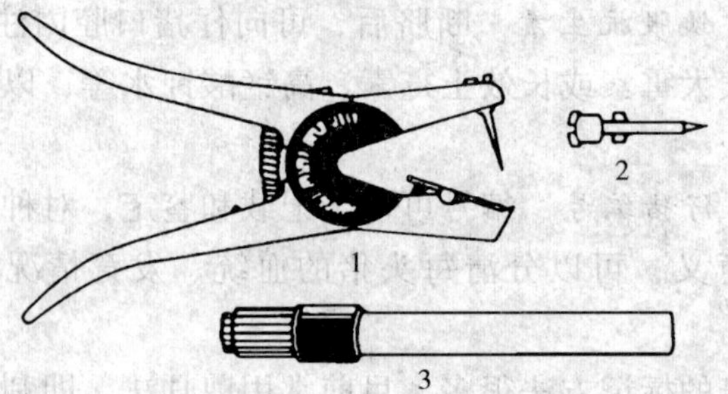

图 7–48 猪用耳标安装器

1.安装器 2.安装器备换钉 3.专用记号笔

（5）称重登记 仔猪出生后，要及时称重并登记分娩卡。

（6）吃初乳 上述处理完后，立即将仔猪送到母猪身边固定奶头，并让其及早吃上初乳。对个别仔猪生后不会吃奶的，需要进行人工辅助（图 7–49）。

（7）假死仔猪的急救 有的仔猪出生后全身发软，呼吸微弱，甚至呼吸停止，但心脏仍在微弱跳动（用手压脐带根部可摸到脉搏），此种情况称为仔猪假死。发现仔猪假死后，先掏净其口腔内黏液，擦净鼻部和身上黏

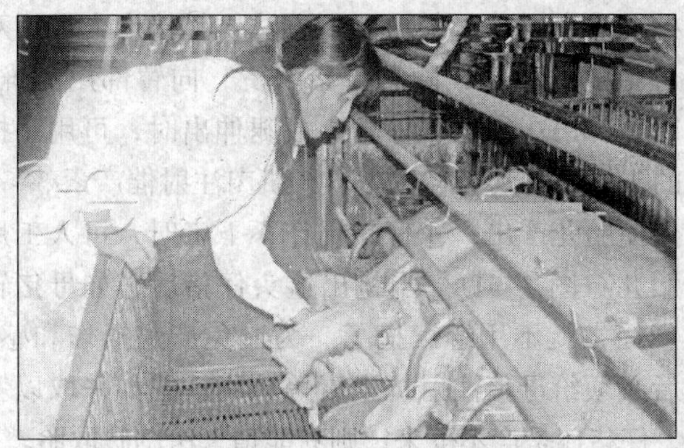

图 7-49　给仔猪固定奶头[①]

液，然后采取以下方法急救：①倒提仔猪后腿，促使其黏液从气管中流出，并用手连续拍打仔猪背部，直至发出叫声为止；②用酒精或白酒擦拭仔猪的口鼻周围，刺激其复苏；③给仔猪做人工呼吸[②]；④将仔猪头部稍抬高于垫草上，在距腹部 20～30 厘米处剪断脐带，一手捏紧脐带末端，另一手自脐带末端向仔猪体内捋动，每秒钟一次，反复进行，一般捋 50～60 次仔猪即可正常呼吸。对救活的假死仔猪必须人工辅助哺乳，特殊护理 2～3 天，使其尽快恢复健康。

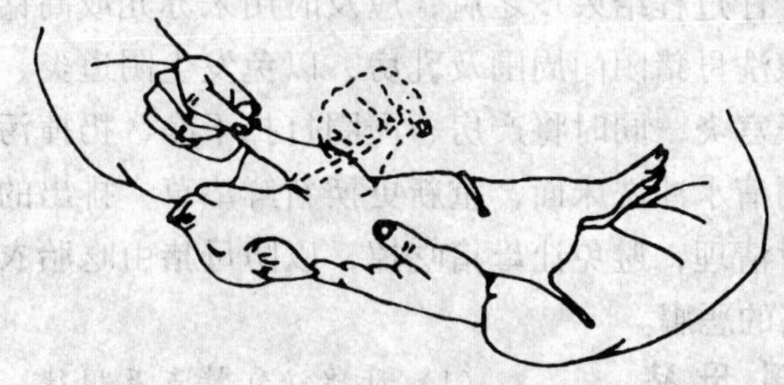

图 7-50　给仔猪做人工呼吸

（8）难产处理　母猪长时间剧烈阵痛，且已破水，但仍产不出仔猪或产出数头仔猪后半小时内只见努责不见产仔的现象，均视为难产。

①如图 7-49 所示，在母猪生完全部小猪后，给仔猪人工定乳，让其在 24 小时内吃足初乳。一般是把个体小的放在最前面乳头吮乳，个体大的放在后面吮乳。

②如图 7-50 所示，接产人员用一只手将仔猪托起使其仰卧，另一只手握住其前肢反复做屈伸运动，直至其恢复自由呼吸。

处理难产时，可采取以下方法：①接产人员用双手托住母猪的后腹部，随着母猪努责，向臀部用力推送，促使胎儿产出；②看见仔猪头或腿伸出时，可用手抓住仔猪的头或腿将其轻轻拉出；③肌肉注射催产素 3 ~ 5 毫升，促使胎儿产出；④仔猪仍产不下来时，可人工用手掏出胎儿（图 7-51）。当掏出这头仔猪后，如母猪转为正常产仔，就不用继续掏了。为避免产道损伤和感染，助产后必须给母猪注射抗生素等药物；⑤如采取以上措施后，仔猪还是产不下来，则只能请兽医剖腹取胎。

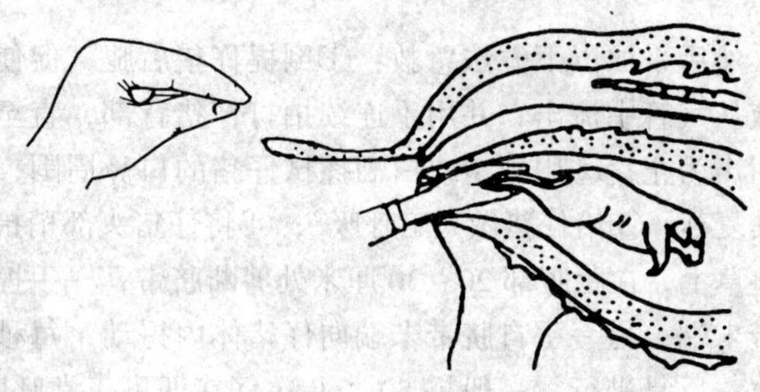

图 7-51　人工接产①

（9）清理产圈　产仔结束（只有胎衣全部排出②，才标志产仔过程结束）之后，应及时用来苏儿或高锰酸钾溶液擦洗母猪阴门周围及乳房，以免发生阴道炎、乳房炎与子宫炎，同时将产房、产圈打扫干净，扔掉污染垫草，用清水冲洗床面，重新更换新鲜垫草。排出的胎衣要随时清理，避免让母猪吃掉，以防母猪由吃胎衣养成吃仔猪的恶癖。

哺乳母猪饲养

（1）母猪泌乳特点及规律　母猪的乳腺构造特殊，与其他家畜不同，有 6 ~ 7 对乳头或更多。乳房间互不相通，每个乳房由 2 ~ 3 个乳腺团组成，通常每乳头上有2 ~ 3 个乳头管，一般前部奶头比后部奶头分泌的奶量多。据测定，母猪每

①如图 7-51 所示，可用手伸入产道，将右手消毒，减去指甲，涂以滑润剂（凡士林、石蜡或甘油等），五指并拢成锥形，慢慢伸入产道，抓住胎儿适当部位，再随着母猪腹部收缩的节奏，徐徐将胎儿拉出产道。

②仔猪全部产出后约半小时开始排出胎衣（也有边产边排的），胎衣全部排净平均需要 4.5 小时。

昼夜平均泌乳 22～24 次，每次相隔大约1 小时，每次放奶的时间很短，只有十几秒到几十秒，每天平均泌乳 5 千克左右。

不同位置的乳头泌乳量有所不同。前数第一对乳头乳量最多，第二对至第四对乳头乳量相差无几，第五对乳头乳量次之，第六对往后的乳头泌乳量显著减少。母猪的乳汁尤其是初乳中含有丰富的蛋白质、干物质、脂肪、乳糖、灰分、钙、磷，以及免疫球蛋白，都是仔猪必需的营养物质。初乳中的蛋白质和免疫球蛋白产后在不断下降，且下降速度较快，3 天后即接近常乳水平。

在整个泌乳期内，各阶段泌乳量也不尽相同，母猪泌乳曲线见图 7–52。

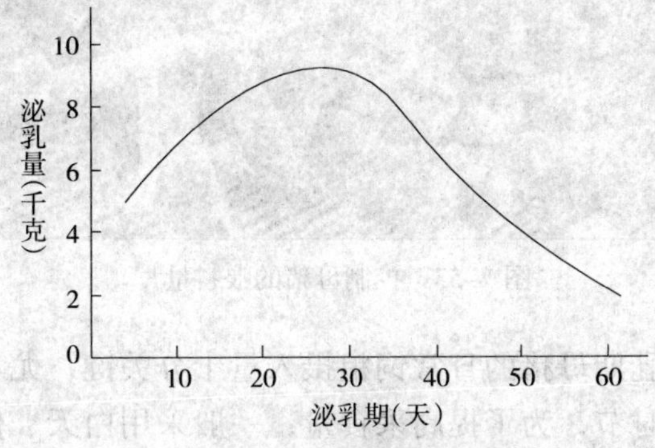

图 7–52　母猪泌乳曲线示意图①

（2）营养水平　对哺乳母猪，其营养除用于本身维持和生长需要外，还用于给仔猪提供乳汁，因而营养水平要求较高。一般外来品种哺乳母猪每千克饲粮要求含粗蛋白质 15%、消化能 13.80 兆焦、钙 0.75%、磷 0.45%、盐 0.4%；本地杂交品种可适当降低标准，但粗蛋白质不应低于 13.0%。

（3）饲喂技术　妊娠母猪转入产房后，就应逐渐更换哺乳期饲料。哺乳期饲料以精料型为主，每日 2 千克，

①如图 7–52 所示，泌乳高峰出现在产后 20～30 天，30 天后泌乳量下降。中国猪种下降得较为缓慢，引进猪种下降得较快些。产后 40 天内的泌乳量约占全期的 70%～80%。

日喂2次，自由饮水。临产前1～2天减料（可减30%～50%），如果母猪膘情不好，则不但不减料，还应加喂一些富含蛋白质的催乳料。产仔当天不喂料、只饮水，最好喂给豆饼麦麸汤（加少许食盐）。分娩后又因分娩体力消耗过大，身体疲倦，消化机能弱，故应在2～3天后，逐渐增加饲料喂量（图7–53），但在母猪断奶前的2～3天，每头每天饲料喂量应减少至1.5～1.8千克，并控制饮水，以免断奶后发生乳房炎。

图7–53　控制母猪的喂料量①

①如图7–53所示，母猪分娩的当天不喂料，仅给些豆粕、麸皮水即可。以后每天增加0.5千克为宜，5～7天达到哺乳期的正常定量（每天4.5千克以上），并尽量多喂。带仔多于10头的哺乳母猪，每多1头仔猪应加喂0.5千克料。

哺乳期母猪的日常饲粮摄入量十分关键，尤其在夏季高温时节，为了提高采食量，一般采用白天、傍晚和凌晨的多次饲喂方式。为保证充足饮水，有条件的养殖户可加喂一些优质青绿饲料或添加2%～5%的油脂，以促进母猪泌乳，减少便秘的发生。

哺乳期母猪的日粮结构要相对稳定，不要经常变动，并保证日粮质量，不喂发霉变质和有毒饲料，以免造成母猪中毒和乳质改变，从而引起仔猪腹泻。有些母猪因妊娠期营养不良而导致产后无奶或奶量不足，可喂给小米粥、豆浆、线麻籽小豆腐、小鱼虾汤、海带肉汤等来催乳。对膘情好而奶量少的母猪，除喂催乳饲料外，同时应用药物催乳。如当归、王不留行、漏芦、通草各30克，水煎配小麦麸喂，每天一次，连喂3天；也可用催乳灵10片，一次内服。

哺乳母猪的管理 哺乳母猪应实行单栏饲养。母猪产后2～3天，可到舍外运动场自由活动，以利于恢复体力，促进消化和泌乳。保持适宜的环境，注意通风换气，冬季注意保温，防止贼风侵袭；夏季注意防暑。舍温过高时，可给予哺乳母猪颈部滴水，降温效果较好。平时加强日常管理（图7-54）。

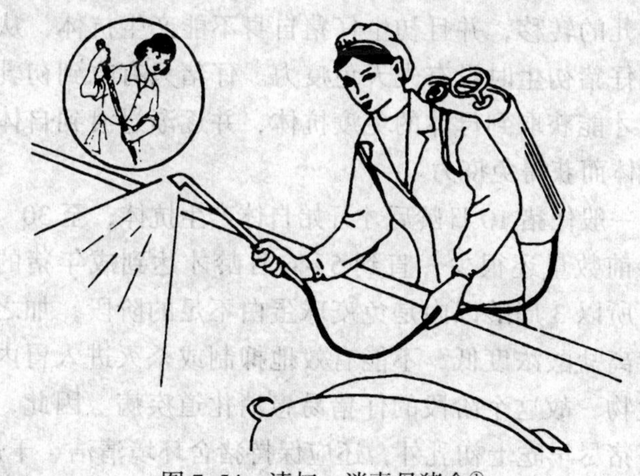

图7-54　清扫、消毒母猪舍①

①如图7-54所示，应及时清扫圈舍粪便，保持圈舍清洁、干燥、卫生，定期消毒和灭蝇。每2～3天消毒一次产栏和过道，以防止发生子宫炎、乳房炎、仔猪下痢等疾病。

（四）仔猪的饲养管理

哺乳仔猪和保育仔猪阶段是生长发育最快、可塑性最大、饲料利用效率最高和最有利于定向培育的阶段。加快仔猪的增重，提高哺育率和成活率是提高养猪生产水平和降低生产成本的关键。

1. 哺乳仔猪的养育

哺乳仔猪的生理特点 （1）*调节体温能力差*　仔猪出生时大脑皮层发育不够健全，通过神经系统调节体温的能力差。特别是刚出生的1~2天内，由于仔猪被毛稀疏、皮下脂肪少、保温隔热能力差，从母体带来的血糖（仅够维持乳猪数小时的需要）等营养少，遇到冷空气，血糖会很快降低，如不及时吃到初乳，很难成活。

(2) 缺乏先天免疫力，抗病能力较差 存在于母猪血清中的免疫球蛋白是一种大分子的γ-球蛋白，由于猪的胎盘构造复杂，这种免疫球蛋白不能通过母猪血管与胎儿脐带血管传递给仔猪，限制了母源抗体通过血液向胎儿的转移，并且初生仔猪自身不能产生抗体，从而导致仔猪初生时没有先天免疫力。仔猪只有吃到初乳以后，才能获取到母体的免疫抗体，并逐渐过渡到自体产生抗体而获得免疫力。

一般仔猪10日龄后才开始自体产生抗体，至30~35日龄前数量还很少，直到5~6月龄才达到成年猪的水平。所以3周龄以内是免疫球蛋白不足的阶段，加之胃内游离盐酸浓度低，不能有效地抑制或杀灭进入胃内的微生物，故这个阶段的仔猪易患消化道疾病。因此，除让仔猪尽早吃上初乳外，还应保持猪舍环境清洁、干燥，保暖和通风良好，防止贼风侵入，并注意饲料和饮水卫生。如果仔猪出现黄、白痢等消化道疾病时应及时治疗。

(3) 消化器官不发达，消化腺机能不完整 初生仔猪的消化器官重量轻、容积小，胃底腺不发达，缺乏游离盐酸，胃内仅有凝乳酶，胃蛋白酶很少，而且没有活性，不能消化蛋白质，特别是植物性蛋白质。这时只有肠腺和胰腺发育比较完全，胰蛋白酶、肠淀粉酶和乳糖酶活性较高，食物主要在小肠内消化。另外，食物通过消化道的速度特别快。所以，初生仔猪只能吃乳，消化母乳中简单的脂肪、蛋白质和碳水化合物，而不能食用植物性饲料。随着仔猪日龄的增长和食物对胃壁的刺激，盐酸的分泌量不断增加，到35～40日龄，胃蛋白酶才表现出消化能力，仔猪才可食用多种饲料，直到2.5～3月龄时盐酸浓度才接近成年猪的水平。

(4) 生长速度快、代谢机能旺盛　仔猪出生时体重虽然小，不到成年体重的1%，但生后生长发育很快（图7–55）。

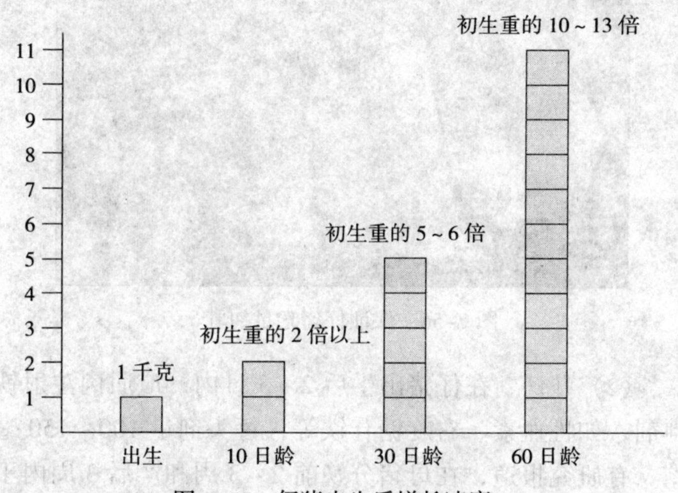

图7–55　仔猪出生后增长速度

仔猪生长快，是因为物质代谢旺盛，特别是蛋白质代谢和钙、磷代谢要比成年猪高的多。生后20日龄时，每千克体重沉积的蛋白质，相当于成年猪的30～35倍，每千克体重所需代谢净能为成年猪的3倍。所以，仔猪对营养物质的需要，无论在数量和质量上都高，对营养不全的饲料反应特别敏感，因此，对仔猪必须要保证各种营养物质的供应。

(5) 体内铁贮备少，易患缺铁性贫血　仔猪出生时含铁很少，仅45～50毫克，只能够其1周生长所需要。母乳是哺乳仔猪获得铁的惟一来源，但母乳中铁量很低，所以仔猪从8～12天就会出现缺铁现象。若同时伴有拉稀，而贫血则更为明显。

哺乳仔猪的饲养

（1）吃足初乳　仔猪出生后1小时内要人工辅助吃足初乳，如果初生仔猪吃不到初乳，则很难育活（图7-56）。

图7-56　保证仔猪吃足初乳[①]

①如图7-56所示，初乳中除了含有母源抗体外，还含有丰富的蛋白质、维生素和镁盐等。初乳酸度高，有利于消化，能增强仔猪的抗病能力，增进健康，提高抗寒能力，促进胎粪排出。

（2）补铁　在仔猪出生后2～3日内，应肌肉注射铁制剂，如牲血素、右旋糖苷铁等，每头剂量100～150毫克。有研究报道，在母猪分娩前2～3周和产后3周内于日粮内添加氨基酸螯合铁，可达到与仔猪生后注射铁剂同样的效果。

（3）提早开食补料　母猪泌乳高峰期为产后20～30天，40天后显著减少。母乳满足仔猪营养需要的程度是：3周龄为97%，4周龄为73%，8周龄为28%。因此，3周龄以前母乳基本可满足仔猪的营养需要，仔猪无需采食饲料。但为了3周龄后大量采食奠定基础，必须提早训练仔猪吃食（称开食），以刺激仔猪胃肠发育和分泌机能的完善，提高成活率，防止断奶后因营养性应激而导致下痢，为断奶的平稳过渡打下基础（图7-57）。

用于哺乳仔猪的饲料一定要具有营养全面、易消化、适口性好，有一定的抗菌能力，仔猪采食后不易拉

图 7-57　仔猪在补饲栏内拱食①

①如图 7-57 所示，一般从仔猪 7 日龄开始训练开食，起初可于补饲间或在料槽内撒放一些教槽料或开口料等让仔猪拱咬；也可采取强制的办法，每天将仔猪关进补料栏，限制吃奶而强制吃饲料。

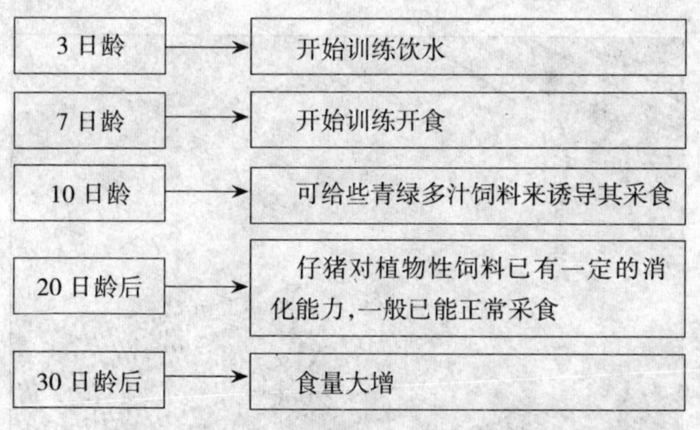

图 7-58　出生后仔猪的采食变化

稀等特点，最好是经膨化处理的颗粒料，保证松脆、香甜适口。

在按顿用食槽饲喂仔猪时，1 日至少喂 5～6 次。无论按顿还是自由采食，都必须保证供给充足的饮水，并保持饮水清洁卫生（图 7-59）。

哺乳仔猪的管理

（1）保温防压　初生仔猪体温调节能力差，所以保温是提高仔猪育成

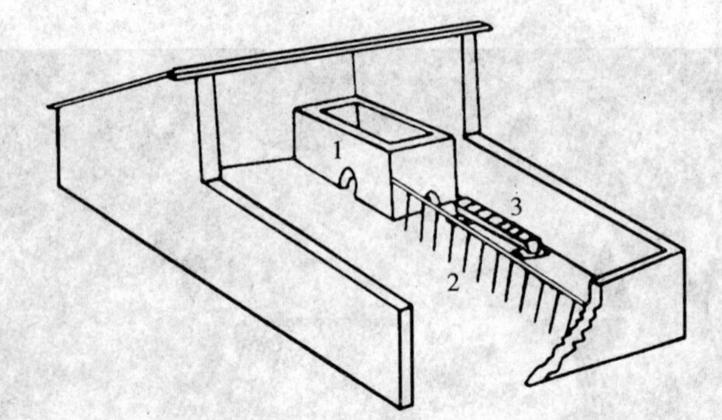

图 7–59 母猪圈内仔猪保温小圈及补饲栏[①]

1.保温小室 2.隔栏 3.补饲槽

率的关键性措施。保温的措施是单独为仔猪创造温暖适宜的小气候环境（图 7–60）。仔猪最适宜的环境温度见表 7–11。

图 7–60 安装护仔栏和红外线灯、电热毯等[②]

表 7 - 11 仔猪最适宜的环境温度

日龄	1～7	8～30	31～60
温度（℃）	32～28	28～25	25～23

（2）固定乳头 母猪放乳的时间较短（10 ~ 20 秒），而且母猪不同部位的乳头所分泌的乳汁数量也不尽相同，一般前排较多，后排较少。另外，初生仔猪有抢占多乳

①如图 7–59 所示，每个哺乳母猪圈都应装设仔猪补料栏，内设自动食槽和自动饮水器，强制补饲时可短时间关闭，以限制仔猪的自由出入，平时仔猪可随意出入，使其日夜都能吃到饲料。

②如图 7–60 所示，可在产栏内设置仔猪保温箱，内吊 1 只 250 瓦的红外线灯泡或铺仔猪电热板。另外，在产栏内安装护仔栏，防止仔猪被母猪踩死、压死。

奶头并将其占为己有的习性。如果仔猪吃奶的乳头不固定,则势必因相互争抢乳头而错过放乳时间,有时还会因争抢乳头时咬伤乳头而引起母猪拒哺，因此必须固定乳头。

(3) 剪牙　仔猪出生时就有 8 枚小的状似犬齿的牙齿，位于上下颌的左右各两枚。由于该种牙齿较尖锐，吮乳或发生争斗时极易咬伤母猪乳头或同伴，故应及时剪除。可使用消毒过(或火烧)的专用剪牙钳、平口钳剪或大指甲剪，将尖齿剪短 1/2（图 7–61）。

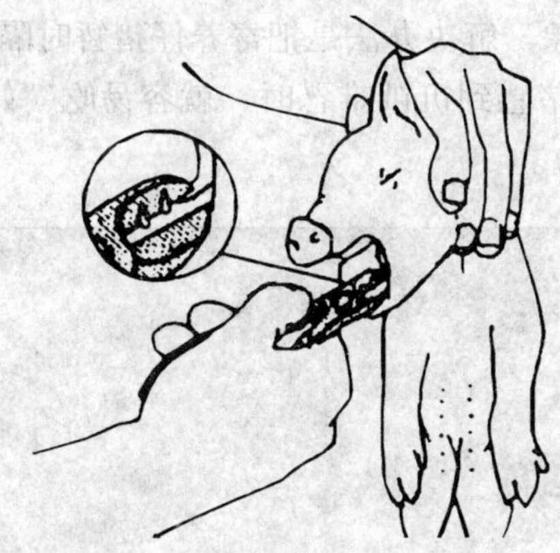

图 7–61　剪　牙[①]

(4) 断尾　为了预防仔猪断奶、生长或育肥阶段的咬尾现象，仔猪出生后应及时断尾。其方法是用钳子在距离仔猪身体 2～3 厘米处剪断，并用碘酊消毒断处（图 7–62）。同时注意，每次剪尾后一定要对钳子进行消毒。

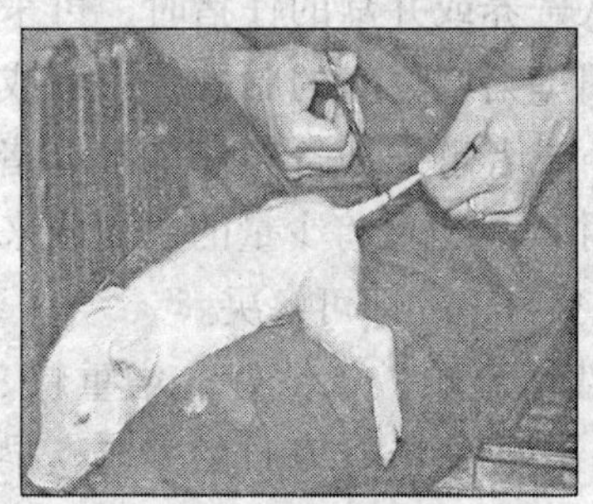

图 7–62　仔猪断尾示意图

①如图 7–61 所示，在剪牙时，要注意保定好仔猪，把握好剪刀，不要剪得太短，以免伤及腭骨或牙龈，剪后断齿要随时从口腔内清除，用碘酊给齿龈消毒。

（5）寄养与并窝　如果母猪的产活仔数超过有效乳头数，或母猪产后初期死亡，这时就要采取寄养或并窝，这样可提高母猪利用率。在寄养和并窝时应注意：①母猪产仔日期尽量接近，最好不要超过3～4天；②寄养的仔猪一定要吃到初乳；③后产的仔猪往先产的窝里寄养时要挑体格大的，先产的仔猪往后产的窝里寄养时要挑体格小的。

在寄养或并窝时往往发生寄养仔猪不认“妈妈”、拒绝吃奶的现象。解决办法是把寄养仔猪暂时隔奶2～3小时，等到仔猪感到饥饿难忍时，就容易吃“妈妈”的奶了（图7–63）。

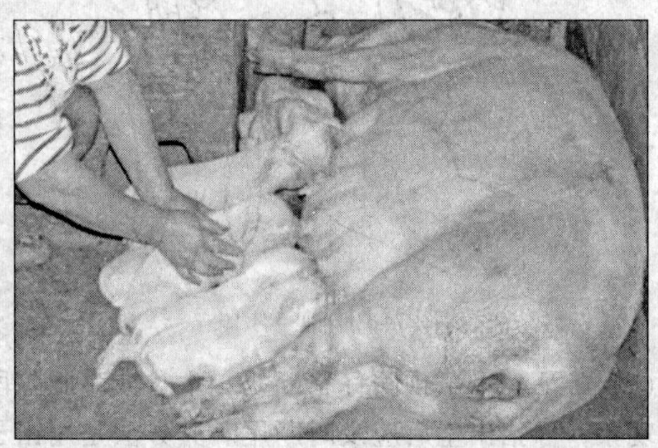

图7–63　人工辅助哺乳[①]

①如图7–63所示，如个别寄养仔猪不吃奶，可人工辅助把乳头放入仔猪口中，强制哺乳。重复数次后，仔猪尝到了甜头，就不会拒哺了。

如果发生“妈妈”不认寄养或并窝的仔猪时，可采取干扰母猪嗅觉的办法，用母猪产仔时的胎衣、尿液或垫草涂擦寄养仔猪的身体，或者事先把寄养仔猪和母猪亲生的仔猪放在一起2～3小时，也可将少量的白酒或来苏儿溶液喷到母猪鼻端和仔猪身上，即可解决。

（6）去势　去势的猪性情温顺、食欲好、增重快、肉质无异味。仔猪去势可在出生后15～20日龄完成，早去势应激小，伤口愈合好。瘦肉型母猪性成熟较晚，在高营养水平饲养条件下5～6月龄（体重达90～100千克）性成熟之前即可上市。所以，商品肉猪只需进行公猪去势，而不需进行母猪去势。

2. 保育仔猪的养育

保育仔猪的生长发育特点 保育仔猪[①]仍处于生长发育时期，这一时期绝对生长继续递增，日消耗饲料量表现为递增趋势。仔猪消化机能继续发育，并趋于完善。40日龄后，胃蛋白酶已具有消化蛋白质的能力；45日龄后，胃和神经系统间机能联系已形成，可出现条件反射；消化液中胆汁分泌增加，脂肪酶、蔗糖酶、麦芽糖酶的活性增加，能较好地消化植物性饲料；由于各项机能趋于完善，仔猪食欲旺盛，采食量增大，饲料利用效率增高，即出现旺食现象。如能充分利用仔猪这一阶段的生理特点，就能使仔猪的生长发育速度达到理想水平。

断奶仔猪的免疫机能尚不健全。仔猪自身免疫力是在出生后4周龄后才真正形成的，况且由于断奶，机体的抗体水平降低；再加之断奶应激，抑制了细胞免疫力，使仔猪抵抗疾病能力减弱，易患腹泻等疾病。特别是2～3周龄早期断奶的仔猪表现出明显的免疫抑制现象；在低温应激下，仔猪的免疫抑制更加明显。所以，提高早期断奶仔猪的免疫力也很重要。

仔猪断奶的方法 仔猪断奶时间关系到母猪年产仔窝数和育活仔猪头数。一般工厂化、集约化养猪场，仔猪可在3～4周龄断奶，农村农户养猪可在4～5周龄断奶。仔猪断奶可采取逐渐断奶法、分批断奶法和一次断奶法。三种断奶方法的比较见表7-12。

早期断奶的优点 （1）缩短母猪繁殖周期，提高母猪年生产力 母猪年产仔窝数＝365/（妊娠期＋哺乳期＋空怀期）。妊娠期、哺乳期和空怀期

①保育仔猪又称断奶仔猪，断奶是继出生后的第二次大转变，即由依靠母猪生活过渡到完全独立生活。培育好断奶仔猪至关重要。

表 7-12　三种断奶方法的比较

方　法	基本方法	优点	缺　点
逐渐断奶法	断奶前 4～6 天开始控制母猪和仔猪的接触与哺乳次数，并逐渐减少母猪饲料的日喂量，使仔猪由少哺乳到不哺乳有一个适应过程，以减轻断奶应激对仔猪的影响	减少仔猪换料应激	比较麻烦，而且费工费力
分批断奶法	在母猪断奶前 7 日左右先从一窝中取走一部分体重较大的仔猪断奶，让弱小仔猪继续哺乳一段时间再断奶	有利于仔猪的生长发育，断奶仔猪体重均衡	会延长哺乳期，影响母猪的繁殖成绩
一次断奶法	在仔猪预计断奶前 3 天时，开始逐渐减少哺乳母猪饲料的日喂量，到断奶日龄时将母猪一次隔出，仔猪留在原圈饲养	省工省时，便于操作	断奶方法来得突然，会引起仔猪应激，导致母猪烦躁不安或发生乳房炎，对母猪和仔猪均不利

之和即为繁殖周期。猪的妊娠期一般为114 天；哺乳期和空怀期可人为干预调整，直接影响繁殖周期的长短。实施仔猪早期断奶，可缩短母猪哺乳期，提高母猪年生产力。母猪哺乳期缩短还可以减少母猪体重消耗，断奶后能迅速发情再配种，可进一步缩短繁殖周期，提高母猪年产仔窝数。

（2）*提高饲料利用效率*　在哺乳期间，通过哺乳母猪采食饲料而分泌出乳汁，仔猪再吸食母乳，这一转化过程，饲料利用率约为 20%；而仔猪直接进食饲料的利用率可高达 50%左右。因此，早期断奶提高了饲料利用率，减轻了排泄物等对环境造成的压力。

（3）*有利于仔猪的生长发育*　早期断奶的仔猪，刚断奶时增重较慢，适应后增重加快。研究表明，21～35 日龄断奶仔猪，其生长发育状况较 60 日龄断奶仔猪整齐。原因是 35 日龄前仔猪的营养主要来自母乳，而各乳头泌乳量不同，因而仔猪此间往往发育不均匀。

早期断奶的仔猪在人为饲养管理条件下，可获得机体所需的各种营养物质和适宜的环境条件；在哺乳期生长缓慢的仔猪，断奶后由于生长的补偿作用而进食相对较多，生长较快，体重就可逐渐追赶上来，到60日龄时仔猪的生长发育就较为均匀。另外，早期断奶可减少仔猪被母猪踩死、压死，以及因粪便污染而导致仔猪患病或死亡的机会，因而早期断奶可提高仔猪育成率。

(4) 提高分娩猪舍和设备的利用率　实行仔猪早期断奶，可以缩短哺乳母猪占用产仔栏的时间，从而提高每个产仔栏的年产仔窝数和断奶仔猪头数，相应降低了一头断奶仔猪的产栏设备的生产成本。

保育仔猪的饲养

(1) 饲料过渡　仔猪断奶后，要保持原来的饲料1周内不变，并添加适当的抗生素、维生素和氨基酸，以减轻应激。1周之后开始更换饲料，每天替换20%，经过5天过渡到保育仔猪料。保育仔猪饲料要求含有优质蛋白质、高能量和丰富的维生素、矿物质等，且易于消化。

(2) 饲养制度过渡　仔猪断奶后2周内，饲喂次数不变（5～6次），2周后逐渐减少饲喂次数（4～5次）。断奶后1周之内应控制采食，每次饲喂量不宜过多，不要让仔猪吃得过饱，以七八成饱为宜，以防止仔猪拉稀，1周以后再逐渐增加饲喂量。

保育仔猪的管理

(1) 环境过渡　仔猪断奶的最初几天，常表现为精神不安、鸣叫、寻找母猪。为了减轻仔猪的不安，最好采取赶母留仔的方法，即将仔猪留在原圈内1周，1周后原窝转入保育舍。如原窝仔猪头数多少不一，需要重新分群时，应按体重、强弱分群饲养。并注意保持圈内适宜的温度（30～40日龄为21～22℃），41～60日龄为21℃，61～90日龄为20℃）和相对湿度（65%～75%），保证清洁卫生和空气新鲜。

（2）调教管理　对新转群的断奶仔猪，要及时进行调教管理，使其逐渐养成在固定位置排便、睡卧、进食和饮水的习惯。对不到指定地点排便的仔猪可人为哄赶，一般经过3～5天的训练即可形成定位（图7–64）。

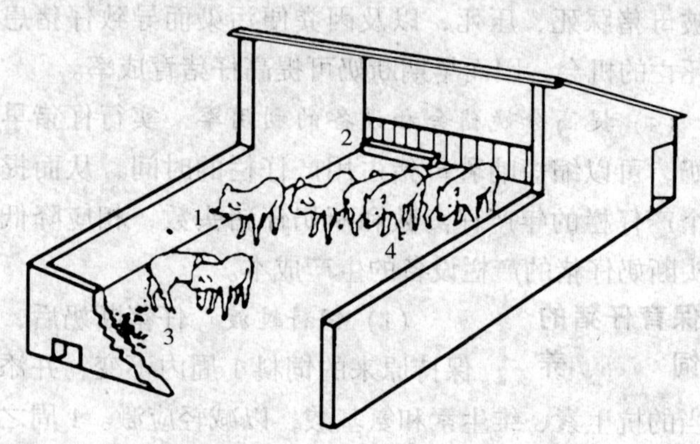

图7–64　仔猪四定点示意图①

1.饮水点　2.采食点　3.排便点　4.睡卧点

有条件的规模化猪场，可实行仔猪网上培育。其优点：①仔猪离开地面，减少了冻结地面传导散热的损失，提高了饲养温度；②由于粪尿、污水能随时通过漏网漏到粪尿沟内，减少了仔猪接触污染的机会，床面清洁卫生、干燥，能有效地遏制仔猪腹泻病的发生和传播；③哺乳母猪饲养在产仔架内，减少了压踩仔猪的机会。所以，能提高仔猪成活率、生长速度、个体均匀度和饲料利用率。

（3）环境消毒　仔猪转入保育舍前应将圈舍彻底打扫干净，并用2%火碱等消毒液消毒。

（4）防寒防暑　冬季要防寒保温，保持猪舍干燥、温暖，防止仔猪感冒、拉稀；夏季要防暑降温，可采取通风、洒水、遮阳等方法降低舍内温度。

①如图7–64所示，仔猪保育栏内可分为采食区、睡卧区和排泄区，调教的方法是诱导仔猪到排泄区排便，排泄区内的粪便暂时不清扫，其他区的粪便可人为及时清除干净。

(五) 肥育猪的饲养管理

1. 肥育猪的生长发育特点

根据肥育猪的生理特点和发育规律，按猪的体重将其生长过程划分为二个阶段，即育肥前期（生长期）和育肥后期（肥育期）（表 7–13）。

表 7 - 13　生长期与肥育期的特点

期别	阶　段	生长发育特点
生长期	20～60 千克	机体各组织、器官的生长发育功能不很完善，尤其是刚刚20千克体重的猪，其消化系统的功能较弱，消化液中某些有效成分不能满足猪的需要，影响了营养物质的吸收和利用，并且此时猪只胃的容积较小，神经系统和机体对外界环境的抵抗力也正处于逐步完善阶段（图 7 - 65） 此阶段主要是骨骼和肌肉的生长，而脂肪的增长比较缓慢
肥育期	60 千克至出栏	各器官、系统的功能都逐渐完善，尤其是消化系统有了很大发展，对各种饲料的消化吸收能力都有很大改善；神经系统和机体对外界的抵抗力也逐步提高，逐渐能够快速适应周围温度、湿度等环境因素的变化 此阶段猪的脂肪组织生长旺盛，肌肉和骨骼的生长较为缓慢

图 7–65　育肥期肥育猪

肥育猪的饲养

（1）营养水平　肥育猪日粮中能量和蛋白质水平的高低对胴体品质影响极大。一般来说能量摄取越多，增重越快，饲料利用率越高，胴体脂肪越多。因此，在育肥后期采取限量饲喂，限制能量水平，就可控制脂肪的大量沉积，相应提高瘦肉率。

应该注意的是，能量水平控制要适当。如能量水平限制过低，将会导致采食量增加，但由于进食量有限，到一定程度后进食量的增加不能完全补偿食入消化能的减少，这时，猪的增重减慢，脂肪减少，胴体较瘦，屠宰率和饲料利用率均降低。用这种方法来改善胴体品质、提高瘦肉率是不经济的。与能量浓度密切相关的是粗纤维的含量问题，对胴体瘦肉率亦有相当大的影响。粗纤维水平越高，能量浓度相应越低，增重越慢，饲料利用率越低。对胴体品质来说，瘦肉比例虽有提高，但利用增加粗纤维的比例来提高瘦肉率，其经济效果也不好。一般肥育猪日粮粗纤维含量以5%～8%为宜。

同样，提高日粮中的蛋白质水平，除了可提高日增重外，还可以获得背膘薄、眼肌面积大、瘦肉率高的胴体。但用提高蛋白质水平的方法来改善肉质是不经济的，一般肥育猪的蛋白质水平以不超过18%为宜。蛋白质对增重和胴体品质的影响，关键在于质量，即氨基酸的平衡。猪需要10种必需氨基酸，缺乏任何一种都会影响增重，尤其是赖氨酸、蛋氨酸和色氨酸等限制性氨基酸更为重要。

日粮中应含有足够数量的矿物质和维生素，特别是矿物质中某些微量元素的不足或过量时，均会导致肥育猪代谢紊乱。轻者增重速度缓慢，饲料消耗增多；重者能引发疾病，甚至死亡。

（2）饲养方式　育肥猪的饲养方式主要有两种：直

线育肥和前敞后限（表7–14)。①直线肥育的饲养方式：肥育前期，日喂3~4次，不限量饲喂，自由饮水；肥育后期，日喂2~3次，不限量饲喂，自由饮水。②前敞后限的饲养方式：肥育前期，日喂3~4次，不限量饲喂，自由饮水；肥育后期，日喂2~3次，限量饲养，按随意采食量的80%~85%饲喂，自由饮水。或适当降低肥育后期日粮能量和蛋白质水平，不限量饲喂。肥育期日粮以精料型为主。

表7-14　生长期与肥育期的特点

饲养方式	基本内容	特　　点
直线肥育	根据肥育猪不同生长发育阶段的营养需要给予相应的营养，全期实行丰富饲养的肥育方式	肥育期短，但饲料利用不经济，胴体较肥
前敞后限	肥育前期采用高能量、高蛋白质日粮，敞开饲喂，以促进增重和肌肉充分生长；肥育后期适当限制其采食量或降低日粮能量及蛋白质水平，让猪自由采食，以减少脂肪的沉积	胴体较瘦，饲料利用经济，但肥育期稍长

肥育猪的管理

（1）合理组群　肥育猪入舍后，按猪的品种、体重大小、体质强弱等相近的原则组群，每群10~20头为宜。组群后要保持稳定，避免互相干扰、争斗。

根据群众经验，分群时应掌握以下原则：①实行三段分群法，即在猪的断奶、小架子和中架子三个不同的发育阶段，把体型、体重、性格、吃食快慢等方面相近似的猪挑出来合群饲养。②同一群猪的体重相差不能太大。③对于群内个别性情暴躁或过于瘦弱的猪，应当挑出来另行饲养。④每次分群后，经过一段时间的饲养，还会发生体重不均匀的现象，应及时调整转群。⑤进行并群时，为了避免猪只打架、咬架，应当采取留弱不留强、拆多不拆少、夜并昼不并的方法。就是说，应当把头数少而强的猪并入头数多而弱的猪群内，或把猪少的群留在原圈，把猪多的群并入小群。并群最好在夜间进行。每猪群的数量和饲养密度，应根据猪舍设备、机械化程度、猪群状况等方面的情况来确定（图 7-66）。

图 7-66　群养猪[①]

①如图 7-66 所示，猪群的数量和密度，一般 7～30 千克体重的猪占猪圈的面积为 0.4～1.2 米²/头，30～100 千克的猪占猪圈的面积为 1.2～1.5 米²/头。

（2）细心调教　肥育猪组群后要及时进行调教，逐渐养成在固定位置排便、睡觉、进食和饮水的习惯。

（3）合理的温度、湿度、光照和通风

①温度和湿度：猪舍的温度和湿度是保证猪正常生长的重要条件。猪舍温度过高或过低对猪的生长都不利。肥育猪适宜的猪舍温度是随猪的体重而变化的，舍内相对湿度一般在 65%～75%。湿度过大，会给各种微生物创造生活与繁殖条件，对垫料内正常菌群的繁殖有影响；舍温低、湿度大，又会使猪感到寒冷，影响生长(图 7-67)。

②光照：一定的光照强度有利于提高猪的日增重，但光照过强可使日增重降低，胴体较瘦；光照过弱能增加脂肪沉积，胴体较肥，必须注意控制。

③通风换气：发酵床高密度饲养的肉猪一年四季都

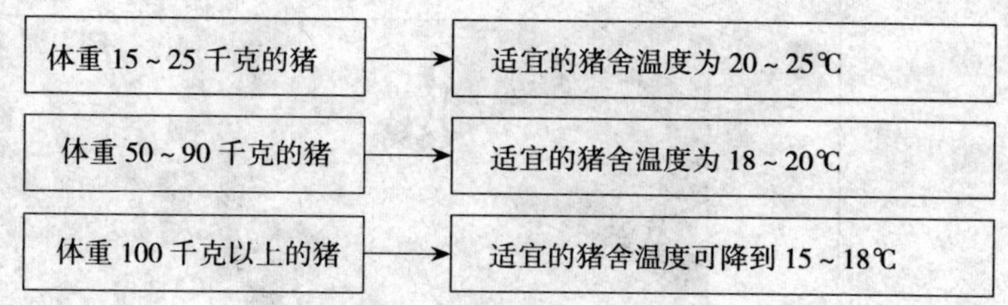

图 7–67 育肥期适宜的舍温

须通风换气，但是在各季必须解决好通风换气与保温的矛盾，不能只注意保温而忽视通风换气，这样会造成舍内空气卫生状况恶化，减少肉猪增重和增加饲料消耗。密闭式猪舍一般要保持舍内温度 15～20℃，相对湿度 55%～75%；冬、春、秋季空气流速应为 0.2 米 / 秒、夏季为 0.25 米 / 秒；每头肉猪每小时换气量，冬季为 45米^3、春秋季为 55 米^3、夏季为 120 米^3。

④防寒防暑：肥育猪生长的适宜温度为 15～23℃，气温过高时，采食量显著下降，增重速度降低甚至减重；气温过低，虽然采食量增加，但用于维持消耗能量增多，同样降低增重速度或导致减重。因此，冬季要注意防寒保暖，可采用节能保温猪舍，并配合高密度、厚垫草、窝满圈等技术；夏季要注意防暑降温，可采取喷雾凉水、通风、遮阳等方法，并供给充足的清凉饮水。

（4）供应充足清洁的饮水　夏季要供给相当于饲料重量 5 倍的水；冬季要供给 2～3 倍的水。饮水的设备以自动饮水器最佳。在无自来水条件下可在圈内的一侧单独设置饮水槽，经常保持充足而清洁的饮水，让猪自由饮水（图 7–68）。

（5）去势、驱虫及预防注射

①去势：目前，在集约化养猪生产中多数母猪不需去势，公猪采用早期去势，这是有利于肉猪生产的措施。近年来提倡仔猪生后早期（7 日龄左右）去势，以利于术

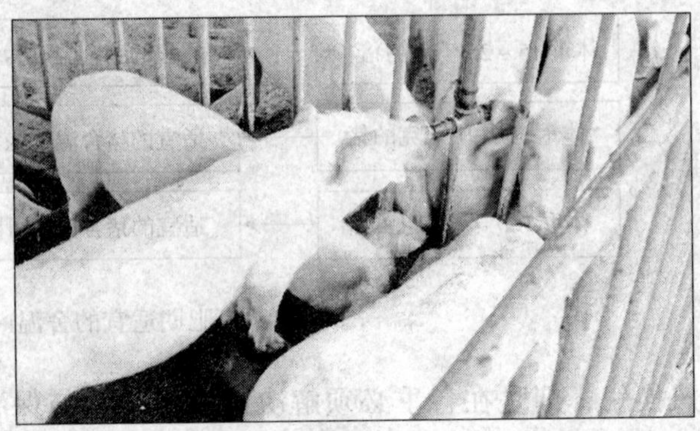

图 7-68 猪只自由饮水①

后恢复（图 7-69）。

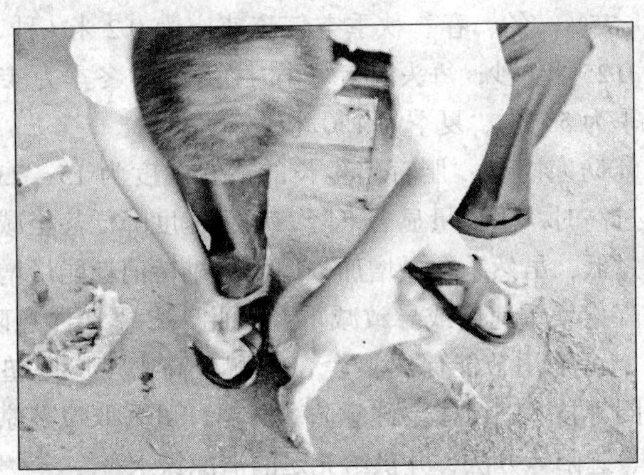

图 7-69 仔猪去势②

②驱除蚊蝇和寄生虫：肉猪的寄生虫主要有蛔虫、疥螨和虱子等体内外寄生虫，通常在 90 日龄时进行第 1 次驱虫，必要时在 135 日龄左右时再进行第 2 次驱虫。

驱除猪蛔虫常用驱虫净，按每千克体重 20 毫克；或丙硫苯咪唑，每千克体重 100 毫克，拌入饲料中 1 次喂服。驱除疥螨和虱子常用敌百虫，按每千克体重 0.1 克溶于温水中，再拌和少量精料空腹喂服。

夏秋季节，可于猪舍门窗上安装纱网，防止蚊蝇等

①如图 7-68 所示，正常情况下，要给猪提供充足而清洁的饮水。饮水槽要勤刷，水要勤换，注意保持饮水卫生。

②如图 7-69 所示，给仔猪（一般只对公猪）去势，有利于仔猪生长发育，通常以地方猪种 4 周龄，引入品种 1~3 周龄去势为宜。

飞虫进入（图 7-70）。

图 7-70　安装纱网[①]

①如图 7-70 所示，在蚊蝇较多的夏、秋季节，可于猪舍门窗上安装纱网，以防蚊蝇等飞虫进入猪舍。

③预防注射：必须制订科学的免疫预防接种程序，重点做好猪瘟、猪呼吸和繁殖综合征、猪气喘病、猪肺疫、仔猪副伤寒、口蹄疫等传染病的预防接种（图7-71）。

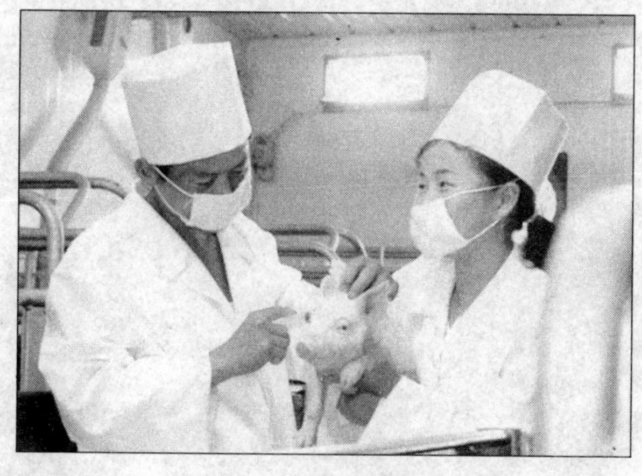

图 7-71　预防注射[②]

②如图 7-71 所示，严格按照免疫预防注射。并根据当地猪传染病流行情况，及时采血检测各种疫病的效价，防止发生传染病。

（6）适时出栏　瘦肉型肥育猪适宜出栏时间的确定，一要考虑猪的胴体品质，二要适应消费者要求，三要考虑经济效益。如果猪的体重过大，则增重成分中的脂肪比例高，胴体瘦肉率低，每单位增重所消耗的饲料增加，从而增加养猪成本，降低养猪效益；但若体重过小，则屠宰率低，产肉量和脂肪少，水分多，肉质欠佳，每单位体重负担母猪成本增大，从而降低养猪效益（图7-72）。

图 7-72　育肥猪应适时出栏①

①如图 7-72 所示，不同猪种适宜出栏体重有差异，早熟易肥小型猪种，以 70～80 千克出栏为宜，而大型瘦肉型猪以 90～110 千克出栏为宜。

八、现代化养猪与传统养猪

目标

- 了解现代化养猪与传统养猪的区别
- 掌握现代化养猪场的特点、优点及养猪规模的确定
- 掌握现代化养猪生产工艺

（一）现代化养猪与传统养猪的区别

1. 传统养猪

传统养猪是以分散饲养、户营为主的饲养方式。饲养数量较少，一般只有几头，多的也只有十余头；养猪业仅作为家庭副业，饲料以青粗饲料为主，精饲料喂量少；种母猪多为地方猪种，肉猪主要是含本地猪血缘的杂种一代猪（图 8-1 和图 8-2）。

图 8-1　传统开放式猪舍①

①如图 8-1 所示，传统养猪猪舍简陋，缺乏必要的保温或降温设施，受自然条件影响较大，哺乳仔猪死亡率高，育成率低。

图 8-2 传统养猪方式①

① 如图 8-2 所示，传统养猪种猪的生产水平低，肉猪生长慢，育肥期长，90 千克体重的猪饲养时间一般要在 200 天以上，肉猪胴体瘦肉率一般为 40%～50%，脂肪含量为 30%～40%。

②规模化养猪指生产单位或专业户在一定的环境条件下，以商品生产为基本特征，通过对资金、技术、管理等诸多生产力要素的扩大、质量的提高和结构的调整，在提高生产效率的基础上，取得规模经济效益的养猪方式。

2. 现代养猪

现代养猪的概念 现代化养猪指广泛采用现代科学技术和设施装备养猪产业，按照工业生产方式组织养猪生产、进行集约化经营的生产方式。现代化养猪包括规模化养猪②、工厂化养猪等方式。规模化养猪是现代化养猪的初级阶段，工厂化养猪是现代化养猪的高级阶段。

衡量现代化养猪生产的标准是：饲料转化率高；具有适宜的规模，能发挥最佳的技术水平和劳动生产率；经济效益好。

在养猪生产中，只要使用优良的猪种、全价的饲料，进行严格的防疫，获得较高的经济效益，不管采用什么设施都可称为现代化养猪。养猪生产现代化的过程，是采用现代科学技术改造传统养猪生产的过程，提高养猪生产各个环节的科技含量，目的是提高产品质量，获得更高的经济效益。

现代化养猪的特点 (1) 用现代化的设施、设备来装备猪场 现代化养猪应根据不同地区的气候特点和经济条件，设计出符合本地实际的，能适应各类猪群生物习性、生理需求和生产要求的，又便于组织全进全出[①]各工艺流程猪群数量相适应的专用猪舍。养猪生产从给料、供水到清粪的全过程，以及猪舍温度、通风、湿度的调节都采用机械化和自动化控制，能极大地减轻劳动强度，提高生产效率(图 8-3)。

①全进全出指同一批猪群同时转入、同时转出，按节拍转群进行生产，全年不分季节均衡生产的生产方式。

a

b

图 8-3　现代化养猪与传统养猪的比较[②]

②如图 8-3a 所示，传统养猪 1 个劳动力最多只能饲养 250～300 头肉猪或 20～30 头母猪。

如图 8-3b 所示，现代化养猪场，1 个劳动力一般可饲养 3 000～4 500 头肉猪或 100～200 头母猪。

(2) *选用性能优良的猪品种（品系），使品种（品系）杂交化*　现代化养猪拥有一个以育种场（核心群）为核心、繁殖场（繁殖群）为中介和商品场（生产群）为基础的优良遗传素质、高生产性能的宝塔式繁育体系，它能按照统一的繁育计划把核心群的优良基因迅速地传递给商品生产群，或者将专门化配套体系的生产模式引入到现代化养猪工艺之中，使商品猪表现出较高的生产水平。

(3) *按繁殖过程安排工艺流程*　现代化养猪把养猪生产中的母猪配种、妊娠、分娩、仔猪哺乳、小猪育成和肥育等生产环节有机地联系了起来。按照这一过程将猪群分为公猪群、繁殖母猪群、仔猪保育群和生长育肥群。其中繁殖母猪群又可分为后备母猪群、待配母猪群、妊娠母猪群和分娩泌乳母猪群，并形成了一条连续流水式的生产线，有计划、有节律地进行常年均衡生产。整个生产的工艺流程如图 8-4 所示。

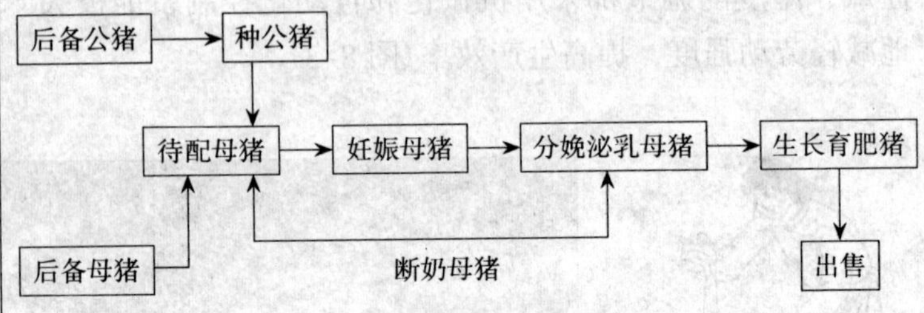

图 8-4　现代化养猪生产工艺流程

(4) 应用现代营养科学，保证饲料全价平衡　现代化养猪拥有一支较高文化素质水平、技术水平和管理能力的职工队伍，能根据猪的不同生长阶段和生长发育规律，按照猪的生长要求和猪的营养需要，配制营养平衡的饲料配方，再加工成适合于各类猪群的各种饲料产品。不仅保证了猪的全价营养的平衡供应，最大限度地发挥猪的生产潜力，而且大大提高了饲料利用率，起到了节省饲料降低成本的作用。

(5) 养殖规模化　它包括集约化和工厂化养猪。集约化和规模化养猪只是高密度的饲养方法，是现代化养猪的初级阶段；而工厂化养猪则是在集约化的基础上程序化，其生产体系是一项系统工程，即应用现代科学技术理论将各生产工艺群，按计划组织同步配种、同步产仔、同步断奶、同步专群、同步上市，按计划、按批次做到全进全出的生产方式。

(6) 生产一体化　现代化养猪生产与经营、屠宰、加工相结合，向养猪联合企业方向发展，即由一个公司独立开展养猪的全部生产经营活动，它甚至包括种猪的育种和生猪屠宰（即肉品加工企业）。独立享受养猪的利润和承担风险。科研和生产单位结合，二者又与相关部门、设备制造厂、建材制造商、饲养场等相互结合，组成相对松散型集团公司（合作社），实行专业化经营、配套化生产。

（7）严格的兽医卫生防疫制度和措施　现代化养猪场拥有严格的兽医卫生制度、科学的疫病免疫程序、驱虫程序和符合环境卫生要求的污物、粪便处理系统，以及相应的措施。

3. 现代化养猪与传统养猪的区别

生产目的与经营方式　现代化养猪以获得较高的经济效益为目的，采用的是专业化、商品化的经营方式；传统养猪则是家庭副业，采取分散饲养的经营方式，以小钱存大钱、解决积肥、自食为主要目的。

猪品种及经营规模　现代化养猪饲养的种猪为瘦肉型良种猪，饲养数量多，品种规格一致；肉猪是按拟定的杂交组合生产，产品质量高，经营规模大，少则几百头，多则数千头、数万头；传统养猪饲养的种猪主要是地方猪种，肉猪主要是含地方猪血缘的杂种一代，饲养头数少，种猪 1 ~ 5 头，出栏肉猪一般 10 头以下。

饲料及饲养方式　现代化养猪按现代化养猪生产工艺流程方式组织生产，建有与不同生理生长阶段猪群相适应的符合猪生物学特性的专门猪舍，能基本满足各类猪群对环境条件的要求，部分环节达到人为控制，受自然条件影响小；传统养猪圈舍简陋，黑暗潮湿，冬季不保温，夏季不防暑，受自然条件影响很大。

生产效率与饲养效果　现代化养猪的生产效率明显高于传统养猪（图 8–5 和表 8–1）。

①如图 8-5 所示，现代化养猪，一般母猪平均年产胎次 2.5 次，仔猪成活率 90%以上，育成率 95%以上。

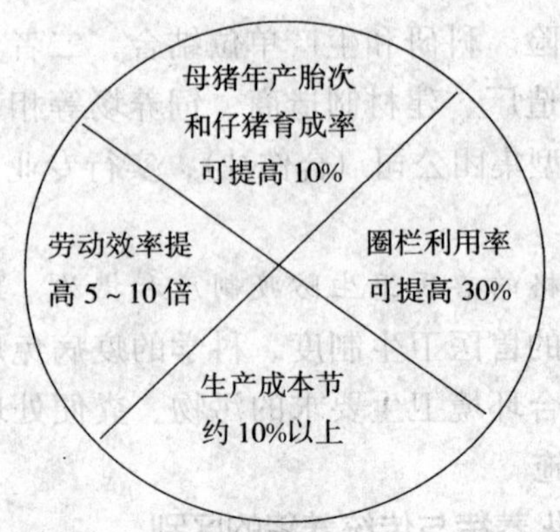

图 8-5 现代化养猪的生产效率效果①

表 8-1 不同方式的饲养效果比较

项目	现代化养猪	传统养猪
肉猪出栏月龄	5～6	8～12
出栏体重（千克）	90～110	150 左右
出栏率（%）	180	92
育肥期日增重（千克）	760	300
每千克增重耗料（千克）	＜3.5	＞4.5
胴体背膘厚（厘米）	＜3.0	＞4.0
胴体瘦肉率（%）	＞65.5	40 左右

土地资源 现代化猪场可节省大量的土地资源，比传统养猪场大大提高了土地和人工的利用率。年产万头肉猪生产线占地面积、猪舍的建筑面积及饲养人员的情况比较见表 8-2。

表 8-2 年产万头肉猪生产线对照表

饲养方式	占耕地（公顷）	猪舍建筑（米²）	饲养繁殖母猪（头）	饲养人员数
现代化养猪	1.3	5 000	550	4～6
传统养猪	4.7	14 000	700	＞20

疫病防制 现代化猪场有完整严格的防疫体系，猪只健康可得到保护；传统养猪由于处于较分散状态，不易建立起防疫体系，一旦有重

大传染病，不易控制，经济损失较大。

（二）现代化养猪场的类型

现代化养猪场类型的划分因划分标准不同而异。根据养猪场年出栏商品肉猪的生产规模，现代化养猪场可分为3种基本类型，即大型规模化猪场、中型规模化猪场和小型规模化猪场（图8-6）。

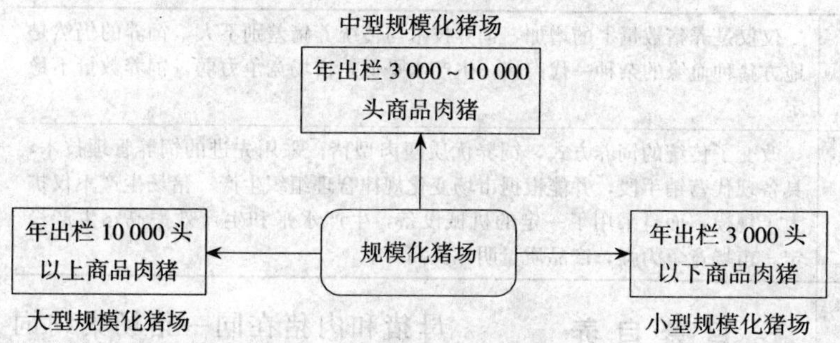

图8-6　规模化猪场的划分

根据养猪场生产任务和经营性质的不同，又可分为4种基本类型，即母猪专业场、商品猪专业场、自繁自养专业场和公猪专业场。

母猪专业场　以饲养种猪为主，除少数母猪专业场饲养地方猪种，以达到保种目的外，一般饲养的都是良种母猪，如长白猪、大约克夏猪、杜洛克猪以及培育品种或品系。母猪专业场又包括两种类型（图8-7）。

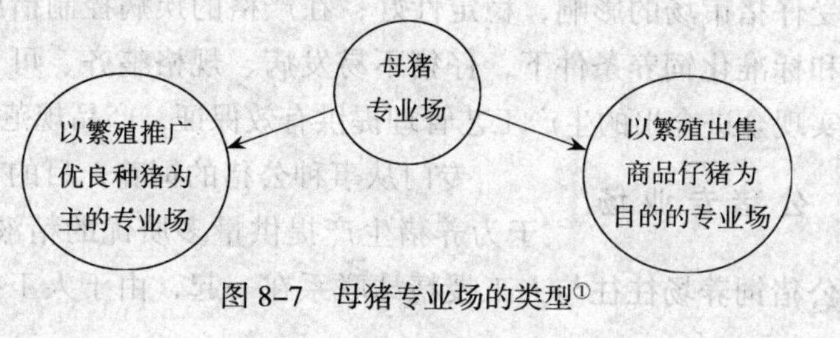

图8-7　母猪专业场的类型①

①如图8-7所示，目前全国各地的种猪场多属于以繁殖推广优良种猪为主的母猪专业场；另一种类型并不多见。

商品肉猪专业场 商品肉猪专业场专门从事肉猪育肥，以生产肉猪为经营目的。目前，我国商品肉猪专业场包括两种类型，一种是以专业户为代表的数量扩张型，该类型是规模化养殖的初级类型，在广大农村普遍存在；另一种是通过资金、技术和设备武装的较大规模的养猪形式，这种形式又被称为现代化密集型。两类型猪场的区别见表 8-3。

表 8-3　商品肉猪专业场特点

数量扩张型	仅仅是养猪数量上的增加，饲养技术与传统养猪差别不大，饲养的仍然是地方猪种血缘的杂种一代肉猪，生产水平低，市场竞争力弱，饲养数量不稳定
现代化密集型	改变了传统的饲养方式，饲养优质瘦肉型猪；采用先进的饲养管理技术，具备现代营销手段，并能根据市场变化规律合理组织生产；猪场生产不仅扩大了规模，而且采用了一定的机械设备，生产水平和生产效率高，生产稳定，市场竞争力强，产品质量明显提高

自繁自养专业场 母猪和肉猪在同一猪场集约饲养，自己解决仔猪来源，以生产商品猪为主，在一个生产区培育仔猪，在另一个生产区进行育肥，我国大型、中型规模化商品猪场大多采取这种经营方式。

自繁自养专业场要求种猪应是繁殖性能优良、符合杂交方案要求的纯种或杂种，如培育品种（系）或引入种猪及其杂种，来源于经过严格选育的种猪繁殖场；杂交用的种公猪，最好来源于育种场核心群或者经种猪性能测定中心测定的优秀个体。仔猪来源于本场种猪，不受仔猪市场的影响，稳定性好；在严格的疾病控制措施和标准化饲养条件下，仔猪不易发病、规格整齐、可为实现全进全出的生产工艺管理提供有效保证，产品规范。

公猪专业场 专门从事种公猪的饲养，目的在于为养猪生产提供量多质优的精液。公猪饲养场往往与人工授精站联系在一起，由于人工授精技术的推广与应用，进一步扩大了种公猪的影响面，既加快了猪品种的改良，又提高了经济效益。

饲养的种公猪包括长白猪、大约克夏猪、杜洛克猪等主要引进品种和培育品种（品系），饲养数量取决于当地繁殖母猪的数量，如繁殖母猪数量为50 000头，按每头公猪年承担400头母猪的配种任务，则需要种公猪125头，公猪年淘汰更新率如为30%，还需饲养后备公猪40头，因此该地区种公猪的饲养规模为165头。而利用人工授精技术饲养种公猪的数量可酌减。

表8-4　各种类型专业场的要求及特点比较

猪场类型	固定投入	技术条件要求	收　入	其　他
母猪专业场	占地面积大，征地投入高；修建的猪舍技术要求复杂，猪舍的种类多、固定投入大	母猪分群饲养，在母猪发情配种、妊娠诊断、分娩、仔猪哺育和保育等生产环节上技术要求高	主要是出售仔猪或后备种猪，以及淘汰母猪的收入	受外界影响因素较多，饲养周期较长
商品肉猪专业场	肉猪饲养密度大，占地少，猪舍类型少，基本建设要求不高，固定投入低	肉猪场经营猪群单一，其技术要求相对简单	主要是出售肥猪的收入	饲养周期短，资金周转快
自繁自养专业场	占地面积大，各种类型的猪舍必须专用，包括征地、猪舍猪栏、设备及附属建筑物等投入高，占有固定资金数量最大	要求根据猪的不同生理阶段要求，按照现代化养猪生产科学管理方法和工艺流程进行，技术要求较高	降低自主的生产成本，提高饲养母猪的效益和增加出售肥猪的收入	要求拥有从事遗传育种、饲料营养、疾病控制等各类科技人才、管理者和经营者
公猪专业场	种公猪多单圈饲养，需要运动场，占地面积较大	对种公猪的饲养管理技术要求高	主要是配种，以及出售少量淘汰公猪的收入	开展人工授精技术可大大降低成本

（三）养猪规模的确定

现代化养猪生产的效益就是规模效益。养猪规模的发展受多种因素包括经济、技术、管理、市场等的制约，因而规模既不能过小，也不能过大，更不是越大越好，而是要建立一个适度规模的猪场，以求用合理的投入，产生较好的经济效益。

1. 影响养猪规模的主要因素

生产力水平　生产力水平是影响养猪规模的决定因素。随着生产力水平的提高，大规模养猪的条件越来越成熟。但在养猪生产水平比较低的地区，特别是广大农村，生产经营者的文化、科技素质不高，养猪生产主要靠手工操作，社会分工不发达，服务体系不健全，流通渠道不畅通，所以生产经营规模不宜过大。

市场状况　市场对猪肉品质的要求，是确定饲养品种的主要依据。影响猪场饲养规模的因素有很多(图 8-8)。市场对猪肉产品的需求量大、价格体系稳定健全，经营规模即可大一些；反之则宜小。

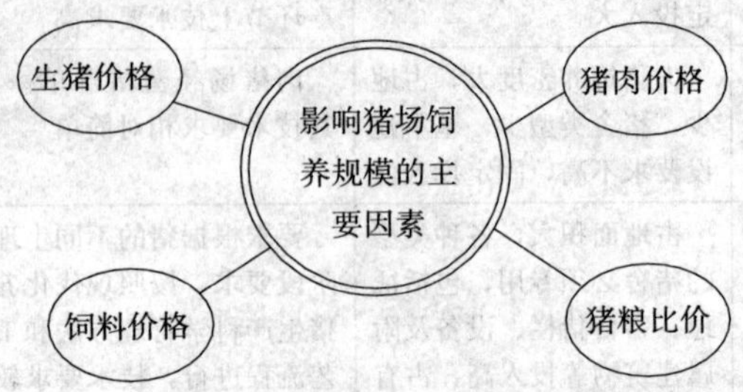

图 8-8　影响猪场饲养规模的主要因素①

生产者的经营管理能力　生产者的经营管理水平是现代化养猪场成败的关键。如果生产者素质不高，就难以做好管理工作、取得好的经济效益，因此饲养规模以小为好；反之，饲养规模可以大一些。

技术水平　技术人员和饲养管理人员素质的高低以及对养猪技术掌握的熟练程度，是关系到猪种的生产性能能否得到充分地发挥，能否有效地控制疫病，能否保证各类猪群的正常生产发育和得到较高的成活率的主要因素。若现有人员素质不高，

①如图 8-8 所示，影响猪场饲养规模的因素很多，但归纳起来主要有生猪价格、饲料价格、猪肉价格以及猪粮比价。

饲养规模则宜小不宜大。

资金多少 现代化养猪生产，在征地、建造猪舍、设备设施、饲料供给、粪污处理等方面所需资金投入较大，且资金盈利率低，生产周期长。因此，建场规模必须量力而行，应视资金的多少来确定规模。

2. 确定养猪规模的方法

应根据猪群、劳力、资金、设备等生产要素在养猪生产经营单位中的聚集程度，再结合当地条件及个人的实际情况来确定适宜的养猪规模，以便从最佳产出率中获得最佳经济效益。

养猪规模不同，其经济效益也不同。现代化养猪生产，总的来说必须具备一定规模，才便于组织生产；提高猪舍及机械设备的利用率，才会产生较好的经济效益。但并不是规模越大越好，规模扩大后在饲料供应、疫病控制、粪便处理等方面就会出现一系列问题，特别是投资大、投产周期长，要求管理技术水平高。因此，养猪规模大小要根据实际条件而定。

在国外，近些年猪场规模的趋势也是宜小不宜大(图 8–9)。

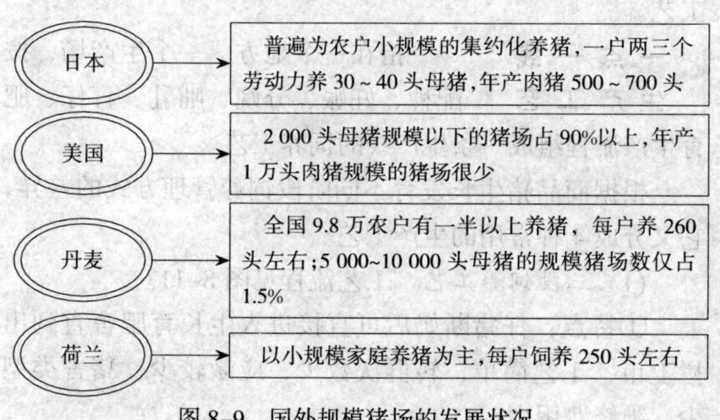

图 8–9　国外规模猪场的发展状况

我国养猪业，与美国、欧洲等发达国家不同，各地的社会经济条件、自然资源和地理气候差异较大，社会服务体系和价格体系不健全，因此养猪的经营规模也不相同，具有明显的区域性和不同程度上的差异，各地应根据当地的具体条件合理确定。我国广东省推行的养猪规模见图 8-10。

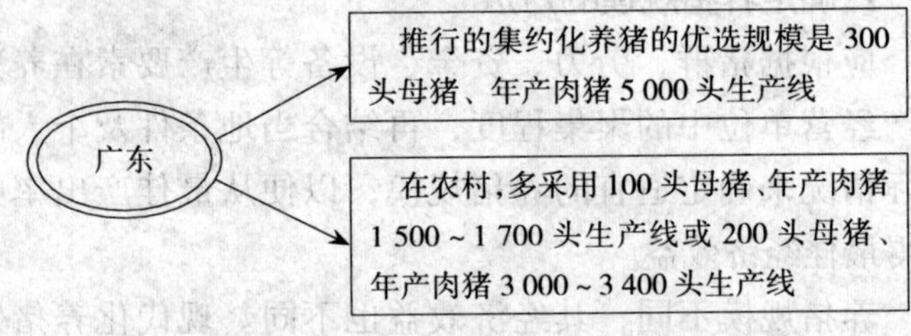

图 8-10　我国广东推行的饲养规模

(四) 现代化养猪生产工艺流程[①]

①现代化养猪，多把养猪生产过程合成若干单元，并划成车间，使配种、妊娠、分娩、哺乳、育仔、肥育等生产环节，按流水作业、全进全出生产方式，有节律、按日计算进行运作，这一整套的生产程序即为现代化养猪生产工艺流程。

1. 现代化养猪生产工艺

现代养猪生产普遍采用的是分段饲养、全进全出的饲养工艺。目前，国内外现代化养猪生产工艺可以划分为两种：一点一线生产工艺和两点（或三点）式生产工艺。

一点一线生产工艺　指在一个地方、一个生产场，按配种、妊娠、分娩、哺乳、育仔、肥育生产流程组成一条生产线的饲养工艺。

根据商品猪生长发育不同阶段饲养管理方式的差异，它又分成 4 种常用的生产工艺。

（1）三段饲养工艺　工艺流程见图 8-11。

①特点：仔猪断奶后可直接进入生长育肥舍直到出栏上市，工艺简单，转群次数少，应激较少，猪舍类型少，维修费用少。

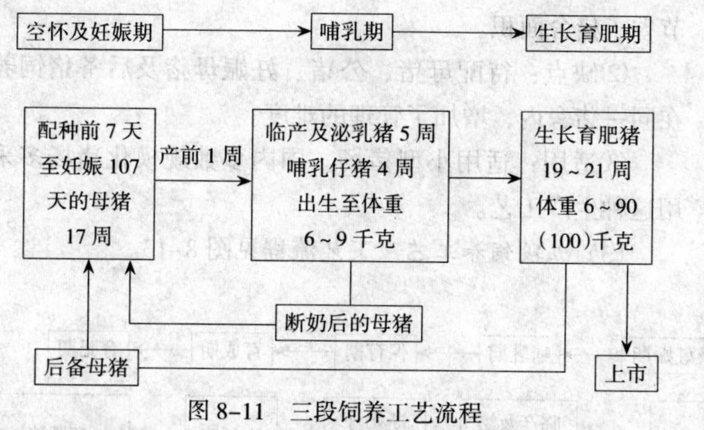

图 8-11　三段饲养工艺流程

②缺点：较小的生长猪和较大的肥育猪饲养在同一猪舍，增加了疾病防制的难度，不利于机械化操作，而且需要的建筑面积大。

③适用：规模小、机械化程度低或完全依靠人工饲养管理的养殖场。

(2) 四段饲养工艺　工艺流程见图 8-12。

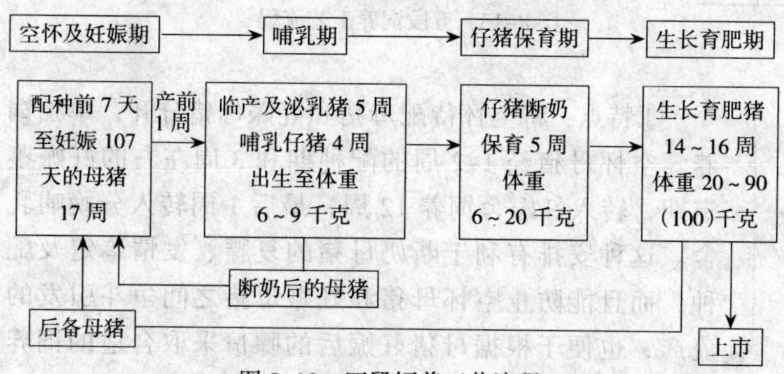

图 8-12　四段饲养工艺流程

①特点：哺乳期和保育期分开，需要3次转群，工艺简单易行。采用此工艺猪群应激比较小，同时可根据仔猪不同阶段的生理需要采取相应的饲养管理技术措施。将待配母猪、公猪、妊娠母猪及后备猪饲养在同一猪舍内分区管理，不需要增加独特的设备，减少了猪舍种类，

节省了猪舍面积。

②缺点：待配母猪、公猪、妊娠母猪及后备猪饲养在同一猪舍内，增加了管理的难度。

③适用：适用小型猪场。国内多数规模化猪场多采用这种生产工艺。

(3) 五段饲养工艺　工艺流程见图 8–13。

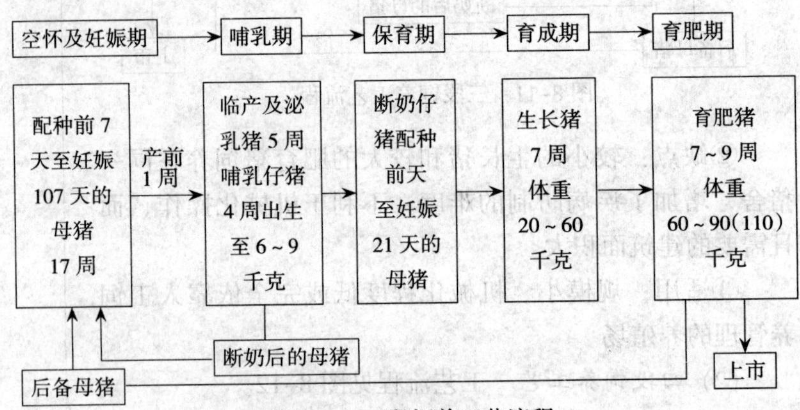

图 8–13　五段饲养工艺流程

①特点：将空怀待配母猪和妊娠母猪分开，单独饲养。空怀母猪经 1~2 周的配种期和 3 周左右的妊娠鉴定期，转入妊娠舍饲养 12 周，最后 1 周转入分娩哺乳舍。这种安排有利于断奶母猪的复膘、发情鉴定及配种，而且能防止空怀母猪和妊娠母猪之间争斗引发的流产，也便于根据母猪妊娠后的膘情采取合适的饲养方法。

②缺点：转群多，应激多，容易引起机械性流产。

③适用：适用于较大规模养猪场。

(4) 六段饲养工艺　工艺流程见图 8–14。

①特点：把猪从生长到育肥分为三个阶段，根据猪只不同生理阶段需要，分开饲养管理，最大限度地满

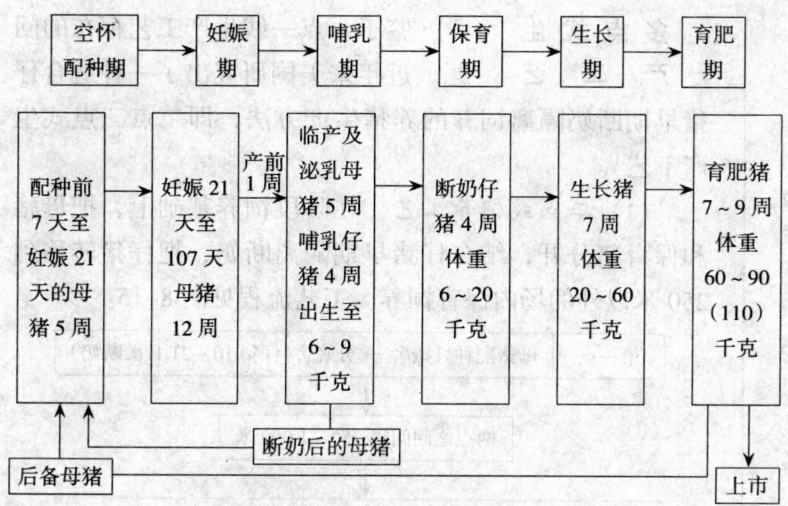

图 8-14　六段饲养工艺流程

足其生长发育的饲养管理、环境管理的不同需求，充分发挥其生长潜力，提高养猪效益。其优点是可以减少猪舍面积，通过肥育期两次转群，可以充分利用猪舍。

②缺点：猪多一次转群，增加应激，影响猪的生长，延长生长育肥期。

③适用：适用较大规模和分工较细的养猪场。例如我国从美国三德公司引进的成套养猪设备，就是采用这种生产工艺。

（5）一点一线式生产工艺的优点　以上几种饲养工艺流程最大的优点是地点集中，管理方便，可以采用以猪舍局部若干栏位为单位转群。

（6）一点一线式生产工艺的缺点　以猪舍局部若干栏位为单位转群后进行清洗消毒时，因舍内空气和排水共用，难以切断传染源，严格防疫比较困难，容易受到垂直和水平传染，会给仔猪的健康和生长带来严重的威胁和影响。

多点式生产工艺 鉴于一点一线生产工艺存在的问题，近年来美国研究出了一种适合仔猪早期断奶隔离饲养的养猪生产方法，即二点三点式生产工艺①。

①把整个饲养工艺流程按阶段分散在二地或三地进行，且各地之间保持一定的距离，避免疫病的交叉感染。

(1) 二点式饲养工艺 在阶段饲养基础上，把母猪和保育猪分开，结合仔猪早期隔离断奶，把仔猪转移到250米以外的场内保育饲养。工艺流程见图8-15。

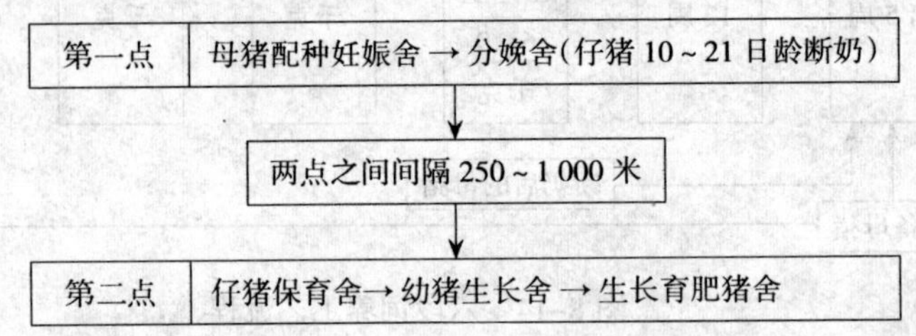

图8-15 二点式饲养工艺流程

(2) 三点式饲养工艺 在二点式饲养基础上，把保育猪与生长猪分开，分别饲养于相对独立的场内，两者相距250～1 000米。工艺流程见图8-16。

(3) 二点三点式生产工艺的优点 在仔猪出生后21日龄以前，即其体内来自母乳的特殊疫病的抗体还没有消失之前，就对仔猪实行断奶，然后将其转移到远离原

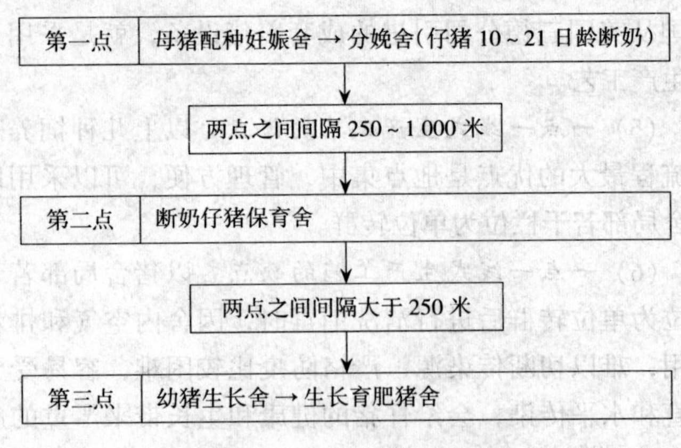

图8-16 三点式饲养工艺流程

生产区、干净清洁的保育猪舍饲养，使仔猪处于良好的环境中生长发育，不受病原微生物的干扰，健康无病，成活率高，生长快。一般生后10周龄体重可达30～35千克，比一点一线生产工艺高10千克左右。二点或三点的隔离距离最好尽可能远些，理想的距离应为3～5千米，250～500米的隔离距离可视为合理。如果条件允许，猪场中猪舍的间距也应当设计的大一些。

（4）二点三点式生产工艺的缺点　该种工艺最大的缺点是猪场造价高。

2. 生产工艺的组织方法

确定生产工艺是设计猪场时要考虑的重要内容之一，生产工艺合理与否，决定了生产效率的高低。确定生产工艺主要应考虑以下内容。

确定饲养模式　确定养猪的饲养模式，主要考虑的因素有猪场的性质、规模、养猪技术水平等。如果养殖规模太小，采用定位饲养，投资高、栏位利用率低、每头出栏猪成本高，难以取得好的经济效益。又如，同样是集约化饲养，可以公猪与待配母猪同舍饲养，也可以分舍饲养；母猪可以定位饲养，也可以小群饲养（图8-17）；配种方式有采用自然交配的，也有采用人工授精的。

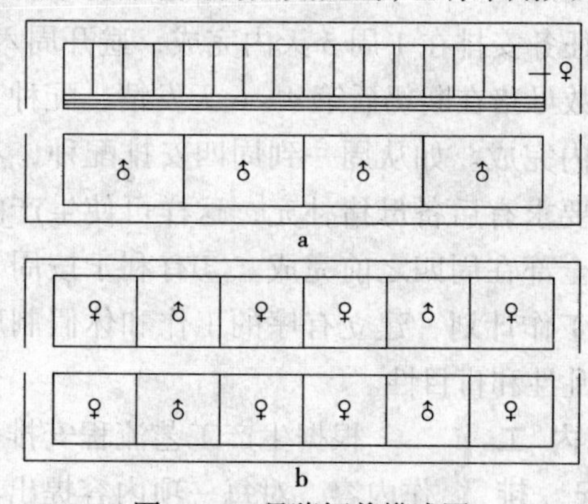

图8-17　母猪饲养模式图
a.定位饲养　b.小群饲养

各类猪群的饲养方式、饲喂方式、饮水方式、清粪方式等都需要根据饲养模式来确定。在我国现阶段的养猪生产条件下，饲养模式一定要符合当地的条件，要考虑是否有利于猪健康生长、方便管理、能够提高生产效率，绝不能简单地模仿。在选择与其相配套的设施设备时，凡能提高生产水平的技术和设施都应尽量采用，能用人工代替的设施可以暂缓采用机械设备，以降低成本。

确定生产节拍 生产节拍也称繁殖节律[①]。合理的生产节拍是全进全出工艺的前提，是有计划地利用猪舍和合理组织劳动管理、均衡生产商品肉猪的基础。

①生产节拍指相邻猪群泌乳母猪转群的时间间隔（天数）。

生产节拍一般采用1、2、3、4、5、6、7或10天制，可根据猪场规模而定。例如，年产5万～10万头商品肉猪的大型企业可实行1天或2天制，即每天有一批母猪配种、产仔、断奶、仔猪保育和肉猪出栏；规模较小的养猪场一般采用10天或12天制；年产0.5万～3万头商品肉猪的企业多实行7天制。

7天制生产节拍有以下优点：①便于组织生产，因为猪的发情期是21天，是7的倍数。②可将繁育的技术工作和劳动任务安排在1周5天内完成，避开周六和周日，因为大多数母猪在断奶后第4～6天发情，配种工作可安排在3天内完成。如从周一到周四安排配种，不足之数可按规定要求有后备母猪补充，这样可使生产的配种和转群工作全部在周四之前完成。③有利于按周、按月和按年制订工作计划，建立有序的工作和休假制度，减少工作的混乱性和盲目性。

一周内工作安排 根据生产工艺流程安排一周的工作内容，对每一项内容提出具体的要求，并且对其监督执行（表8-5）。

表 8-5 一周的工作内容

日 期	工 作 内 容
周一	对待配的后备母猪、断奶的成年空怀母猪和妊娠前期返情的母猪进行发情鉴定和人工授精，从妊娠舍内将临产母猪转至分娩母猪舍，对转出的空舍或栏位进行清洗消毒和维修
周二	对待配空怀母猪进行发情鉴定和人工授精配种、哺乳小公猪去势、肉猪出栏、猪舍的清洁通风、机电等设备维修
周三	母猪发情鉴定和配种、仔猪断奶、断奶母猪转至空怀母猪舍待配、肉猪出栏、肥猪舍清洗消毒和维修、机电设备检查与维修
周四	母猪发情鉴定、分娩猪舍的清洗消毒和维修、小公猪去势、兽医防疫注射、给排水和清洗设备的检查
周五	母猪发情鉴定和人工授精配种、对断奶1周后未发情的母猪采取促发情措施、断奶仔猪的转群、兽医防疫注射
周六	检查饲料储备数量，检查排污和粪尿处理设备，病猪隔离和死猪处理，更换消毒液，填写本周各项生产纪录和报表，总结分析一周生产情况，制订下周的饲料、药品等物质采购与供应计划

3. 现代化养猪工艺参数

为了准确计算各类猪群的存栏数和所需要的猪舍、栏位数、饲料用量及生产产品的数量，养猪场必须根据猪的生产力水平、设施设备条件和经营管理状况等，实事求是地确定生产工艺参数，以保证养猪生产顺利进行。

制订合理的生产工艺参数

（1）分娩指数 母猪周期分娩指数等于一年365天除以一个繁殖周期所需的天数。猪场分娩指数是周期分娩指数的平均数。

分娩指数 = 365/ 繁殖周期

繁殖周期决定母猪的年产仔窝数，关系到养猪生产水平的高低，其计算公式如下：

繁殖周期 = 母猪妊娠期（114天） + 仔猪哺乳期 + 母猪断奶至受胎时间

其中，仔猪哺乳期一般采用21～35天断奶，比较好的企业采用21～28天断奶。

母猪断奶至受胎时间包括两部分：一是断奶至发情时间7～10天，二是配种至受胎时间，决定于情期受胎率和分娩率的高低；假定分娩率为100%，将返情母猪多养的时间平均分配给每头猪，其时间=21×（1－情期受胎率）天。故繁殖周期=114+35+10+21×（1－情期受胎率）。即：

繁殖周期=159+21×（1－情期受胎率）

当情期受胎率为70%、75%、80%、85%、90%、95%、100%时，繁殖周期分别为165、164、163、162、161、160和159天。情期受胎率每增加5%，繁殖周期就减少1天。

（2）母猪年产窝数　母猪年产窝数=（365/繁殖周期）×分娩率，即：

$$母猪年产窝数=\frac{365\times 分娩率}{124+哺乳期+21\times(1-情期受胎率)}$$

母猪年产窝数与情期受胎率、仔猪哺乳期的关系见表8-6。由表8-6可知，情期受胎率每增加5%，母猪年产窝数每年可增加0.01～0.02窝；仔猪哺乳期每缩短7天，母猪年产窝数增加约0.1窝。当仔猪哺乳期为35天时，母猪年产窝数很难达到2.2窝；若仔猪28天断奶，母猪年产窝数很容易达到2.2窝。可见给仔猪早期断奶是提高母猪生产力水平的关键技术环节。

表8-6　母猪年产窝数与情期受胎率、仔猪哺乳期的关系

情期受胎率（%）		70	75	80	85	90	95	100
母猪年产窝数（窝/年）	21天断奶	2.26	2.28	2.29	2.31	2.33	2.34	2.36
	28天断奶	2.16	2.18	2.19	2.21	2.23	2.25	2.26
	35天断奶	2.08	2.09	2.11	2.12	2.14	2.16	2.17

（3）猪种更新　如果种猪更新速度太快、淘汰率太高，则会使生产投入太大。现代猪场通过加强种猪各阶段的饲养管理，一般可将母猪的年淘汰率控制在25%～33%。

（4）猪只从出生到出栏的成活率　现代猪场一般把各阶段猪只成活率控制在哺乳阶段90%以上、保育阶段96%以上、生长阶段98%以上、育肥阶段99%以上。

（5）其他参数　可参考表8-7。

表8-7　某万头商品猪场的工艺参数

项　目		参　数	项　目		参　数
妊娠期（天）		114	每头母猪年产活仔数（头）	出生时	19.2
哺乳期（天）		35		35日龄	17.3
保育期（天）		28～35		36～70日龄	16.4
断奶至受胎（天）		7～14		71～170日龄	16.1
繁殖周期（天）		163～171	平均日增重（克）	出生至35日龄	180
母猪年产胎次		2.12		36～70日龄	480
母猪窝产仔数（头）		10		71～160日龄	690
窝产活仔数（头）		9～10		公母猪年更新率（%）	33
成活率（%）	哺乳仔猪	90	母猪情期受胎率（%）		85
	断奶仔猪	95	妊娠母猪分娩率（%）		95
	生长肥育猪	98	公母比例		1∶25
体重（千克）	初生重	1.2～1.4	圈舍冲洗消毒时间（天）		7
	35日龄	6.5～8	繁殖节律（天）		7
	70日龄	25～30	母猪临产前进产房时间（天）		71
	160～170日龄	90～100	母猪配种后原圈观察时间（天）		21

注：参考GB/T 17824.2—1999中小型集约化猪场经济技术指标。

准确计算猪群的结构与组成　根据猪场规模、生产工艺流程和生产条件，将生产过程划分为若干阶段，不同阶段组成不同类型的猪群，再计算出每一类群猪的存栏数就形成了猪群的结构。饲养阶段划分的目的是为了最大限度地利用猪群、猪舍和设备，提高生产效率。

下面以年产万头猪规模为例，介绍一种简便的猪群结构计算方法。

(1) 年产总窝数

$$\text{年产窝数}=\frac{\text{计划年出栏头数}}{\text{窝产仔数}\times\text{从出生至出栏的成活率}}$$

$$=\frac{10\ 000}{10\times0.9\times0.95\times0.98}$$

$$=1\ 193\text{（窝/年）}$$

(2) 每个节律转群头数（以周为节律计算）

产仔窝数：1 193/52 = 23 窝，一年 52 周，即每周分娩泌乳母猪数为 23 头。

妊娠母猪数：23/0.95 = 24 头，分娩率为 95%。

配种母猪数：24/0.85 = 28 头，情期受胎率为 85%。

断奶仔猪数：23 × 10 × 0.9 = 207 头，哺乳阶段仔猪成活率为 90%。

保育仔猪数：207 × 0.96 = 198 头，保育阶段仔猪育成率为 96%。

从生长转群到肥育群猪数：198 × 0.98 = 194 头，生长阶段成活率为 98%。

(3) 各类猪群组数　因各类猪群在各类猪舍的饲养期是以周期划分的，故猪群组数等于饲养的周数。

(4) 猪群的结构①

各猪群存栏数 = 每组猪群头数 × 猪群组数

猪群的结构见表 8–8，生产母猪头数为 576，公猪、后备猪群的计算方法为：

公猪数：576/25 = 23 头，公母比例 1∶25。

后备公猪数：23/3 = 8 头，一般公猪正常使用年限为 2 ~ 3 年。若半年一更新，则实际养 4 头即可。

后备母猪数：576/（3 × 52 × 0.5）= 8 头 / 周，母猪淘汰率 25% ~ 33%，后备猪选种率为 50%。

①猪群的结构指繁殖体系各层次中种猪的数量，特别是种母猪的数量，以便计算出所需要的种公猪数量和能生产出的商品肉猪。

表 8-8 万头猪场猪群结构

猪群种类	饲养期（周）	组数（组）	每组头数（头）	存栏数（头）	备注
空怀配种母猪群	5	5	30	150	配种后观察 21 天
妊娠母猪群	12	12	24	288	
泌乳母猪群	6	6	23	138	
哺乳仔猪群	5	5	230	1 150	按出生头数计算
保育仔猪群	5	5	207	1 035	按转入的头数计算
生长肥育猪群	13	13	196	2 548	按转入的头数计算
后备母猪群	8	8	7	64	8 个月配种
公猪群	52			23	不转群
后备公猪群	12			8	9 个月使用
总存栏数				5 404	最大存栏头数

（5）不同规模猪场猪群结构　可参考表 8–9。

表 8-9 不同规模猪场猪群结构（参考）

猪群种类	不同规模猪场生产母猪存栏数（头）					
	100	200	300	400	500	600
空怀配种母猪	25	50	75	100	125	150
妊娠母猪	51	102	156	204	252	312
泌乳母猪	24	48	72	96	126	144
后备母猪	10	20	26	39	46	52
公猪（含后备公猪）	5	10	15	20	25	30
哺乳仔猪	200	400	600	800	1 000	1 200
保育仔猪	216	438	654	876	1 092	1 308
生长肥育	495	990	1 500	2 010	2 505	3 015
总存栏	1 026	2 058	3 098	4 145	5 354	6 211
全年上市商品猪	1 612	3 432	5 148	6 916	8 632	10 348

猪栏配备

现代化养猪生产能否按照工艺流程进行，关键是猪舍和栏位配置是否合理。猪舍的类型一般是根据猪场规模按猪群种类划分的，而栏位数量则需要准确计算，以下为计算栏位需要量的方法。

各饲养群猪栏 = 猪群组数 + 消毒空舍时间（天）/生产节拍(7天)

每组栏位数 = 每组猪群头数 / 每栏饲养量 + 机动栏位数

各饲养群猪栏总数 = 每组栏位数 × 猪栏组数

为避免并圈影响猪群生长，保育仔猪群和生长育肥猪群的每栏饲养量可按原窝平均头数计。后备空怀待配母猪采用小群饲养，配种后妊娠母猪单体栏饲养，哺乳母猪和保育仔猪网上饲养，消毒空舍时间为7天，则万头猪场的栏位数如表8-10所示。

不同规模猪场猪群栏位所需要的数量，各种类别猪的每栏饲养头数和占地面积，每天饲料的消耗指标，以及商品育肥猪群生长发育参数见表8-11至表8-14。

表8-10　万头猪场各饲养群猪栏配置数量（参考）

猪群种类	猪群组数（组）	每组头数（头）	每栏饲养量（头/栏）	猪栏组数（组）	每组栏位数（个）	总栏位数（个）
空怀配种母猪群	5	27	4～5	6	7	42
妊娠母猪群	12	24	2～5	13	6	78
泌乳母猪群	6	23	1	7	24	168
保育仔猪群	5	207	8～12	6	19	114
生长肥育猪群	13	196	8～12	14	18	252
公猪群（含后备公猪）	—	—	1	—	—	27
后备母猪群	8	7	4～6	9	3	27

表8-11　不同规模猪场群栏位需要量

猪群种类	不同规模猪场生产母猪所需栏位数（个）					
	100	200	300	400	500	600
种公猪	4	8	11	15	19	22
待配后备母猪	10	19	28	37	46	55
空怀母猪	16	31	46	62	77	92
妊娠母猪	66	131	196	261	326	391
哺乳母猪	31	62	92	123	154	184
断奶仔猪	27	54	80	107	134	10
生长育肥猪	51	102	152	203	2 254	304

表 8-12　各种类别猪的每栏饲养头数及占地面积

猪群种类	每栏猪头数（头）	每头猪所占面积（米^2）	饲养方式
空怀至配种后	1	2.5～3.0	地面平养
妊娠母猪	1	1.3	限位饲养
产仔哺乳母猪	1	1.3	高床养猪
种公猪	1	12.5	地面平养
哺乳仔猪	1 窝	0.3	高床养猪
保育仔猪（断奶至 70 日龄）	10～15	0.4	高床养猪
肥育猪（71～180 日龄）	10～15	0.9～1.0	地面平养

表 8-13　商品猪群生长发育参数

指　　标	参　　数
仔猪初生重	1.2～1.4 千克
乳猪 35 日龄断奶	6.5～8 千克（日增重 180 克）
小猪 70 日龄转群重	25 千克（日增重 480～529 克）
中猪 25～60 千克	日增重 620～650 克
大猪 61～100 千克	日增重 780～830 克
每窝仔猪出栏肉猪总活量	8 000～10 000 千克
后备公母猪 8 月龄配种时体重	120～130 千克（日增重 450～500 克）
初产母猪妊娠期增重	60 千克
经产母猪妊娠期增重	30 千克
分娩失重	17～18 千克
哺乳期失重	初产母猪 20～30 千克，经产母猪 16～18 千克
平均每头母猪年出栏商品猪数	18～19 头

表 8-14　各种类别猪的每天饲料消耗指标

类　　别	每天消耗精料（千克）
空怀母猪	1.8
妊娠母猪	2.0
分娩哺乳母猪	3.5
种公猪	2.5
后备种猪	1.5
育肥猪	按料肉比 2.9∶1 计算

九、生态养猪

目标
- 了解发展生态养猪业在农业生产中的意义
- 掌握生态养猪常见的模式技术要点

传统养猪业是还猪粪尿于农田，实行猪多、肥多、粮多的猪粮结合模式，在相互承受的范围内维持养猪与环境生态平衡的良性循环。生态养猪业就是为了维持生态平衡的大业，改变过去传统养猪大量的猪粪尿污水在猪场有限的土地上不能很快吸纳，从而产生严重的环境污染，以及规模化猪场易被饲料中的有害物质污染，猪产品质量难以保证，直接威胁人民生活与生命的局面而提出的新的养殖理念。

（一）生态养猪在农业生产中的意义

1. 生态养猪的概念

生态养猪，就是根据生态系统物质循环与能量流动基本原理，将猪作为农业生态系统的必要组成元素，应用生态农业①工程方法，自然有机地组织生猪生产系统环节，实现生猪生产系统综合效益最优及养猪业的可持续发展的养猪方式。

生态养猪是一个跨学科行业，它涉及养猪学、动物营养学、环境卫生学、生物学、农作物栽培学、农机工

①生态农业指以生态学理论为基础，以生态农业技术为主要手段，以处理生物之间、生物与环境之间的关系为中心，最终达到经济、生态、社会三大效益统一的农业生产及经营活动。

程与土壤肥料学等学科。生态养猪是以养殖业为主体进行开发利用，对猪粪进行的科学处理，实行农牧结合，不仅能够与环境相互依存，使生猪生产系统自身成为一个良性循环系统，而且能与农业生产系统形成相互依存的关系，使养猪业与农业资源、环境协调统一，做到互相利用、互相促进，低投入、高产出、少污染的良性循环的生态系统（图9-1）。

图 9-1　某生态养猪场外景①

①如图 9-1 所示，生态养猪场能充分利用自然资源，进行猪粪尿的综合利用，减少环境污染，提高经济效益。

2. 生态养猪的意义

（1）能充分利用自然资源　生态养猪利用生态学原理组织养猪生产各环节，充分发挥了生物生产潜力，最大限度地利用了自然生产过程，在猪场地质选择、饲料组织上因地制宜，充分利用了土地、水面、各种饲料资源，使以猪为核心的农（牧）业生产系统实现了良性循环，从而大大提高了自然资源的利用率。

（2）促进养猪业与种植业有机结合，提高农业的综合生产力水平　生态养猪业与种植业形成了互相依存、互相促进的有机的良性循环，提高了农业生产系统的综合生产力，促使农业发展更加稳定（图 9-2）。

（3）减少环境污染，有效保护生态环境　养猪的粪污公害已成为制约集约化、规模化、工厂化养猪发展的

图 9-2 生态养猪业与种植业的关系

重要因素之一（图 9-3 和图 9-4）。

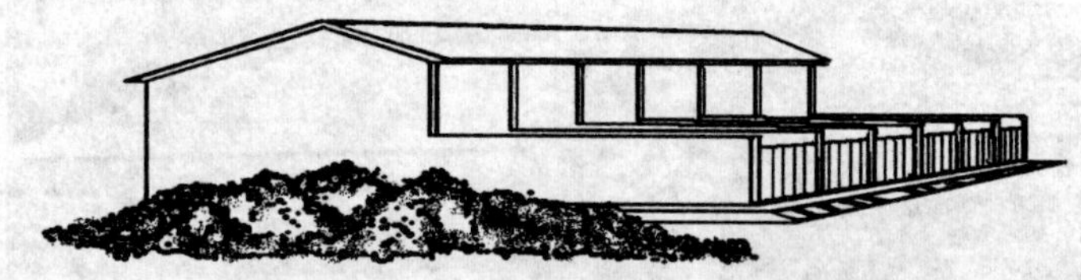

图 9-3 传统养猪污染严重①

图 9-4 采用自然养猪法养猪时，基本可以达到零排放②

（4）变废为宝，综合利用，降低养猪生产成本 生态养猪的基本指导思想就是充分利用猪的生物学特性，尽量多用或全部使用各种自然生态环境和自然资源，减少或不用人工化学合成物质及人工能源，使养猪业的综

①如图 9-3 所示，传统养猪其粪污易对河流、地下水源、土壤、空气造成污染，严重威胁人们的生活环境。

②在各种粪尿无害化处理方法中，最有效、成本最低、对环境二次污染最小的方法是通过生态途经还田入地、自然降解。

如图 9-4 所示，采用自然养猪法养猪时，猪生活在生物垫料上，基本可以达到零排放。

合成本降低到最低点。如采用自然养猪法养猪时，通过生物垫料床内微生物的发酵，可将猪粪尿和配料部分转化为猪的食物。同时，由于猪在生物垫料床内健康地生长发育，饲料的转化率也得以提高（图 9-5）。

图 9-5 猪拱食垫料发酵产生的菌丝[①]

（5）提供优质、安全、有利于人体健康的绿色食品　生态养猪是在没有污染的环境中养猪，尽可能多使用天然物质，因此，所生产出的猪肉及其他生猪产品不仅能满足人们对无污染、无残留、无毒害作用、健康卫生的猪肉产品的需求，而且能生产出符合要求的绿色猪肉产品（图 9-6）。

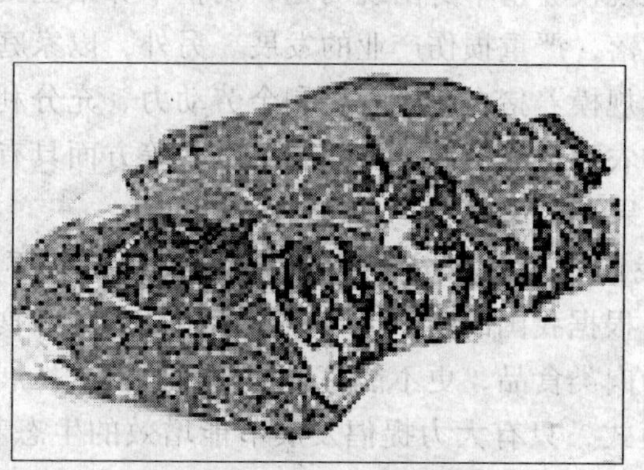

图 9-6 生物发酵床养猪猪肉[②]

①如图 9-5 所示，发酵床养猪，垫料中的有机质和猪粪尿被发酵菌分解转化成可被猪食入消化吸收的物质，能节省饲料 15%～20%。

②如图 9-6 所示，生物垫料发酵床养猪，其猪肉无污染、无药物残留，经国家有关部门检验，可达到无公害产品要求。

（6）有利于养猪业的可持续发展　生态养猪综合考虑了经济效益、生态效益和社会效益，既提高了养猪的经济效益，保护了生态环境，又为社会提供了健康卫生的猪肉产品，已成为养猪业可持续发展的一条有效的途径。

（二）我国生态养猪发展概况

当前，我国养猪业发展呈现三大趋势：一是大型集约化养猪规模进一步扩大，技术含量、设施设备等全面提升；二是以家庭为单位专业化适度规模养殖户①（年出栏 50～2 000 头）蓬勃发展，形式多样，但有待规范；三是超小规模的农户散养迅速消失。

有资料预测未来几年我国每年至少将有 1 000 万户农村人口转为城镇户口，因此生猪出栏每年将减少约 200 万头。而新增猪肉消费估计约有 60 万吨，约 935 万头猪，从而每年 1 000 万的新增城镇人口将导致生猪供给缺口扩大 1 135 万头，这将由新（扩）建大型养殖场或增加适度规模养殖户来填充。如此庞大的数字还是建立在占出栏总量 60%～70%的适度规模平稳发展的基础上的，如果适度规模养殖本身出现问题，则整个养猪业就会出现大起大落，严重损伤产业的发展。另外，以家庭为单位的适度规模养猪在解决农村剩余劳动力、充分利用农村丰富的农副产品资源、增加农民收入等方面具有不可替代的效果。

我国适度规模养猪存在着严重的先天不足（图 9-7）。根据我国的实际，目前不能用更多的粮食、水去转化为肉类食品，更不能盲目追随西方模式发展耗能型养猪模式，只有大力提倡发展节能增效的生态养猪业，积极推进生态养猪产业化（图 9-8），发展多种经营模

①专业化适度规模养猪指在一定的自然、社会、经济、技术条件下，生产者所经营的猪群规模不仅与劳动力、生产工具条件等内环境相适应，而且与社会生产力发展水平、市场供需状况等外环境相适应的养猪模式。

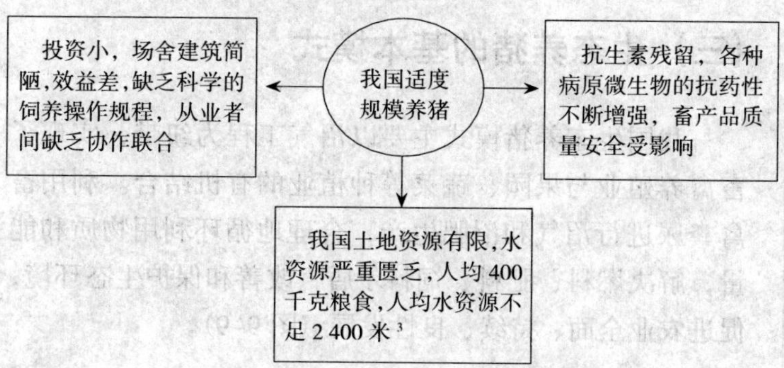

图 9-7　我国适度规模养猪的现状

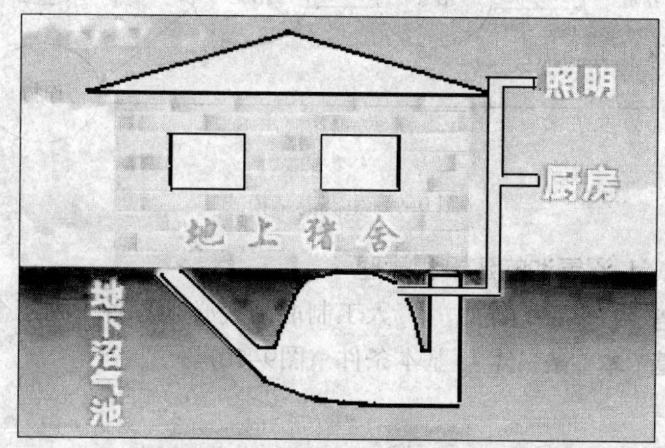

图 9-8　生态养猪模式示意图①

式、多种生产类型、多层次的养猪经济结构，引导集约化生产和农村适度规模经营，优化养猪经济结构，促进农牧渔、种养加、贸工农有机结合，形成产加销一体系，积极稳妥地推进我国养猪业健康持续发展。

目前，我国生态养猪业已有成千上万的成功实例，归纳起来主要有养—养结合型、养—种或种—养结合型、养—种—养混合型、养—养—种混合型和养—养—养混合型等几种类型、几十种模式。

①如图 9-8 所示，生态养猪模式是目前我国广泛推广应用的一种生态养猪模式。养殖户养猪，猪粪尿发酵产生沼气，沼气用来照明、取暖，再用沼渣、沼液返田种地。

（三）生态养猪的基本模式

我国生态养猪模式主要以沼气工程为纽带，实现了畜禽养殖业与果园、蔬菜等种植业的有机结合。利用畜禽粪尿进行沼气和沼肥生产，合理地循环利用物质和能量，解决燃料、肥料、饲料矛盾，改善和保护生态环境，促进农业全面、持续、良性发展（图 9–9）。

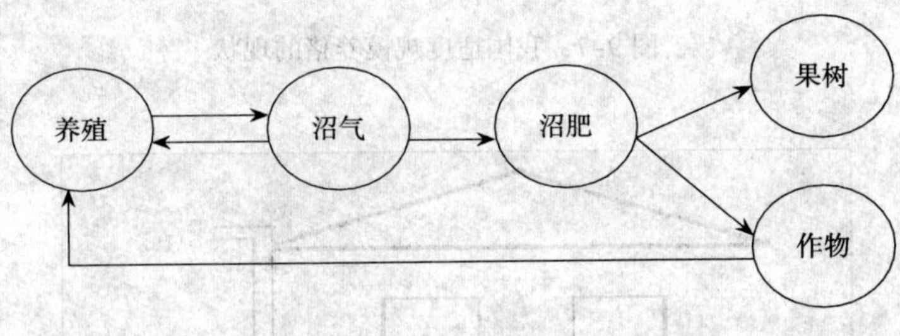

图 9–9　生态养猪模式

1. 沼气池的建设和管理

沼气生产的基本条件　人工制取沼气必须具备下列三个基本条件（图9–10）。

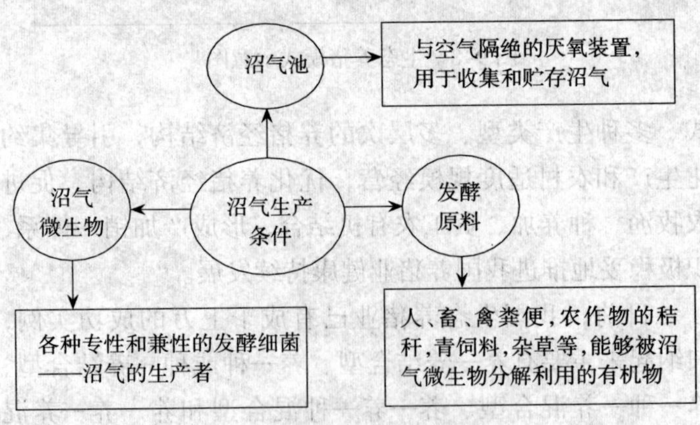

图 9–10　沼气的生产条件

沼气池的基本构造与建设要求

(1) 沼气池的类型　沼气池类型较多，按池的储气方式分为水压式沼气池、浮罩式沼气池和气袋式沼气池等；按池的埋设位置分为埋地式、半埋式和地上式沼气池等；按池的几何形状分为圆筒形池、球形池、椭圆形池和长方形池等；按池的材料和结构分为砖混沼气池、砖混玻璃钢拱盖沼气池；混凝土整体浇注沼气池和全玻璃钢沼气池。

经过国内各地农村多年的实践总结，埋地式圆筒形水压沼气池为我国农村推广应用的主要池型，并已制定出相应的国家标准。

(2) 沼气池的组成　一般来说，沼气池由发酵贮气池、水压出料间、进料口、出料口、活动盖和导气管等部分组成（图 9-11 和图 9-12）。

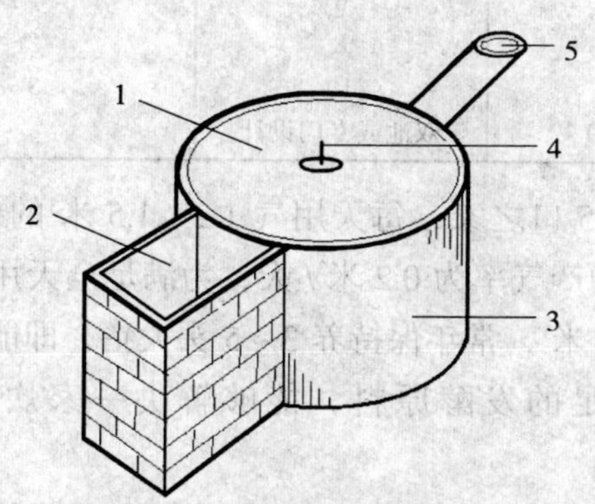

图 9-11　水压式沼气池结构图①

1.活动盖　2.出料口间　3.发酵贮气池　4.导气管　5.出料口

(3) 沼气池容积的确定　沼气池主池的容积应根据建池户的发酵原料种类、数量，用气水平和养殖业发展规模、产气率来设计。一般家庭养猪有 6、8 和 10 米^{3}三种规格（表 9-1）。

①如图 9-11 所示，当用气时，由于液面差产生的净压强使进料管、出料间的发酵液返回沼气池，沼气池内的液面上升，气室体积减小，迫使沼气上升通过输气管道。

①如图 9-12 所示，水压式沼气池是由发酵间和贮气间两部分组成，以发酵液液面为界，上部为贮气间，下部为发酵间。随着发酵间不断产生沼气，贮气间的沼气密度便相应地增大，使气压上升，同时把发酵料液挤向水压箱，使发酵间与水压箱的液面出现位差，当使用沼气时，沼气便可逐渐输出池外。

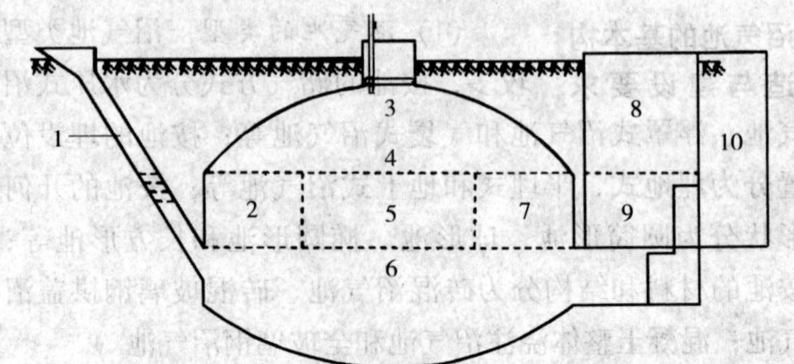

图 9-12　水压式沼气池原理图①

1.进料管　2.发酵间　3.无效气窗　4.零压线
5.有效气室　6.汽水分界面　7.发酵间
8.有效水压间　9.无效水压间　10.出料间

表 9-1　沼气池的规格

常年生猪存栏（头）	沼气池的规格（米^3）	水压出料间的规格（米^3）
2～3	6	2
4～5	8	2～3
7～8	10	3～4
超过 10	双池或专门设计	

以 4～5 口之家，每天用气 1.2～1.5 米^{3}的标准确定，沼气池平均产气率为 0.2 米^3/天，为满足全天用气，沼气池容积需 8 米^3，常年保持养 3～5 头大猪，即能满足沼气池具有充足的发酵原料，能够解决一家炊事用能的需要。

对于较大规模养猪场，沼气池的发酵贮气池可设计为 12～15 米^3，水压出料间 4～5 米^3，采用半连续投料发酵工艺，可兼顾生产沼气和用肥的需要。

（4）*沼气池选址规划*　①沼气池的建设应与猪舍建设、庭院开发及周围环境相协调，以利于保持环境的优美与卫生。②为缩短沼气的输送距离，沼气池应位于猪舍中间或猪舍内靠近农作物的地方，以保证发酵池冬季的发酵温度；庭院内沼气池应尽量靠近厨房，距离不宜超过30米。③沼气池应远离公路与铁路，并避开竹林与树林，以免对沼气池造成震动与损害。④尽量选择在地基好、地下水位较低和背风向阳的地方建池。⑤沼气池应当与猪栏、厕所连通修建，实行三结合。进料口设在猪舍的排水沟处，猪栏地面应高出沼气池平面10厘米以上，进料管埋在地下；厕所建在进料口附近，蹲位高出沼气池平面30～40厘米，地面向沼气池进料口方向倾斜，即达5%～8%的坡度，以便于冲刷，使粪便自流入池。出料口和水压出料间应建在种植场内，以便于农作物施肥（图9-13）。

图9-13　沼气生产工艺流程图

（5）*沼气池建筑材料*　农村沼气池一般采用混凝土结构，建筑材料有水泥、中砂、碎石、砖和少量钢筋。现以10米³沼气池为例说明其所需材料用量（表9-2）。

表9-2　10米³水压式沼气池材料用量表

材　料	单　位	用　量	参考单价（元）	合　计（元）
沙子（中沙）	米³	2.5	60.0	150.0
水泥425号	袋（50千克/袋）	26	20.0	520.0
石子	米³	3	80.0	240.0
砖	块	800	0.1	80.0
水泥管	个	2	20.0	40.0
冷拨丝	米	30	2.0	60.0
直径6.5毫米钢筋	千克	50	10.0	500.0
合计				1 590.0

在备料时，不能使用过期水泥，应优先选用硅酸盐水泥，也可以用矿渣硅酸盐水泥和火山灰质硅酸盐水泥。杂质含量过多的砂、石，应清洗干净后方可使用(图 9-14)。

图 9-14　砖砌沼气池①

①如图 9-14 所示，沼气池的发酵间和出料间均是用砖砌成。

(6) 沼气池的施工　沼气池的施工者，必须是经过农村能源部门培训、考核合格，持有上岗证的技工，并要按国家标准进行施工与验收。农户必须按要求操作，并做好防雨、防冻、排水和混凝土养护工作。

沼气池的管理

(1) 日常管理

①及时添加新鲜原料：据推算，一个 10 米^{3}沼气池平均每天应填入新鲜猪粪便 30 千克，才能满足日常使用。如开始猪小粪少，可每隔 3 ~ 5 天从别处收集一些粪便加入池内。

②勤搅拌：搅拌（图 9-15）可以使发酵原料均匀，增加沼气微生物的接触面，促进分解消化，加快沼气的产生速度和产气量，同时防止浮料和结壳。

③调整酸碱度（pH）：用 pH 试纸侵入料液后，如料液 pH 为 1 ~ 6，则说明发酵液显酸性，须加适量的石灰或草木灰将料液 pH 调整到 6.8 ~ 7.5；当 pH 为 8 ~ 14 时，

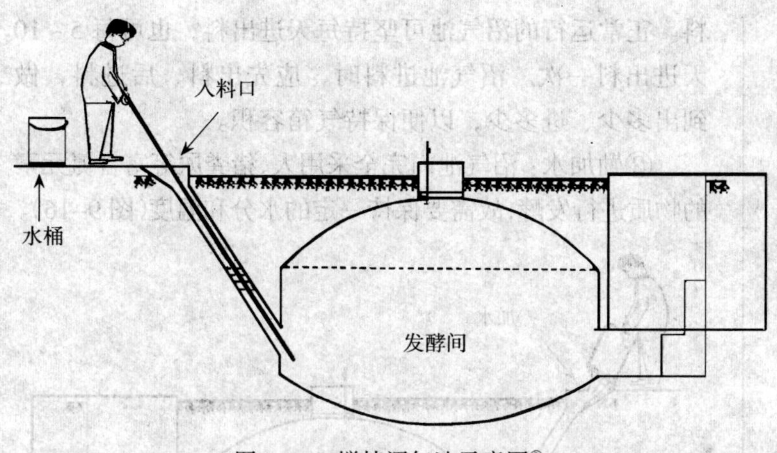

图 9-15　搅拌沼气池示意图[1]

显碱性，须加沼气废水、清水或带有酸性的物质，以降低其碱度。

④每年沼气池大换料时，应将沼气池的池盖和池内表面清洗干净，刷 1～2 遍水泥净浆，以提高其气密性。

(2) 沼气池越冬管理

①添加足够的新料：在秋分前后要对沼气池进行大换料，添加足够的新料。

②沼气池保温：三位一体沼气池[2]，应将猪舍用塑料薄膜覆盖好，这样既有利于猪舍保温，又可保证沼气池安全越冬和正常产气。冬天可在池盖上覆盖一层秸秆以保温。

③管道保温：沼气在输送过程中含有凝结水，在冬季气温低时容易结冰，应用棉絮、布条包好。

(3) 沼气池夏季管理

①勤加料、勤出料：夏季气温高，沼气发酵原料分解快，消耗原料的速度也快。为保证沼气细菌有充足的“食物”，使产气正常持久，就要不断地补充新鲜原料，做到勤加料、勤出料。

新建的沼气池，应在正常产气后 20～30 天时再加新

①如图 9-15 所示，搅拌方法有三种：一是用长柄器具从沼气池的进料管伸入发酵间，来回拉动数十次；二是从出料间提出几桶沼液，由进料口倒入，使池内料液流动；三是用泥浆泵从出料间向进料口抽十分钟左右。

②三位一体沼气池指厕所、猪圈与沼气池连通配套三位一体式的沼气池。

料。正常运行的沼气池可坚持每天进出料，也可每 5 ~ 10 天进出料一次。沼气池进料时，应先出料、后进料，做到出多少、进多少，以便保持气箱容积。

②勤加水：沼气池内完全采用人、猪粪尿等富含氮元素的物质进行发酵，故需要保持一定的水分和温度（图 9–16）。

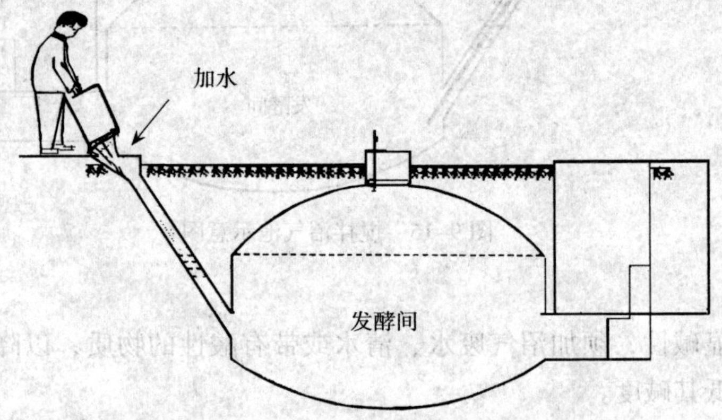

图 9–16　向沼气池勤浇水示意图①

①如图 9–16 所示，夏季温度高，水分蒸发快、消耗大，要经常向沼气池内加水，使发酵浓度保持在 6% 左右。

③勤检查：除了勤检查沼液的酸碱度，使其保持在一定范围内外，还要检查压力表和输气管道。由于夏季产气量高，当池内压力过大时，应及时用气、放气，以免较大压力长时间作用于沼气池，对池体造成破坏。如果发现输气管道、开关的各接头部位有发黑现象，则表示沼气池可能漏气，应对管路进行维修。

④注意避免大量雨水入池：在下雨时进出料口一定要采取措施，避免大量雨水流入沼气池，以防池内压力突然加大，破坏沼气池。

2. 沼液养猪的技术要点

沼液是沼气发酵原料经过甲烷菌厌氧消化后所生成的具有水溶性的剩余物，其中含有多种对猪生长有利的物质（图 9–17），是一种非常优质的饲料添加剂。经测算，在常规饲料中适当添加沼液，可使猪平均增重 15%

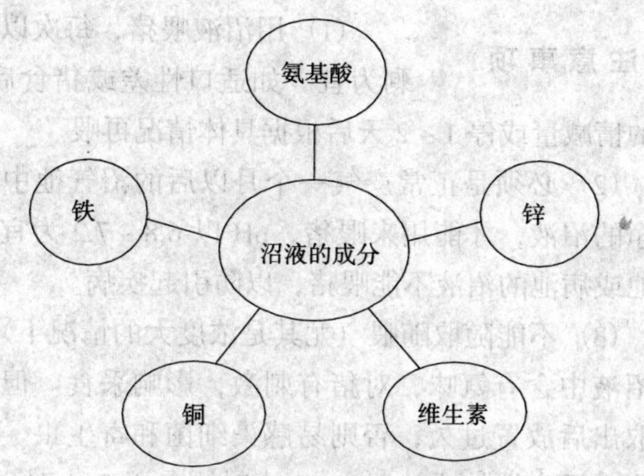

图 9-17 沼气液的有利成分示意图①

以上，而且还能明显降低疫病的发生率。

使用沼液喂猪的技术要点

(1) *取用沼液* 从正常运行产气后 40 天的沼气池出料口取中层新鲜纯净沼液。取前先把沼液上面的浮沫撇开，取中部清液，经纱布过滤后，拌入猪食中搅匀即可。

(2) *调教* 开始添加沼液时，猪吃食不习惯，应先饿 1~2 顿后再喂，以增加其食欲，并可预先进行调教，即先将盛有沼液的盆子放在猪槽内，让猪常闻到沼液气味，给猪一个适应和习惯的过程，经过 10~15 天，再将微量新鲜沼液拌入猪食内使之就食，一般经过 3~5 天后，猪就可慢慢适应。

(3) *添加方法和添加量* 沼液养猪的添加标准依沼液的浓度而定，天热时适当稀些，天冷时适当稠些，具体以猪食后不拉稀为宜。添加量如下表（表 9-3）。

①如图 9-17 所示，沼液中含有丰富的营养，如氨基酸、锌、铁、铜，以及维生素 C、维生素 B_2 等，是动植物必需的物质。

表 9-3 沼液添加量

阶 段	体重（千克）	日喂次数	喂量（千克/次）
仔猪	20～25	4	0.3
架子猪	25～50	3	0.6
肥猪	50～100	4	1.0

注 意 事 项　(1) 用沼液喂猪，每次以吃完不剩为宜。如适口性差或猪食后拉稀，应酌情减量或停 1～2 天后根据具体情况再喂。

(2) 必须是正常产气一个月以后的沼气池中层新鲜纯净的沼液，才能用来喂猪，pH 以 6.8～7.2 为宜。不产气池或病池的沼液不能喂猪，以防引起疾病。

(3) 不能随取随喂（尤其是浓度大的情况下），因这时沼液中含有氨味，对猪有刺激，影响采食。但是也不能取出后放置过久，否则易感染细菌和寄生虫。一般沼液取出后应搅拌或放置 1～2 小时（冬天 2 小时，夏天 1 小时），去掉氨味后再喂。

(4) 体重低于 20 千克的仔猪不宜喂沼液，以免引起胃肠不适，导致拉稀；公猪可与肥猪一样喂；母猪应于发情前喂，可使之提前发情、产仔多；发情和怀孕后的母猪不能喂，容易导致堕胎和影响胚胎生长发育；母猪产后喂食可以催乳和提高母猪乳的质量。

(5) 不能用沼液代替饲料，不要减少每日饲料量。

3. 生态养猪主要模式

猪—沼—鱼模式　即利用养猪废弃物和猪粪尿产生沼气，用沼气燃烧产生热能取暖、照明，利用沼液、沼渣养鱼的养猪生态模式（图 9–18）。

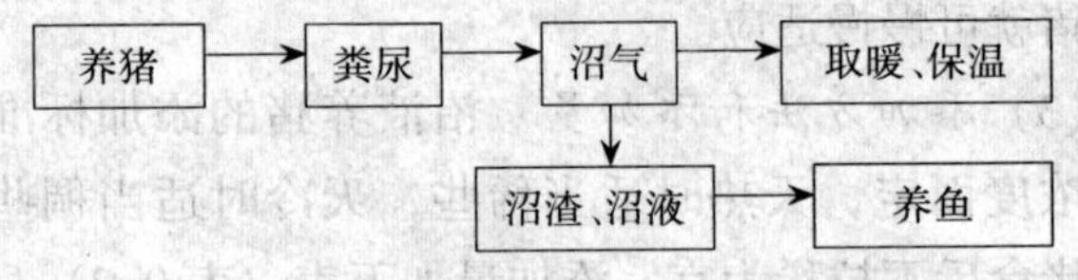

图 9–18　猪—沼—鱼模式

例：某猪场在一个 1.4 公顷水面内进行了试验。过去这个水面由于猪粪尿污水过多，建场 30 年来养鱼均因鱼群死亡而失败。2005 年春天开始挖泥清塘，放入井水，7 月中旬放进草鱼、白鲢、夏花鱼 6 000 尾，每天喂沼渣 2

次，平均 3～4 千克；还掺一些清扫料库的下脚料，均匀撒入鱼塘；沼液每周放 1～2 次，约 500 千克。到 2006 年 1 月底，第一次捕捞称重，鱼苗长到了 200 克 / 尾；到 2006 年 11 月份，第二次称重时，草鱼已长到 450 克 / 尾，鲢鱼长到 250～300 克 / 尾；同时 11 月底至 2007 年3 月底，停止喂食；2007 年 6 月，第三次捕捞称重时，草鱼为 600～650 克 / 尾，鲢鱼为 400～500 克 / 尾。在放养期间水质一直很好，未发现有畸形或死鱼现象，试验证明，养鱼是解决沼水、沼渣出路的一条重要渠道。

猪—沼—蚯蚓模式 即利用养猪废弃物和猪粪尿产生沼气，用沼气燃烧产生热能取暖、照明，利用沼渣养蚯蚓，再用蚯蚓养鸡的生态养猪模式(图 9–19)。

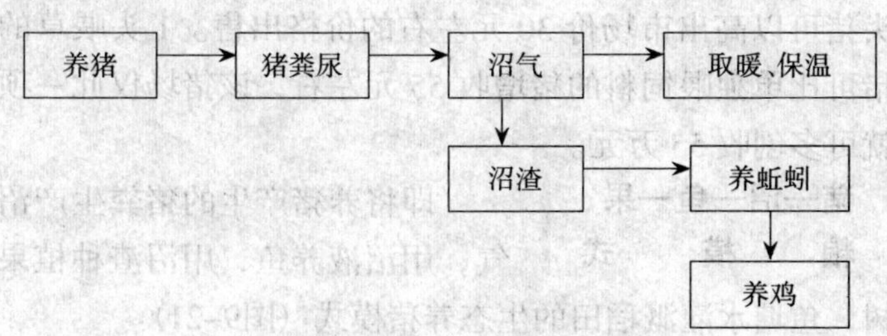

图 9–19 猪—沼—蚯蚓—养鸡模式

例：某猪场利用 0.2 公顷土地，用沼渣养殖蚯蚓，一般一条蚯蚓一年可以繁殖出幼蚓 500～1 000 条，经过两年时间，养殖量就由最初的 2 500 条发展到了 1.3 亿条左右。鲜蚯蚓干后营养丰富，尤其是氨基酸含量较高，是高质量的蛋白质饲料。用蚯蚓养鸡可提高产蛋率 17.8%，料蛋比下降 0.54，经济效益提高 9%。

猪—沼气—中草药或种草模式 即利用养猪废弃物和猪粪尿产生沼气，用沼气燃烧产生热能取暖、照明，利用沼液、沼渣作肥料，种植中草药或草的生态养猪模式（图 9–20）。

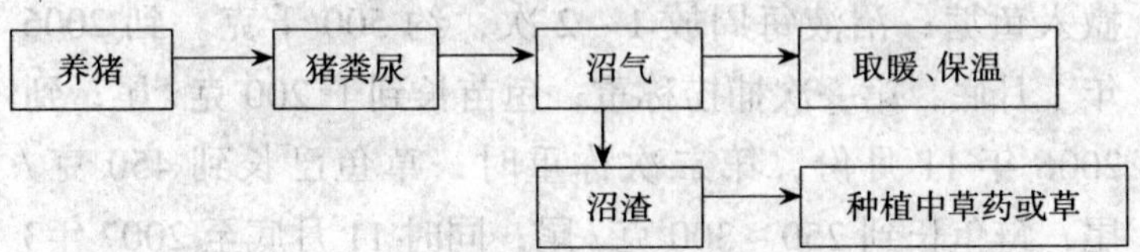

图 9–20　猪—沼—草药或花卉模式

例：某养猪场，生猪存栏 5 500 头，种猪 700 头，年出栏生猪 1 万头，建设了分离池 500 米^3，沼气池 930 米^3，曝气池、生物净化池 1.33 公顷。猪的排泄物进入沼气池进行厌氧发酵无害化处理，沼液被抽到山上灌溉杂交狼尾草，养猪场把狼尾草打成草浆，按 1∶1 搅拌混合饲料喂猪。1 头商品猪从小猪 25 千克隔栏到 100 千克出售可节约饲料成本 25 元左右。由于吃草的猪肉肉质鲜美，每头猪可以高出市场价 30 元左右的价格出售。1 头喂草的猪可比单独喂饲料的猪增收 55 元左右，该猪场仅此一项就可多创收 55 万元。

猪—沼—鱼—果、粮模式　即将养猪产生的猪粪生产沼气，用沼液养鱼，用沼渣种植果树，鱼塘水灌溉稻田的生态养猪模式（图9–21）。

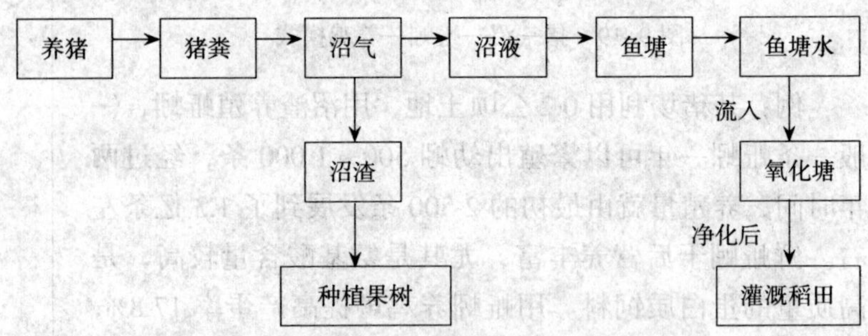

图 9–21　猪—沼气—鱼—果、粮模式

例：某养殖户，饲养瘦肉型母猪 600 头，年产仔猪 1 万头，建沼气池 1 200 米^3，池型采用 100 米^3（长 13.5

米，宽 4 米）。沼气流入 6 666.7 米^{2}的鱼塘，最后进入 720 米^{3}的氧化池，净化后再排到稻田灌溉。同时利用沼气渣、鱼塘底泥作肥料，施于 14.27 公顷果园，一年可节省化肥 5 吨以上。

禽—沼气—猪—粮模式 即用养禽（鸡、鸭）的粪生产沼气，沼气用来保温取暖，沼液或沼渣拌和饲料喂猪，猪粪、沼渣用来种植粮食的生态养猪模式（图 9-22）。

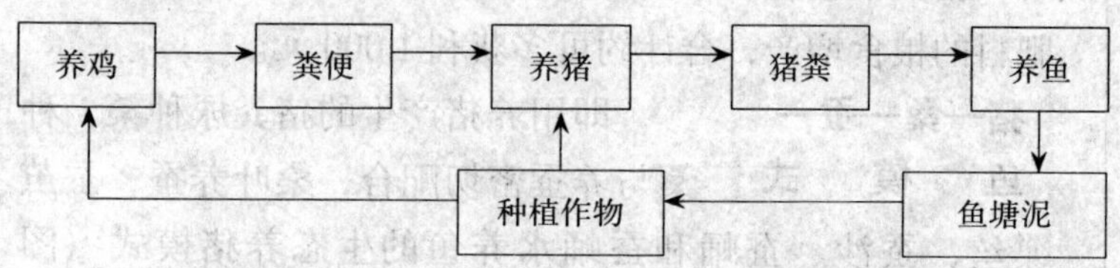

图 9-22 禽—沼气—猪—粮模式

某养禽场，饲养蛋鸡 3 万羽、肉鸡 12 羽、种鸡 6 000 羽、鸭 4 500 羽，兴建了包括 40 米^{3}酸化池 1 座、100 米^{3}上流式厌氧发酵罐 2 座、100 米^{3}沼气池 1 座以及其他相应的配套设施。日产沼气 200 米^3，用于炒茶、孵化、鸡舍保温和村民生活用能源。在猪饲粮中沼渣用量为 20%，再用猪粪、沼渣肥田，提高土壤肥力，一年可节省化肥 5 吨，粮食每公顷达 12 吨，比往年增产 9%。

鸡—猪—鱼—粮模式 即用养鸡的鸡粪养猪、猪粪养鱼、鱼塘底泥种植粮食的生态养猪模式（图 9-23）。

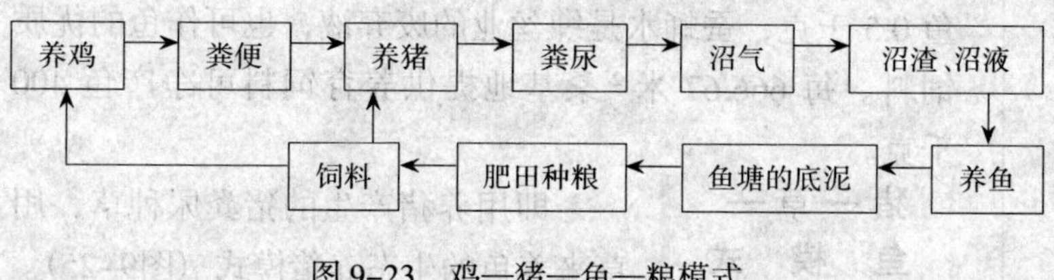

图 9-23 鸡—猪—鱼—粮模式

例：某鸡场用饲料喂鸡，将每天清除的鸡粪，经晾晒干燥到含水分 40%～50%后，用充氧动态发酵机发酵 8 小时，经筛制后掺入猪的配合饲料中，其用量约占配合饲料 20%～40%。猪粪经排水沟进入鱼池，为鱼提供了饲料。

试验表明，1 公顷鱼池配 225～300 头猪、2 250～3 000 只鸡较好，基本上能全部处理掉畜禽粪便。以年养 100 只鸡计算，将鸡粪喂猪，可增产猪肉 100 千克左右，猪粪喂鱼，可增产鱼 50 千克左右，加上鱼塘泥作为肥料的粮食增产，合计约可多获利 1 000 元。

猪—桑—蚕—鱼模式 即用养猪产生的猪粪尿种桑，种桑与养蚕密切配合，桑叶养蚕，蚕茧缫丝，蚕沙、蚕蛹和蚕蛹水养鱼的生态养猪模式（图 9-24）。

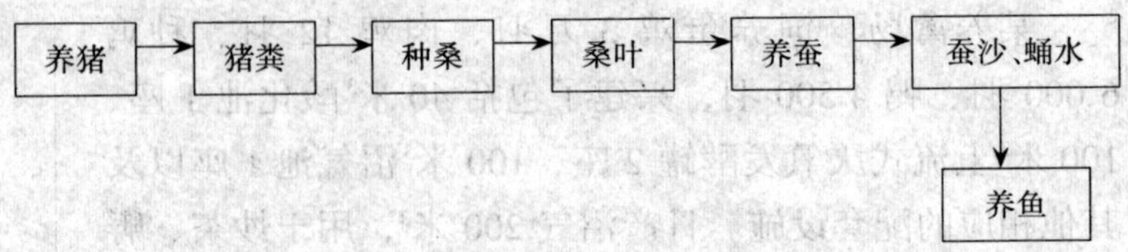

图 9-24 猪—桑—蚕—鱼模式

据资料介绍：桑叶养蚕，可产蚕沙 30～35 千克，每 666.67 米^{2}桑叶养蚕可产蚕沙 1 250 千克。按 4 千克蚕沙生产塘鱼 0.5 千克计算，可产鱼 150 千克。蚕蛹是缫丝业的主要副产品，含粗蛋白质 55.8%、粗脂肪 29.1%，是养鱼、养猪的优质蛋白质饲料，每 0.75～1 千克蚕蛹可产鲜鱼 0.5 千克，蚕蛹水是缫丝业的废弃液，也可作鱼的优质饲料。每 666.67 米^{2}桑基地提供养育饲料可净产鱼 400 千克。

猪—草—鱼模式 即用养猪产生的猪粪尿种草，用草来养鱼的生态养猪模式（图9-25）。

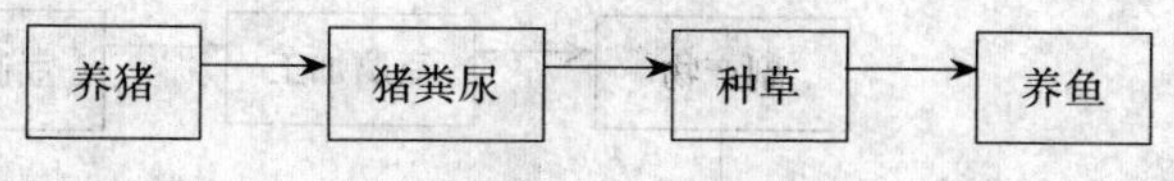

图 9-25　猪—草—鱼模式

据资料介绍，每 100 千克猪粪尿直接养鱼，可产滤食性和杂食性鱼 2.5 千克；如果用来种草，可产草 100 多千克；用草来养鱼可产草鱼 4 千克以上，并带养滤食性和杂食性鱼 1.5 千克以上，合计产鱼可达到 6 千克。

鸡、鸭—猪—沼气—鱼模式　即养鸡、鸭，鸡、鸭粪便养猪，猪粪尿生产沼气，沼渣、沼液养鱼的生态养猪模式（图 9-26）。

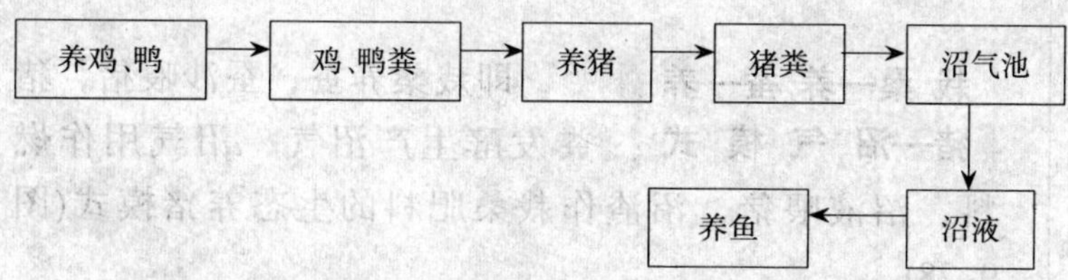

图 9-26　鸡、鸭—猪—沼—鱼模式

例：某生态养殖场，将鸡、鸭粪发酵后掺入配合饲料喂猪。在猪栏旁边建一沼气池，利用猪粪制取沼气，沼液流入鱼池养鱼。据统计，30 只蛋鸡或 35 只肉鸡的粪便，可满足 1 头肉猪饲粮配合的需要。1 头肉猪一年能提供约 2 000 千克粪尿，鱼池若配合饲养 10 头肉猪，用猪粪尿养鱼（与精料配成颗粒料），可产鲜鱼（鲫、草鱼等）350 ~ 450 千克。

种植—加工—养猪—沼气模式　即以种植粮食、高产饲料作物和加工业副产物喂猪，猪粪用作生产沼气，沼气用作燃料，沼液用于喂猪，沼渣还田，从而形成一个多层次、多营养及重复循环利用的良性生态养猪系统(见图 9-27)。

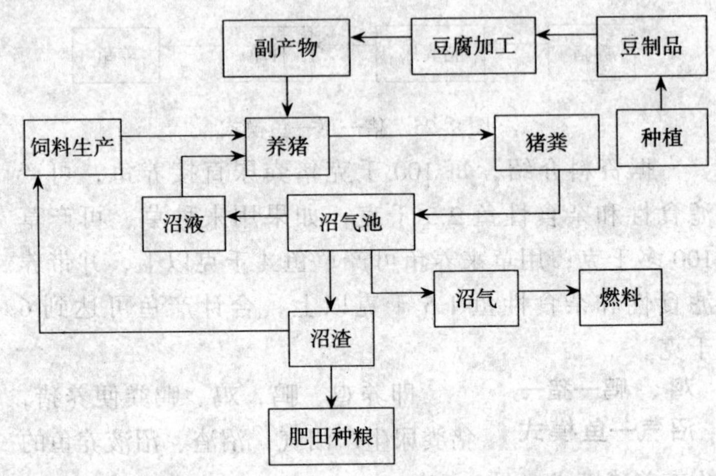

图 9-27　种植—加工—养猪—沼气生态模式

栽桑—养蚕—养猪—沼气模式　即栽桑养蚕，蚕沙喂猪，猪粪发酵生产沼气，沼气用作燃料，沼液喂猪，沼渣作栽桑肥料的生态养猪模式(图 9–28)。

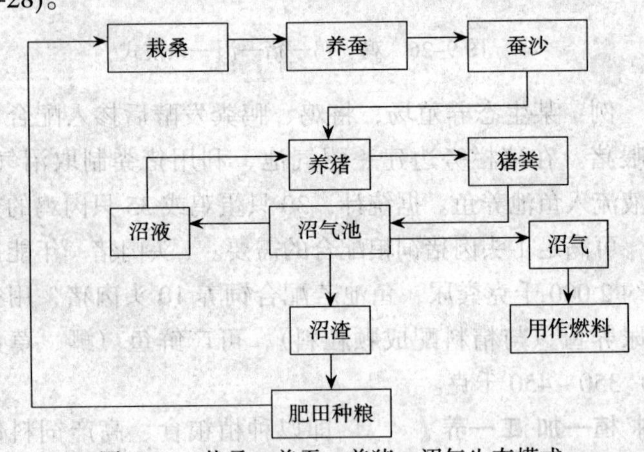

图 9–28　栽桑—养蚕—养猪—沼气生态模式

草—猪—沼—果—鱼五位一体的模式　即种植牧草养猪，猪粪生产沼气，沼渣养鱼，鱼塘底泥种植果树，沼液用于喷施果树叶面防虫五位一体的生态养猪模式（图 9–29）。

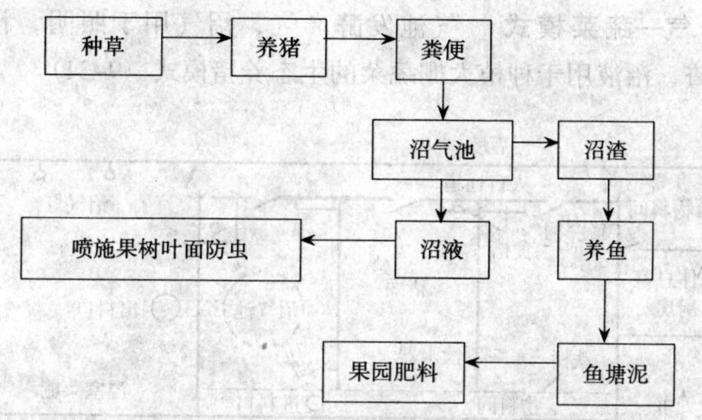

图 9–29 草—猪—沼—果—鱼生态模式

该种模式是每户种 0.133 公顷优质牧草、饲养两三头母猪、建一口沼气池、种 0.067 公顷果树或药材、有一块稻田养鱼池。农户按农业局品种改良站的统一标准改建猪舍，畜牧部门统一供种、配种、指导使用全价料和防制疫病，实现生猪生产的良种化和规范化，避免有害添加剂和违禁药品的使用；种优质牧草喂猪，降低成本，实行自繁自养，有效控制疫病的传播；猪粪尿进沼气池发酵生产沼气（作为燃料），沼渣作果园的肥料和鱼饲料，沼液喷施果树叶面防虫，减少化肥、农药的使用，提高水果质量；美化环境，产生了明显的社会、经济、生态效益。

猪—食用菌—猪模式 即将养猪的粪便用于种植食用菌，将菌糠加工成饲料再喂猪的生态养猪模式（9–30）。

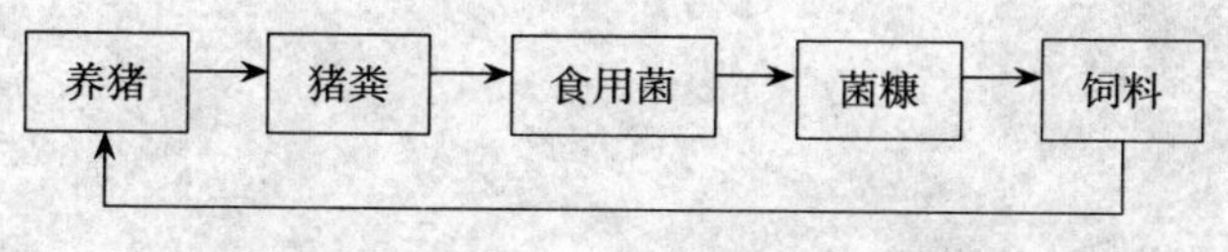

图 9–30 猪—食用菌—猪生态模式

猪—厕所—沼气—蔬菜模式 即将养猪和厕所内的粪便用于沼气池发酵产气，沼气用于照明，沼渣、沼液用于种植大棚蔬菜的生态养猪模式（9-31）。

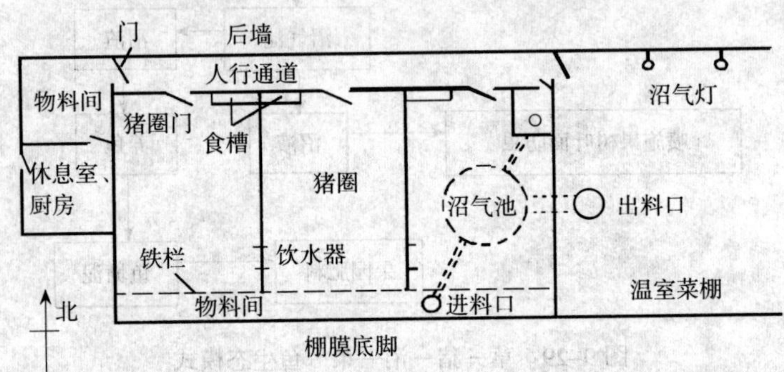

图 9-31　猪—厕所—沼气—蔬菜模式示意图

目前，我国向全国农村推广的主要有三种能源生态工程模式（图 9-32）。

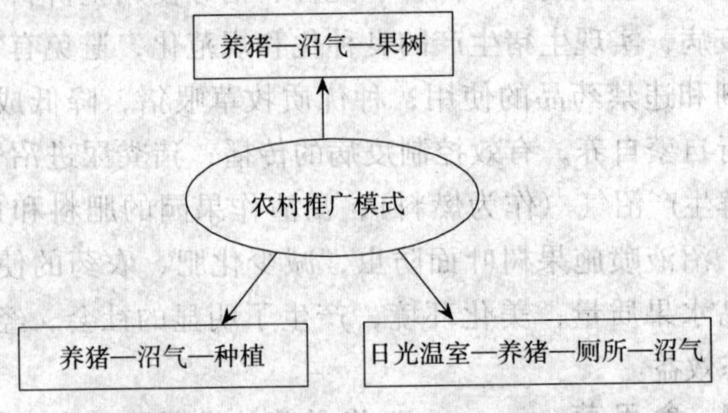

图 9-32　全国农村推广的三种能源生态工程模式

十、发酵床养猪技术

目标
- 了解发酵床养猪的概念和意义
- 掌握发酵床养猪的技术要点

发酵床养猪法，也称自然养猪法、懒汉养猪法，它是一种健康清洁型、环保型、生态型、节能型的养猪技术。这种技术能有效地处理猪的粪尿，实现零排放、无污染，还能为猪的健康生长提供最适宜的环境。猪在这种环境下生长快、生病少，用工、用水、用药省，养猪的经济效益、社会效益和生态效益高。

（一）发酵床养猪技术概述

1. 发酵床养猪技术的概念

发酵床养猪是一种无污染、零排放的有机农业技术，是利用有益微生物母种，按一定比例与锯木屑、秸秆以及一定量的辅助材料混合发酵形成有机垫料，填入经过特殊设计的猪舍里，再将猪放入猪舍饲养的一种技术（图 10–1）。

2. 发酵床养猪的基本原理

发酵床养猪是一种高效、环保型的养猪技术，它是集多学科于一体，遵循低成本、高产出、无污染的原则建立起的一套良性循环的生态养猪体系（图 10–2）。

发酵床养猪技术的基本原理是对土壤里自然生长的

图 10-1　发酵床养猪[①]

①如图 10-1 所示，猪从小到大都可生活在这种有机垫料上面，生长快、不生病、效益高。

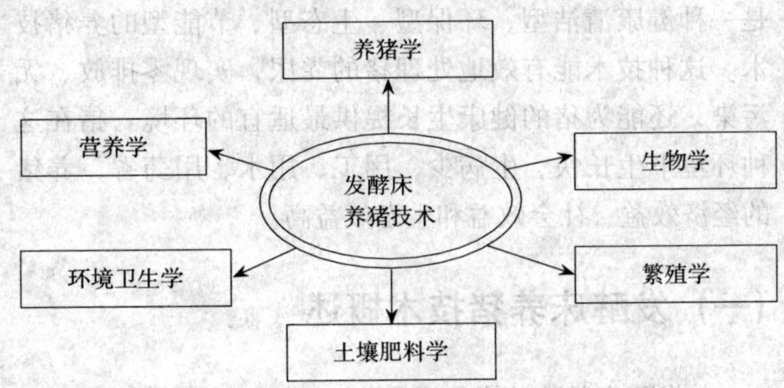

图 10-2　发酵床养猪与多学科的关系

土壤微生物进行培养、繁殖、筛选，然后将其接种于生物垫料内，利用生猪的天然拱掘习性，加上人工辅助翻耙，使猪粪尿和垫料充分混合，通过有益微生物菌群的发酵，使猪粪尿内的有机物质得到充分地降解和转化，从而转变为猪可食入的物质（图 10-3）。

发酵床养猪的技术原理与农田有机肥被分解的原理基本一致，关键是生物垫料发酵床内的垫料碳氮比与发酵微生物的选择，其技术核心是生物垫料发酵床的铺设和科学管理。

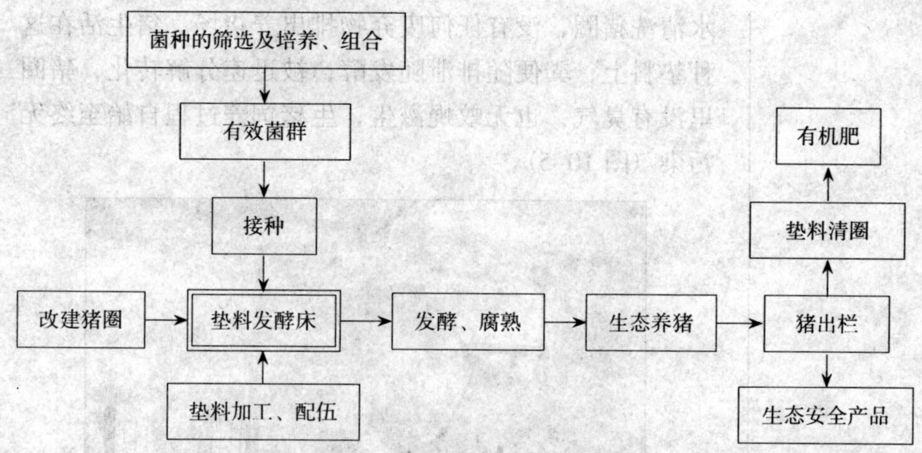

图 10-3　发酵床养猪的技术路线

3. 发酵床养猪技术的效果与优点

发酵床养猪技术可以很好地解决现代养猪遇到的难题，达到养猪零排放、无污染的目的。该模式的饲养效果和优点可简要概括为两无、三省、四提高（图 10-4）。

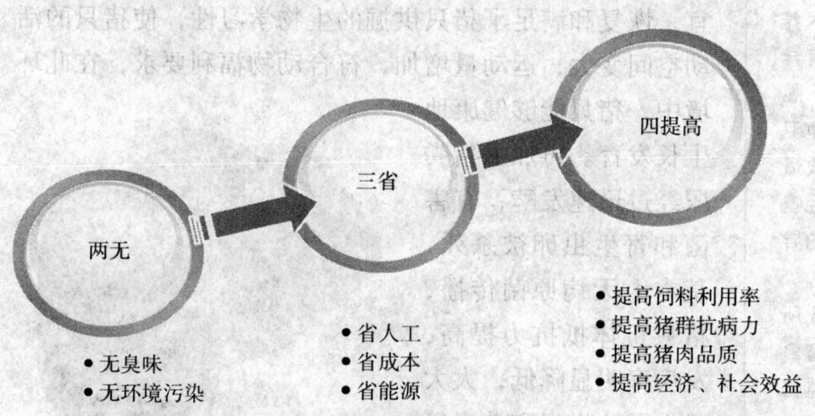

图 10-4　发酵床养猪技术效果

解决了养猪业污染问题　在发酵床垫料内，猪粪尿是微生物源源不断的营养物质，不断地被分解转化，从而不用再对猪排泄物进行清扫，也不需用水清洗猪圈，没有任何废弃物排出养猪场。猪生活在这种垫料上，粪便随排泄随发酵，被迅速分解转化，猪圈里没有臭气，也无蚊蝇滋生，生猪饲养过程自始至终无污染（图 10–5）。

图 10–5　发酵垫料无异臭味①

（1）减少应激，提高了猪肉品质　特殊的猪舍设计可使生物垫料发酵床更通风透气、阳光充足，温湿度适宜，恢复和满足了猪只拱掘的生物学习性，使猪只的活动空间变大，运动量增加，符合动物福利要求，在此环境中，猪只能够健康地生长发育。再加上猪粪尿经过迅速发酵，有害菌和寄生虫卵被杀死，基本上无病原菌传播，猪只机体抵抗力提高，发病率明显降低，大大减少了抗生素和消毒等药物的使用，避免了药物残留的存在和耐药性菌株的产生，提高了猪肉的品质（图 10–6）。

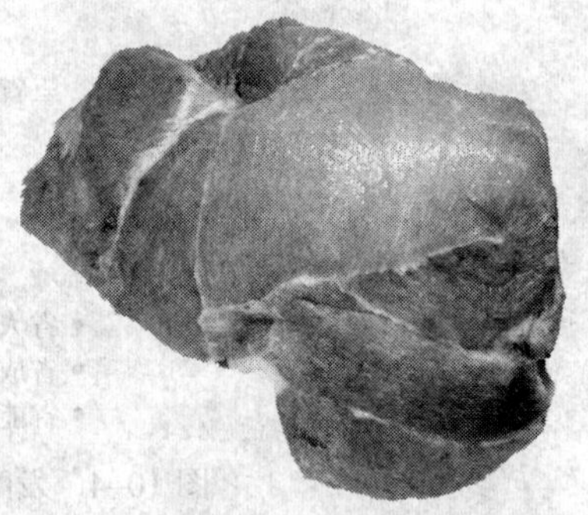

图 10–6　用发酵床技术养猪的猪肉②

（2）大幅度提高了劳动效率　由于生物垫料发酵床

①如图 10–5 所示，由于猪粪便随排泄随被微生物迅速分解转化，所以走进发酵床技术养猪的猪舍，没有异味，空气清新；圈底有机垫料干净卫生，铲起来松软适度，放到鼻边轻嗅没有普通猪舍的异臭味。

②如图 10–6 所示，经农业部畜禽产品质量安全监督检验测试中心（山东省济南）检测，利用发酵床技术饲养的猪，其猪肉达到了国家无公害猪肉标准的要求。

养猪采用自动饮水和自由采食，垫料可 2 ~ 3 年更换 1 次，不需要每天用水冲洗猪舍和清除猪粪尿，饲养人员每天主要的工作就是添加饲料，省工节本，效率高[①]，有利于生猪饲养的规模化、工厂化发展。

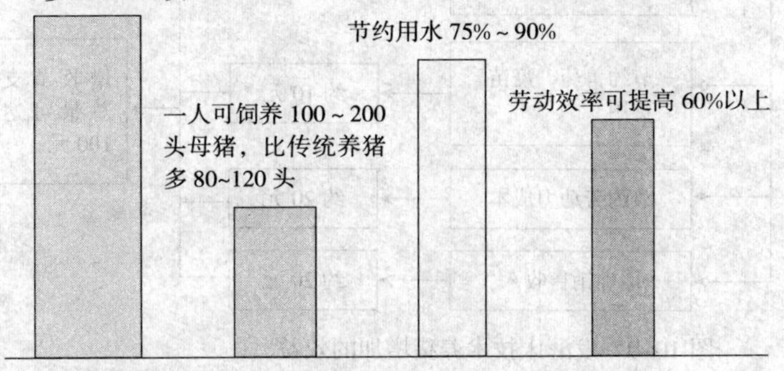

图 10–7　发酵床技术养猪与传统养猪比较

(3) 加快了猪的生长速度　发酵床养猪技术给猪提供了温床式的生活环境，极大地降低了普通猪舍冬季水泥地面冰冻的应激，改善了猪只体表温度，提高了冬季饲养育肥速度。同时，由于微生物发酵，垫料内温度较高，杀灭或抑制了细菌、病毒和寄生虫的繁殖，生猪处在自由逍遥的生存环境中，抵抗各种疫病的能力增强，生长速度明显加快（图 10–8）。

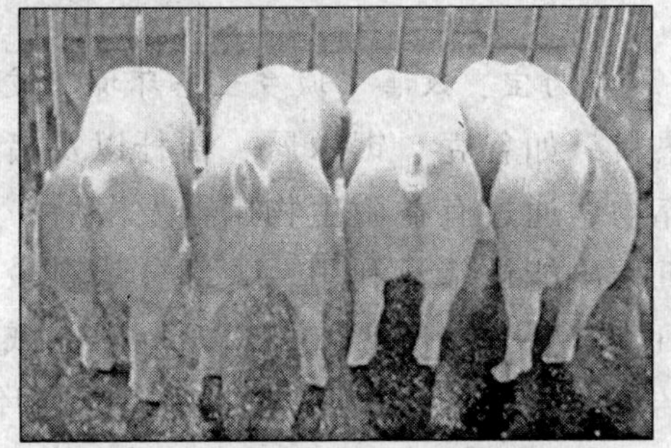

图 10–8　发酵床养猪猪生长快[②]

①据试验，在舍外温度为 -2℃的情况下，舍内温度可达 14℃，发酵床温度可达 28℃以上。平均饲养期（育肥猪）缩短了 7~15 天，每头猪可节约饲料 15~25 千克。

②如图 10–8 所示，发酵床养猪猪长得快，节省饲料，不生病，出栏早，效益高。

(4) 提高了养猪经济效益　利用发酵床技术饲养猪，每头生猪（肥育猪）增收节支总量可达 100 元，收益十分明显（图 10-9、图 10-10）。

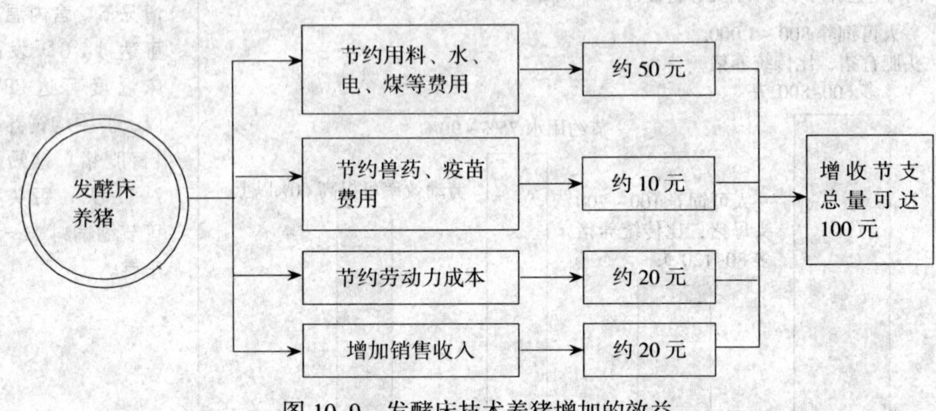

图 10-9　发酵床技术养猪增加的效益

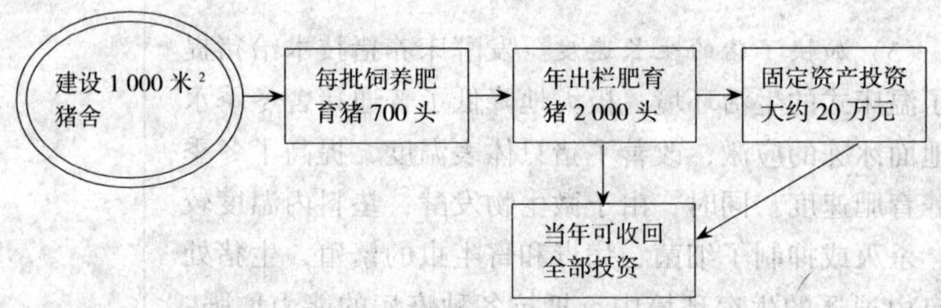

图 10-10　发酵床技术养猪投资效益计算

(5) 变废为宝，改善了城乡生态环境　发酵床技术养猪的垫料，如谷壳、锯木屑、秸秆以及猪粪等多为农业废弃物，通过有益微生物菌群发酵后，垫料中一部分有机物质能被猪只利用，大部分垫料最终形成有机肥返田，变废为宝（图 10-11）。同时，减少了大量农作物秸秆被丢弃、焚烧和猪粪尿造成的环境污染，改善了城乡生态环境。

图 10-11 用发酵床垫料种植的无公害蔬菜[①]

4. 发酵床养猪技术的发展前景

随着人们生活水平的提高，人们对健康猪肉的需求越来越大，但同时人们的环保意识也越来越强。要想在激烈的竞争中寻求发展，在增加产量的同时又兼顾环境的因素，并要获得一定的回报，这就要求人们必须转变思想观念，积极寻找新的饲养技术。

在日本民间，发酵床养猪技术很早就被农民应用于生产实践中，并不断发展和完善。从 1992 年开始，日本鹿儿岛大学的专家教授开始对发酵床养猪技术进行系统研究，形成了较为完善的技术规范。1999 年开始，发酵床养猪技术开始在许多国家推广和应用（图 10-12 和图10-13）。

图 10-12 日本模式的发酵床猪舍[②]

①如图 10-11 所示，经过发酵的垫料在使用 2 年后，形成可直接用于果树、农作物、蔬菜的优质高效的生物有机肥，达到了循环利用、变废为宝的效果。

②如图 10-12 和图 10-13 所示，由于地理位置、气候条件不同，猪舍的设计有所不同。可在猪舍窗户的外边安装活动的帆布帘，既挡风寒，又遮阳光。

图 10–13　规模化发酵床养猪场

我国于 2000 年开始从日本引进发酵床养猪技术，经过多年的实践探索，在技术等方面有了一定创新和突破，形成了一套先进科学的发酵床养猪技术，较好地解决了养猪业带来的环境污染和生态破坏以及畜产品的病害药物残留问题，环保节能，经济效益显著。目前，全国各地正在大力推广和应用发酵床技术养猪（图 10–14）。

发酵床养猪技术作为一项新兴环保节能养猪技术，虽然它的经济性、环保性已充分显现，但现在还处在发展初期，目前仍有许多需要进一步改进的地方（图 10–15）。相信随着社会的发展和人们环保意识的增强，这一技术必将逐步成为今后适度规模养猪的重要措施之一。

图 10–14　发酵床肥育猪舍[①]

①如图 10–14 所示，目前，我国已总结出了一套适合母猪、仔猪、生长肥育猪的发酵床饲养管理经验，掌握了发酵菌的制作方法，研究出了土著菌的培养制作技术，减少了对外来菌种的依赖。

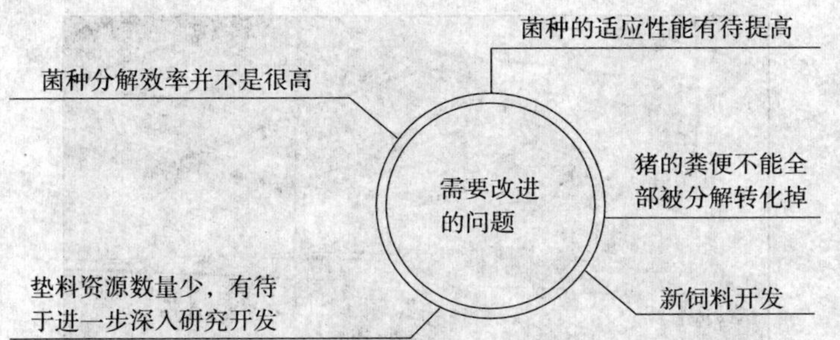

图 10-15　发酵床养猪技术仍有许多问题需要改进

(二) 发酵床猪舍的建筑设计与设备

1. 猪舍建筑设计的基本原则

我国地域辽阔，南北温差大，所以要结合猪的生物学特性和养猪生产工艺流程，因地制宜地设计各类发酵床猪舍（图 10-16）。

图 10-16　适宜的温度、湿度等环境①

符合猪的生物学特性　发酵床猪舍应符合猪的生物学特性，并应根据猪对温度、湿度等环境条件的要求设计（图 10-17）。

① 如图 10-16 所示，发酵床养猪猪舍一般应坐北朝南，重点要解决好保温、隔热、采光、防潮、通风、排水、清理等工程技术问题。

图 10-17　保持适宜的环境[①]

适应当地的气候及地理条件　由于各地的自然气候及地区条件不同，对猪舍的建筑要求也各有差异（图 10-18）。

图 10-18　冬暖夏凉的发酵床猪舍[②]

简单实用，坚固耐用　采用发酵床养猪技术养猪可以在原建猪舍的基础上稍加改造（图 10-19），也可以利用温室大棚（图 10-20）。但是必须便于控制疾病的传播，有利于预防和环境控制。

①如图 10-17 所示，为了保持猪群健康，提高猪群的生产性能，一定要保证舍内空气清新，光照充足，一般猪舍温度最好保持在 10~25℃，相对湿度以 45%~75% 为宜。

②如图 10-18 所示，在雨量充足、气候炎热的地区，主要是注意防暑降温，通风换气。高燥寒冷的地区，应考虑防寒保温，力求做到冬暖夏凉。

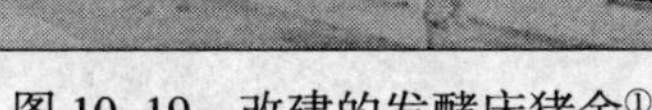

图 10-19　改建的发酵床猪舍①

图 10-20　大棚式发酵床猪舍②

2. 猪舍建筑设计与构造

猪舍的面积　猪舍的大小要根据具体养猪情况而定（图 10-21）。

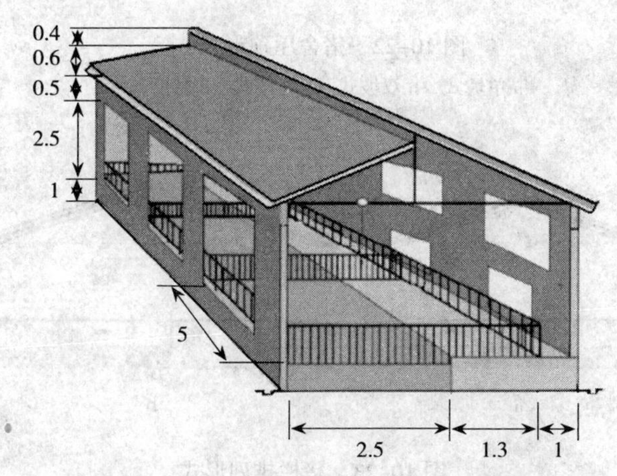

图 10-21　气楼式肥育猪舍结构示意图③（单位：米）

猪舍建筑设计　采用发酵床养猪的圈舍与普通养猪圈舍差异不大，屋顶的形式有坡式、气楼式和拱形式（图 10-22 和图 10-23）；猪栏可以是单列式，也可以是双列式。

① 如图 10-19 和图 10-20 所示，根据实际情况，可以在原来猪舍的基础上改建，也可建造简易实用的大棚式发酵床猪舍。

②如图 10-20 所示，大棚式发酵床猪舍，构造简单，节省材料，实用，投资少。

③ 如图 10-21 所示，通常每个猪圈净面积约 20 米^2，可根据具体情况调节，但猪舍以不低于 10 米^{2}为宜。猪舍一般宽 4～6 米，长 8～20 米，立柱高 2.5～3 米，顶高 5 米左右；南面窗户高 2 米，宽 1.6 米；北面采用上窗和地窗。

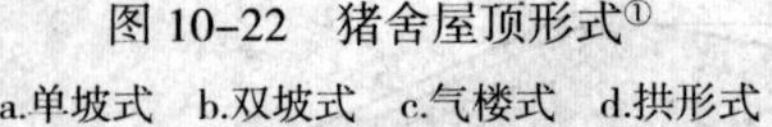

图 10-22 猪舍屋顶形式[①]

a.单坡式 b.双坡式 c.气楼式 d.拱形式

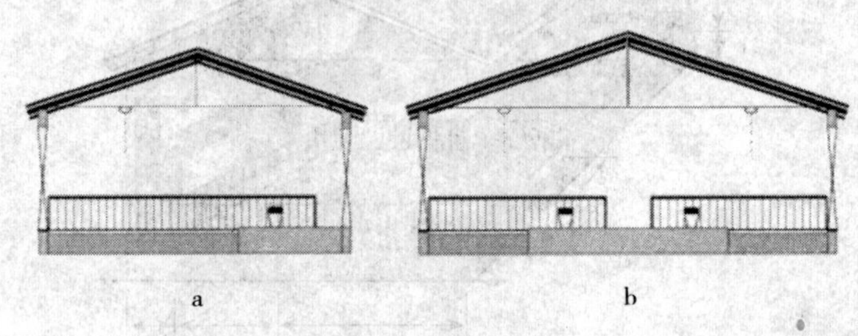

图 10-23 猪栏排列形式

a.单列式 b.双列式

3. 发酵床建设

垫料池的大小 利用发酵床养猪，其垫料池的面积应根据猪只的大小和饲养数量的多少来确定（图 10-24）。

① 如图 10-22 和图 10-23 所示，无论是哪种形式的猪舍，猪舍内都要设置一条 1.2~1.5 米宽的走道，于猪栏的一端设置具有一定宽度的水泥饲喂台（约占发酵床面积的 1/3），与饲喂台相连的是发酵床。

图 10-24 充填好发酵垫料的猪舍[①]

发酵池的类型

生物垫料池的类型主要有三种（图 10-25）。

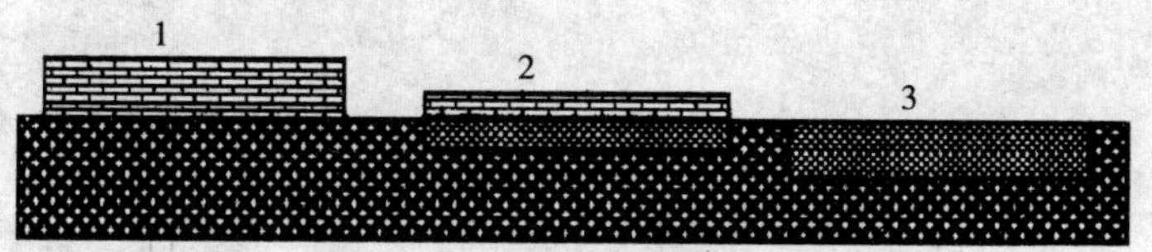

图 10-25 垫料池的类型[②]

1.地上式 2.混合式 3.地下式

（1）地上式垫料池 垫料池建在地面上（图 10-26）。

（2）地下式垫料池 垫料池建在地面以下（图 10-27）。

（3）混合式垫料池 该种垫料池介于地上式与地下式结构之间，它结合了二者的优点，即将垫料池一半建在地下，一半建在地上。硬地平台及操作通道取用开挖的地下部分的土回填即可。

①如图 10-24 所示，可在圈舍内设置可移动的栏杆，以控制猪舍的面积。一般保育猪占地面积为 0.3~0.8 米^2/头，育肥猪 0.8 ~1.5 米^2/头，母猪 2.0 ~2.5 米^2/头。

②如图 10-25 所示，按垫料池位置，一般可分为地上式、地下式和混合式（半地下式）三种，建造时应根据地下水位高低来确定。

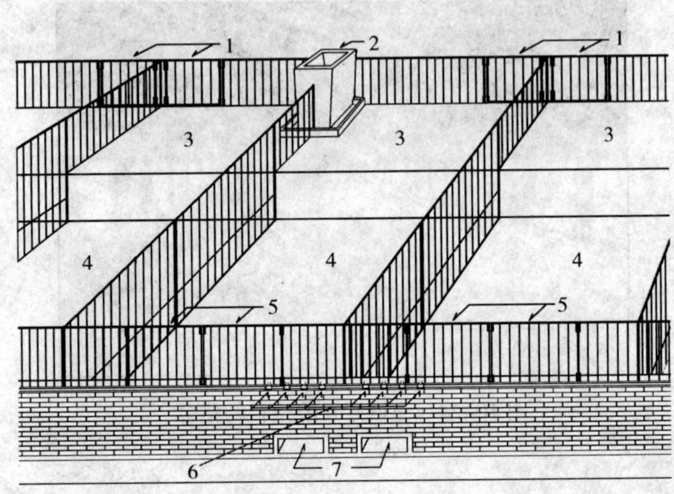

图 10-26 地上式垫料池示意图①

1.栏舍门 2.食槽 3.硬地平台 4.垫料槽

5.垫料进出口 6.乳头式饮水器 7.渗液及通气口

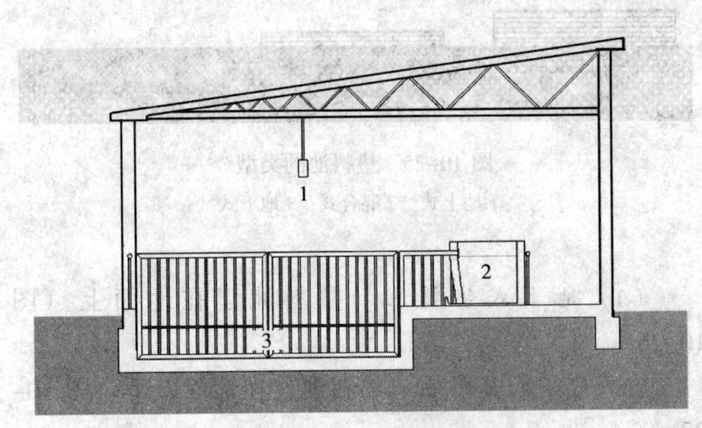

图 10-27 地下式垫料池示意图

1.控温装置 2.食槽 3.垫料槽

(4) 三种发酵床垫料池的比较 (表 10-1)。

①如图 10-26 所示，地上式垫料池高于地面，池底部与猪舍外地面持平或略高，硬地平台及操作通道需垫高 50~100 厘米，保育猪 50 厘米左右、育成猪 80 厘米左右，利用硬地平台的一侧及猪舍外墙构成一个与猪舍等长的长槽，并视养殖需要中间由铁栅栏分隔成若干圈栏，以防止串栏。

表 10-1 地上式、地下式、混合式垫料池的比较

发酵池类型	优　点	缺　点	适合地区
地上式	猪舍整体高度较高，雨水不容易溅到垫料上，地面上的水也不易流到垫料里，通风效果好，能保持猪舍干燥，特别是能防止高地下水位地区雨季返潮，而且进出垫料也方便	投资大、造价稍高	南方大部分地区；江、河、湖、海等地下水位较高，雨水容易渗透的地区
地下式	猪舍整体高度较低，冬季发酵床保温性能好，造价较地上槽低。由于饲喂料台与地面基本相平，投喂饲料方便；猪转群也方便	由于地势低，雨水容易溅到垫料上，进出垫料也不方便。猪舍整体通风效果比地上式差，无法留通气孔，发酵床日常养护用工多	北方干燥或地下水位低、排水通畅、雨水不易渗透的地区
混合式	造价较上两种模式都低，发酵床养护便利	透气性较地上式差，不适应高地下水位的地区	北方大部分地区、南方坡地或高台地区

发酵床的制作

（1）材料的准备　见图 10-28。

垫料中的谷壳或秸秆主要起蓬松

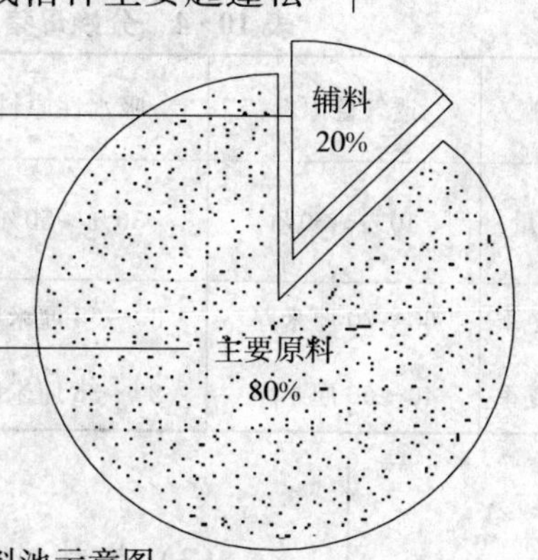

图 10-28　地下式垫料池示意图

作用，以使垫料中有充足的氧气；锯末、米糠、麸皮和猪粪等则起保水及作为微生物营养源的作用。注意坚决不能使用经防腐处理的板材生产的锯末。

（2）垫料原料的配比　垫料原料主要包括：透气性原料和吸水性原料、营养性原料、菌种等。不同发展阶段猪所需垫料原料组成见表 10-2 至表 10-4。

表 10-2 育肥猪发酵床垫料原料组成

原料		透气性原料	吸水性原料	营养性原料	菌种
垫料用量		40%～50%	30%～50%	0～20% （视原料不同而不同）	视菌种成品类型而不同
比例	冬季	60～70 厘米厚	30～50 厘米厚	30～50 千克/米^3	0.1～1 千克/米^3
	夏季	40～60 厘米厚	20～30 厘米厚	20～30 千克/米^3	0.1～1 千克/米^3

表 10-3 保育猪发酵床垫料原料组成

原料		透气性原料	吸水性原料	营养性原料	菌种
垫料用量		40%～50%	30%～50%	0～20% （视原料的不同而不同）	视菌种成品类型而不同
比例	冬季	65～75 厘米厚	35～55 厘米厚	35～55 千克/米^3	0.1～1 千克/米^3
	夏季	45～65 厘米厚	25～35 厘米厚	25～35 千克/米^3	0.1～1 千克/米^3

表 10-4 分娩母猪发酵床垫料原料组成

原料		透气性原料	吸水性原料	营养性原料	菌种
垫料用量		40%～50%	30%～50%	0～20% （视原料的不同而不同）	视菌种成品类型而不同
比例	冬季	60～70 厘米厚	30～55 厘米厚	30～50 千克/米^3	0.1～1 千克/米^3
	夏季	40～60 厘米厚	20～35 厘米厚	20～30 千克/米^3	0.1～1 千克/米^3

（3）*垫料制作方法* 根据制作场所不同，一般可分为集中统一制作和猪舍内直接制作两种。①集中统一制作垫料：即在舍外场地统一搅拌、发酵制作垫料（图 10-29）。②猪舍内制作垫料：即在猪舍内完成垫料与菌种的配比。这种方法适用于规模不大的猪场，也是最常用的一种方法。其方法步骤如图 10-30。

图 10-29　舍外统一制作垫料①

①如图 10-29 所示，该种方法可用较大的机械操作，操作自如，效率较高，适用于规模较大的猪场。需要新制作垫料的情况下通常采用该方法。

◆ 备料
将主要垫料原料按比例配备好

◆ 准备菌种
按所铺垫料体积准备好菌种

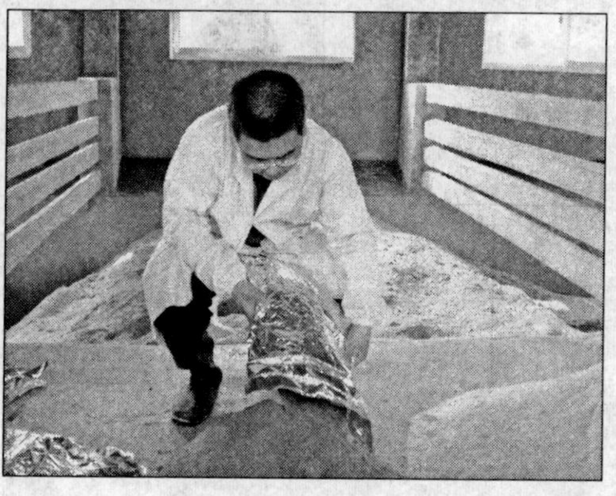

◆ 稀释菌种

将菌种按比例与麸皮、玉米面等辅料拌匀

◆ 撒布菌种

将稀释的菌种均匀地撒布在垫料上

◆ 拌料

将稀释的菌种与垫料搅拌均匀

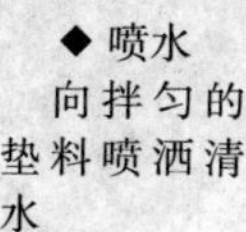

◆ 喷水

向拌匀的垫料喷洒清水

◆ 翻料

喷洒清水后，再将垫料搅拌均匀

◆ 检查湿度

喷洒清水后的垫料，湿度达到40%为宜

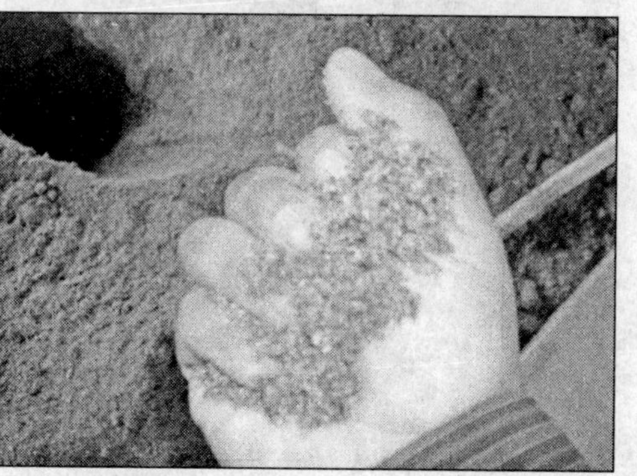

◆ 湿度判断

将拌匀的垫料握在手中无水流出，松手后垫料即散开为宜

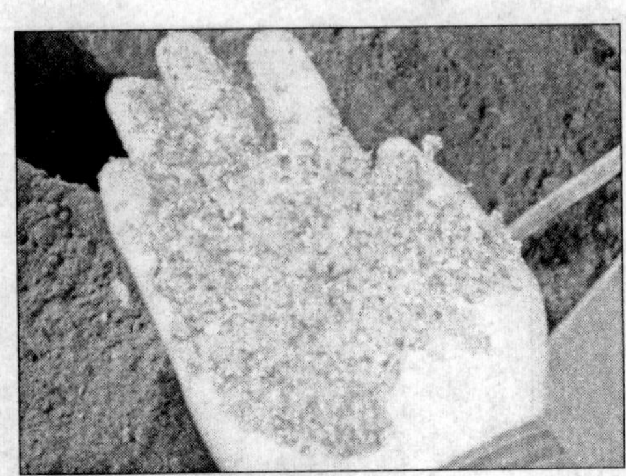

◆ 堆积垫料

将拌匀的垫料堆积成梯形，四周拍平

◆ 发酵

将堆积好的垫料四周用编织袋覆盖上进行发酵

◆ 测量温度
从第二天开始在不同角度的三个点，约 20 厘米深处测量垫料温度，并记录

◆ 酵熟判断
第二天温度可升到 45~50℃，以后逐渐升到 65~70℃为止，则发酵成功，发酵时间 7~10 天

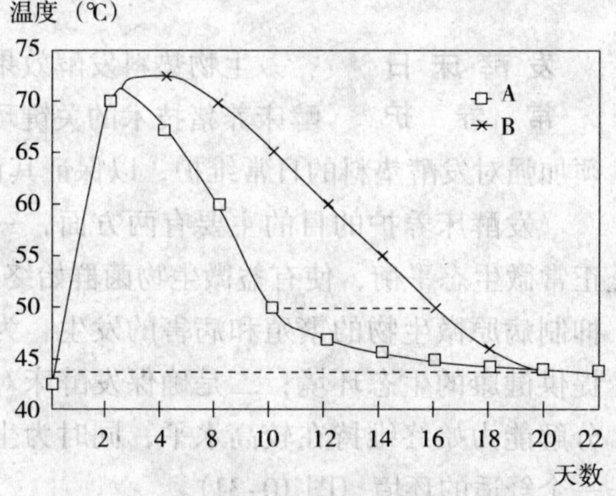

◆ 摊开垫料
垫料酵熟后，于垫料床上摊开铺平，再在其上铺撒一层预留约 10 厘米厚的谷壳、锯末（湿润），24 小时后即可进猪

◆ 准备进猪
发酵好的垫料床，随时可以放入猪只

图 10-30　猪舍内制作垫料的方法

发酵床日常养护　生物垫料发酵效果的好坏，是发酵床养猪技术的关键环节，因此，必须加强对发酵垫料的日常维护，以保证其正常发酵。

发酵床养护的目的主要有两方面，一是保持发酵床正常微生态平衡，使有益微生物菌群始终处于优势地位，抑制病原微生物的繁殖和病害的发生，为猪的生长发育提供健康的生态环境；二是确保发酵床对猪粪尿的消化分解能力始终维持在较高水平，同时为生猪的生长提供一个舒适的环境（图 10-31）。

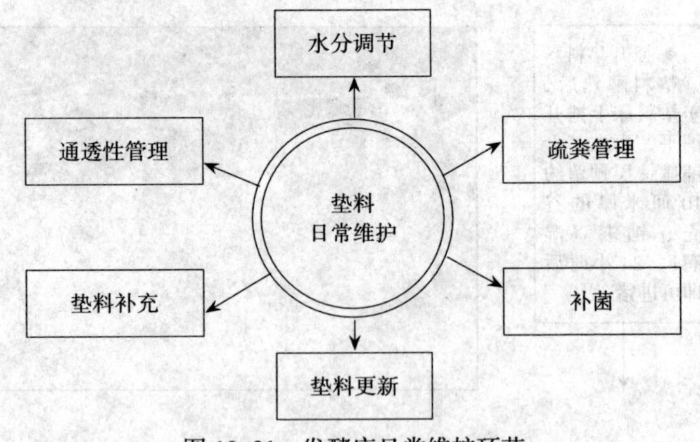

图 10-31　发酵床日常维护环节

(1) 发酵垫料的常规维护

①观察记录：进猪后的第一周为观察期(图 10–32)。

图 10–32　发酵床的观察、记录[①]

②翻耙垫料：进猪一周后，每周应根据生物垫料的湿度和发酵情况翻耙垫料 1 ~ 2 次，以保持垫料适当的通透性，使垫料中的含氧量始终维持在正常水平（图10–33)。

图 10–33　用叉子翻松垫料[②]

若垫料变得比较结实，则可用叉子或便携式犁耕机翻松垫料，并把表面凹凸不平的地方铺平（图 10–34)。

③疏粪管理：由于生猪具有集中定点排泄粪尿的特性，所以发酵床上会出现粪尿分布不匀，粪尿集中的地方湿度大、消化分解速度慢的现象，所以要将粪尿及时

① 如图 10–32 所示，进猪一周内，一般不需用特殊管理，但要注意观察猪只的排粪、尿区分布情况，并做好相关的记录。

②如图 10–33 所示，经常翻动垫料，翻动深度保育猪舍为 15~20 厘米、育成猪 25~35 厘米，通常可以结合疏粪或补水将垫料翻匀。

图 10-34 用犁耕机翻耙垫料[①]

①如图 10-34 所示，放进猪只后，每 50～60 天应把垫料深翻一次。对于规模较大的猪场，可用犁耕机进行翻耙。

疏散撒布在垫料上（图 10-35）。

图 10-35 将集中的粪尿疏散开[②]

②如图 10-35 所示，通常保育猪可 2～3 天进行一次疏粪管理，中大猪应每 1～2 天进行一次疏粪管理。不要让粪便堆积时间过长，以免影响发酵效果。

④调节垫料水分：平时多注意观察垫料表层的湿度，使垫料的水分含量保持在最适宜的状态（图 10-36 和图 10-37）。

⑤调整垫料的深度：根据季节和猪舍内的温度，及时调整发酵床垫料的深度（图 10-38）。

⑥垫料补充：发酵床在消化分解粪尿的同时，垫料也会逐步损耗，因此，应及时补充垫料，以保持发酵床

图 10-36　检查垫料的水分含量①

图 10-37　猪舍通风②

的性能稳定（图 10-39）。

图 10-38　调整垫料的深度③

① 如图 10-36 所示，目测垫料床有湿的感觉时，但又不太湿，较松散而不板结的样子，此时含水量大约在 30%。垫料适宜的含水量通常为 38%~45%。

② 如图 10-37 所示，如果垫料太干，则需要洒上点水；如垫料水分过多、湿度过大，应打开猪舍通风口，利用空气流动调节湿度。

③ 如图 10-38 所示，夏季天热，为避免发酵床产热过多增加舍内温度，可适当降低垫料的深度，冬天垫料则可厚一点。春秋季节一般在 60 厘米左右，冬天 80 厘米以上，夏天 50 厘米左右。

图 10-39 补充垫料[①]

①如图 10-39 所示，通常垫料减少量达到 10%后，就要及时补充，补充的新料要与发酵床上的垫料混合均匀，并调节好水分。

⑦垫料更新：发酵床垫料的使用寿命是有一定期限的，日常养护措施到位，使用寿命就会相对较长，反之则会缩短。当垫料达到使用期限后，必须将其从垫料槽中彻底清出，更换新料。垫料是否需要更新，可按以下方法进行判断（图 10-40）。

更换垫料

- 当猪舍出现臭味，并逐渐加重时
- 通常发酵床垫料的最高温度段，保育猪为发酵床向下 20～30 厘米处、育成猪发酵床为向下 40～60 厘米处。如果日常按操作规程养护，高温段向发酵床表面位移时
- 当垫料达到使用寿命，供碳能力减弱，粪尿分解速度减慢，水分不能通过发酵产生的高热挥发，会向下渗透，并且速度逐渐加快，该批猪出栏后
- 当垫料的 C/N 下降到 20 以下时

图 10-40 判断需要更新垫料的方法

⑧禁用药品：发酵床养猪猪舍内禁止使用化学药品和抗生素类物品，防止它们对垫料微生物有杀害作用，降低微生物的活性（图 10-41）。

图 10-41　垫料床内禁用抗生素等药物[①]

① 如图 10-41 所示，猪只放入发酵床之前，要观察一段时间并驱虫，确认健康后再放入发酵床内饲养。在发酵床内禁止使用化学药品和抗生素类物品，发现病猪时，要及时将其挑出隔离治疗。

4. 发酵床垫料管理设备

根据生物发酵垫料的情况和养猪生产的要求，平时必须做好垫料的管理工作，常用的机械设备有以下几种。

垫料翻动机械设备　为便于垫料制作与垫料日常翻动，规模猪场每次大规模翻动垫料可选择使用小型挖掘机或小型铲车以及犁耕机等（图 10-42）。

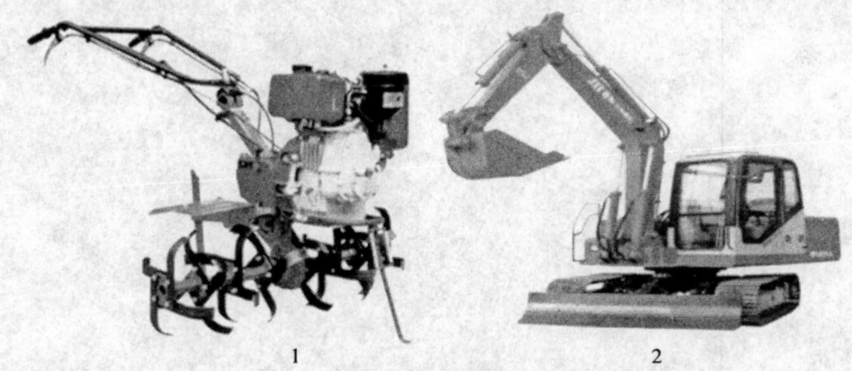

1　　2

图 10-42　垫料翻动机械

1.犁耕机　2.小型挖掘机

平时饲养员简单翻耙垫料、调整垫料湿度等可使用叉、耙、铲等小型农具，定期把板结的垫料打散铺开（图 10-43）。

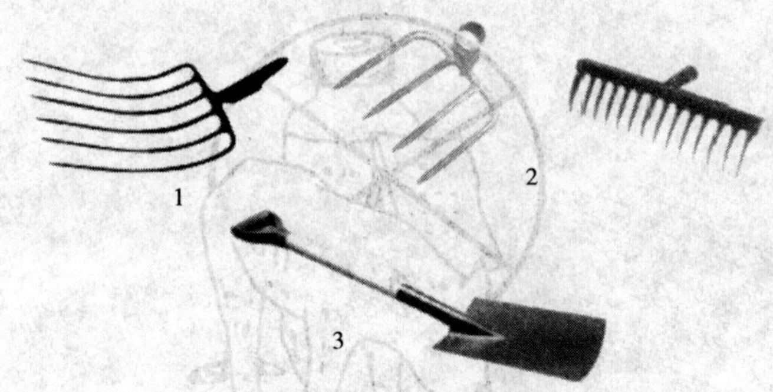

图 10-43　日常垫料调整工具

1.叉子　2.耙　3.铁锨

垫料挡板　用于挡截地上式或混合式猪栏垫料以及方便垫料进出、机械搅拌垫料进出口使用。

除了上述设备外，发酵床养猪的通风系统设备、饮水系统设备、采食系统设备等基本同普通养猪法。

十一、猪场的经营管理

目标
- 了解猪场经营管理在养殖生产中的重要性
- 掌握猪场经营管理的技术要领

随着市场经济的发展，许多规模化、现代化养猪业在猪种、饲料、防疫、环境控制、饲养管理等方面，不同程度地采用了先进的科学技术，使养猪生产水平有了明显提高，但经济效益却高低不一，盈亏各异，这在很大程度上取决于经营管理水平的高低。因此，为使养猪生产取得更大经济效益，在注重科学技术、提高生产水平的同时，更要注重科学的经营管理。

(一) 经营管理的概念及在生产中的地位

1. 经营管理的概念

经营与管理是两个不同的概念。经营指在国家法律、条例所允许的范围内，根据市场的需要和企业内外部的环境和条件，合理确定企业的生产方向和经营总目标，合理组织企业的供、产、销活动，以求以最少的人、财、物消耗取得最大的利润；管理是根据企业经营的总目标，对企业生产总过程的经济活动进行计划、组织、指挥、调节、控制、监督和协调等工作，两者有着密切的关系(表 11-1)。

表 11-1　经营与管理在猪场生产经营活动中的关系

类　别	重　点	解决的问题	中　心	关　系
经营	追求经济效益	解决猪场的生产方向和猪场目标等根本性问题，偏重于宏观决策	宏观决策	相互联系、相互制约、相互依存统一体的两个组成部分
管理	讲求效率	在经营目标已定的情况下，组织高效生产，偏重于微观调控	微观调控	

2. 经营管理在养猪生产中的地位

实践和经验证明，猪场经营管理的好坏，直接关系到养猪生产的经济效益（图 11–1）。

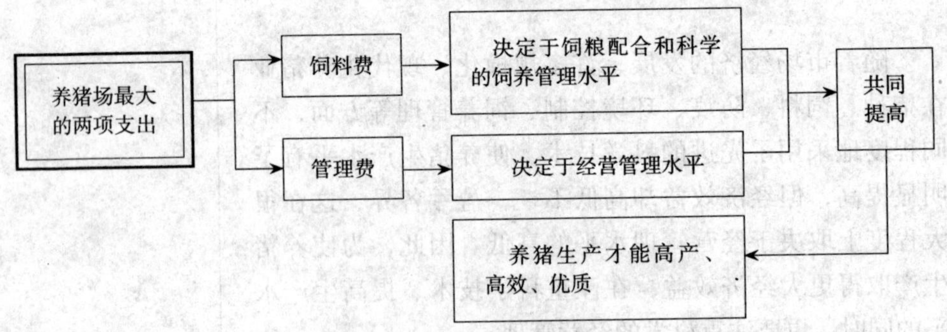

图 11–1　经营管理的作用

养猪企业投入资金大、技术性强，因此风险很大。要想正常运行，保证高产、高效、优质，不仅要提高养猪生产科学技术水平，同时要提高科学经营管理水平。实践证明，只有把科学的饲养管理和科学的经营管理结合起来，合理地用好人、财、物，不断地更新设备，采用先进的科学技术，加强饲养管理，才能提高企业的生产和生存能力，从而提高经济效益。

（二）养猪经营的原则与形式

1. 养猪经营的原则

重视品种改良 在以增加收入为主的现代养猪经营中，必须利用商品价值高、产肉性能好的猪种①，并根据市场需求，饲养适应当地条件的各种杂优猪（图 11-2）。

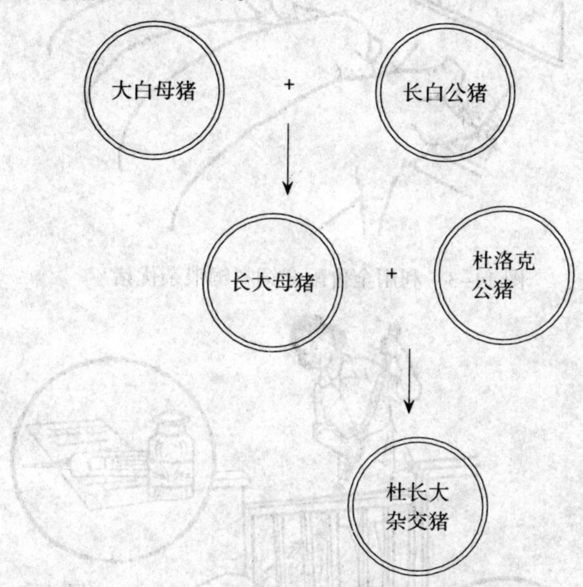

图 11-2 杜长大杂产猪杂交模式图①

降低饲养费用 饲料费用在养猪成本中可高达 65%～75%，能否控制住饲料转化率就显得非常重要。料肉比从 3.0∶1 降到 2.7∶1，就意味着每头商品猪可减少饲料消耗 25～30 千克，经济效益可观（图 11-3）。

加强卫生防疫 猪场要制订防疫免疫程序和卫生消毒制度，严格贯彻预防免疫程序，执行以预防为主的健康管理（图 11-4）。

提高管理技能 养猪经营者要有经济管理的才能和精湛的技术，并且对猪种、饲料、防疫等环节加以监控，加强对人员、财务的管理，才能使生产、销售和管理相互平衡，最终实现经营目标。

①好的猪种必须是产仔多、生长快、耗料少、产肉多、肉质好的品种，如杜长大杂交猪（长白猪、大白猪、杜洛克猪三种猪杂交所产）一般表现为 180 日龄活重超过 100 千克，饲料转化率低于 3.0，背膘厚小于 2.5 厘米，屠宰率达到 73%，胴体瘦肉率 58%以上。

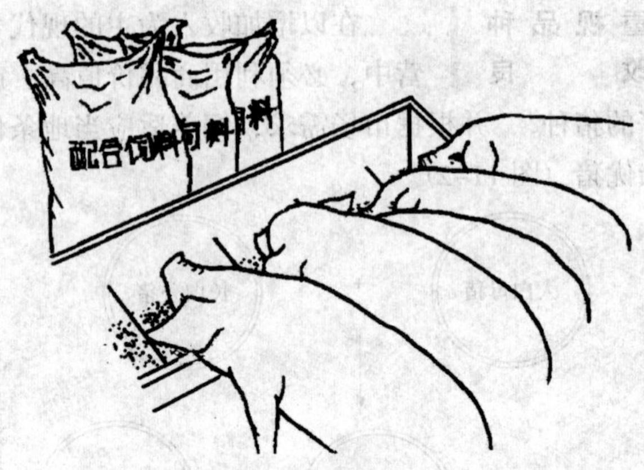

图 11-3　利用全价配合饲料饲喂杂优猪[①]

①如图 11-3 所示，采用科学配制的全价配合饲料和生产性能最佳的杂优猪，提高饲料利用率，才能有效地降低料肉比。

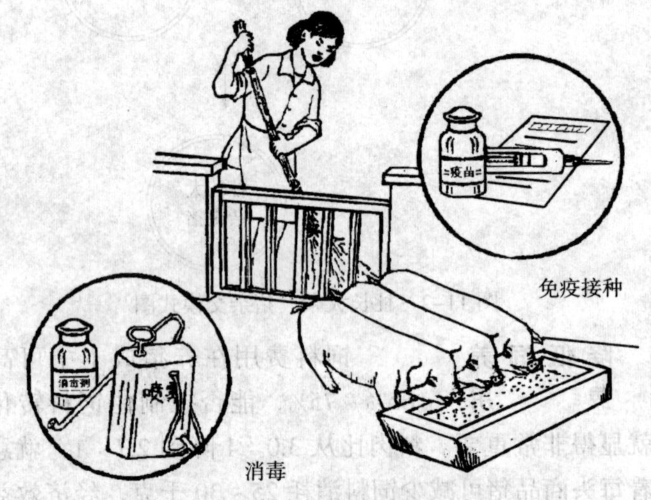

图 11-4　加强卫生防疫[②]

②如图 11-4 所示，猪场要搞好卫生，定期消毒，严格贯彻预防免疫程序，执行以预防为主的健康管理。

2. 养猪经营的形式

单一经营　单一经营指仅生产某一类型猪的经营方式，主要有四种类型（图 11-5）。

(1) 生产肥猪型　指养猪户到仔猪专业市场或专业生产仔猪的猪场购买断奶仔猪进行育肥，直到 90~100 千克时出栏销售的生产模式。其优缺点见表 11-2。

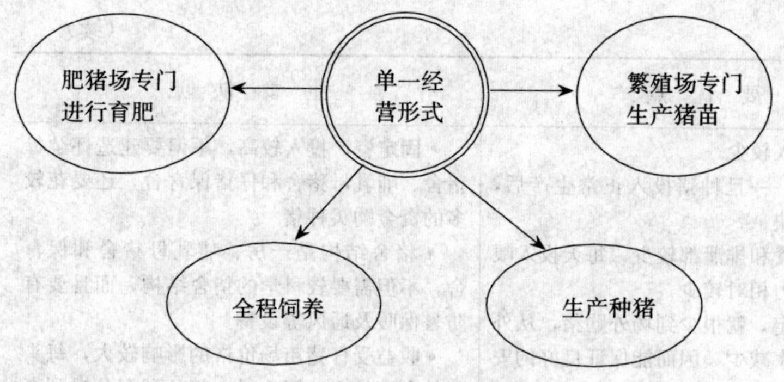

图 11-5 单一经营方式

（2）生产仔猪型 指养猪户饲养母猪以生产仔猪，待仔猪断奶后到一定体重时销售给育肥猪饲养户的生产模式。其优缺点见表 11-2。

（3）全程饲养型 指养猪户要历经从种猪生产、仔猪培育、肉猪育肥，直到 90~100 千克出栏销售的整个生产、经营、管理过程的生产模式，是第一模式和第二模式的综合。其优缺点见表 11-2。

（4）生产种猪型 这是一种特殊的饲养模式，其目的是生产种猪出售给其他的养猪户。种猪饲养是一种非常专业的饲养类型，特别是饲养者在育肥技术、种猪系谱和精细发展等方面需要有较好的把握。其优缺点见表 11-2。

表 11-2 几种养猪生产类型比较

分类	主 要 优 点	主 要 缺 点
生产肥猪型	•经营方式简单，易于起步，而且可根据市场行情的波动，随时上马或下马。如果能摸准市场脉搏，不但可以赚取养猪本身的利润，还可赚取差价 •猪群全进全出，猪舍结构要求相对简单，设备要求不高 •饲养周期短，资金周转快，从投入到产出最多 3～4 个月 •固定资产投入少，栏舍周转快，每个栏舍每年至少可饲养 3 批	•仔猪供应不稳定，很难买到品种、质量、规格一致的仔猪 •对仔猪疫病和免疫情况不可能了解得很清楚，易将疫病带到猪场，有引发疫病的危险 •流动资金较大，收益易受市场波动的冲击，利润随仔猪和大猪的市场价格变化而变化

（续）

分类	主要优点	主要缺点
生产仔猪型	•流动资金投入较少 •开始周转慢，一旦种猪投入正常生产后，资金周转就会加快 •每头猪的采食和排泄都较少，每天投入喂料和清粪的劳动力相对较少 •种猪一旦固定，就很少到场外购猪，从外界带入疫病的几率减少，因而能保证良好的安全卫生和健康状态	•固定资产投入较高，不但要建造怀孕母猪舍、哺乳母猪舍和仔猪保育舍，还要花较多的资金购买种猪 •猪舍结构是产房、哺乳母猪舍和保育舍，不但需要较科学的猪舍结构，而且要有防暑保暖及通风等设备 •收益受仔猪市场价格的影响较大，每头猪的利润较小，因为另一部分利润分摊到育肥猪上了 •种猪饲养和仔猪培育都要求有较高的技术水平，既要求有较高的产仔指数和初生窝重，还要求有较高的哺育率
全程饲养型	•从场外购猪的几率小，因此带入疾病的机会少，猪场安全卫生有保障 •可获得仔猪和育肥两部分收益，因而每头猪的利润高 •自繁自养，有利于均衡生产	•固定资产和流动资产投入高 •生产周期长，从母猪培育到肥猪出售需10个月以上，因而前10个月没有收入 •技术要求高、管理难度大，需要掌握各个环节的科学饲养、管理技术 •需要投入更多的时间和劳动力 •收益受育肥市场的冲击较大
生产种猪型	•种猪售价无统一标准，往往大大高出肉猪价格，因而利润一般会较高 •具有全程饲养的所有优点	•由于缺少杂种优势，纯种种猪生产的仔猪不及杂种猪生产的仔猪，因而出售的总数可能较少 •要投入更多的时间和精力来保存系谱和做详细的性能记录 •要增加选种、育种方面的时间和费用 •种猪销售需要市场中的众多其他饲养商来察看选购猪群，这将会带来安全卫生风险

综合经营

这类经营方式主要有一体化养猪生产和综合化养猪生产两种经营形式，如图 11-6 所示。

(1) 专业户养猪生产经营型　我国养猪生产经营中，专业户养猪占有重要地位（占比例 90%以上）。专业户养猪生产经营的规模，因各地的经济、技术、市场等条件的不同而异，从出栏几十头到几千头上万头不等，并且

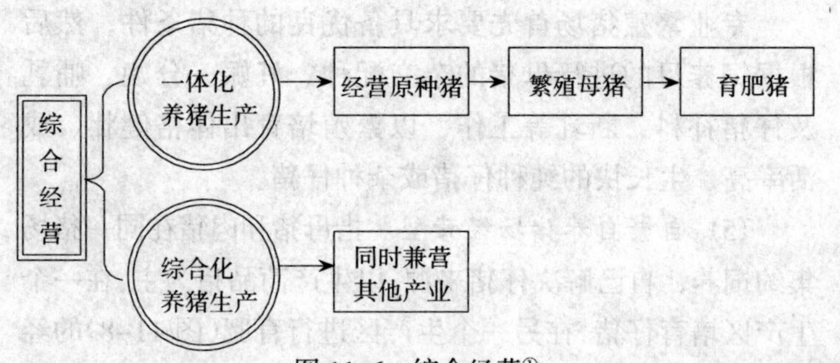

图 11-6 综合经营[①]

走综合经营道路，包括养猪与养鸡、养鱼结合，养猪兼营豆腐生产，养猪兼养肉牛等形式，其经济效益均高于单纯经营养猪者。

(2) “公司 + 农户”养猪生产经营型 该种养猪生产经营形式，是以公司作为经营者，农户作为生产单位，按照利益共享、风险共担的原则，把千家万户组织起来，进行养猪生产和经营的经营形式。该种经营形式，已成为我国高产、优质、高效的现代化养猪业的发展雏形。

(3) 中外合资养猪生产经营型 是一种资金、技术、设备高度密集，现代化的大型养猪经营形式。该种经营形式必须具有较雄厚的经济实力和外销市场，以保证高投入、高产出和高效益。

(4) 专业繁殖场经营型 即饲养繁殖母猪，以繁殖出售仔猪为主的专门繁殖场，在我国主要有两种情况(图 11-7)。

①如图 11-6 所示，综合化生产有较高的抵御养猪风险的能力，是我国目前养猪生产中的主要存在形式。

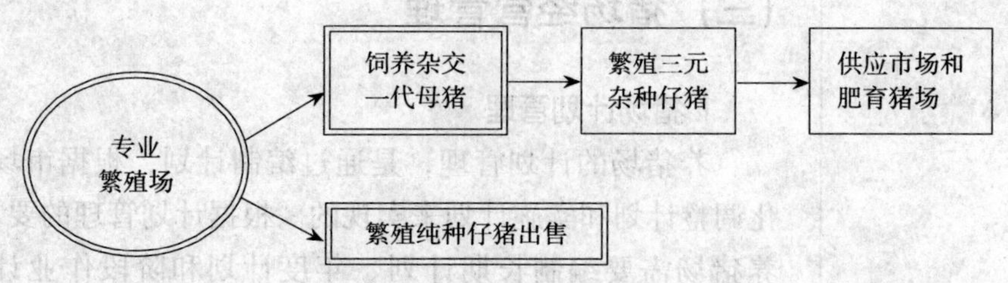

图 11-7 专业繁殖场经营方式

专业繁殖猪场首先要求具备优良的种猪条件，然后根据饲养目的进行母猪的杂交配种、妊娠、分娩、哺乳及仔猪补料、断乳等工作，以繁殖培育出体格健壮、成活率高、生长快的纯种仔猪或杂种仔猪。

(5) 自繁自养猪场经营型　指母猪和肉猪在同一猪场集约饲养，自己解决仔猪来源，以生产商品猪为主，在一个生产区培育仔猪，在另一个生产区进行育肥(图 11-8)的经营形式。这种生产方式又称为两点式饲养模式，是当前商品肉猪的主要来源，我国多数规模化养猪场都属于这种类型。

①如图 11-8 所示，自繁自养型猪场，仔猪来源于本场种猪，不受市场的影响，稳定性好，在严格的疾病控制和标准饲养管理条件下，仔猪不易发病、生长均匀。

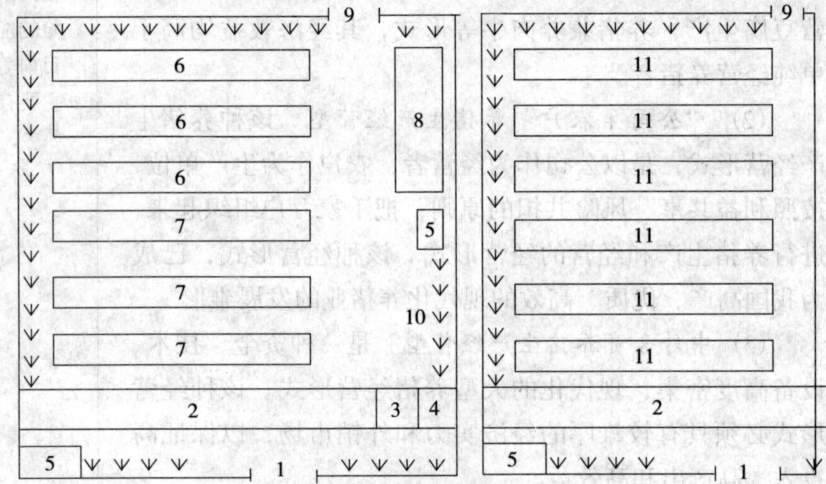

图 11-8　自繁自养猪场布局示意图①

1.大门　2.居室　3.过道　4.车库　5.厕所　6.猪舍
7.保育猪舍　8.仓库　9.运肥大门　10.草坪（绿化带）　11.育肥猪舍

(三) 猪场经营管理

1. 猪场计划管理

养猪场的计划管理，是通过编制计划，根据市场变化调整计划和实施计划来实现的。根据计划管理的要求，养猪场需要编制长期计划、年度计划和阶段作业计划(图 11-9)。

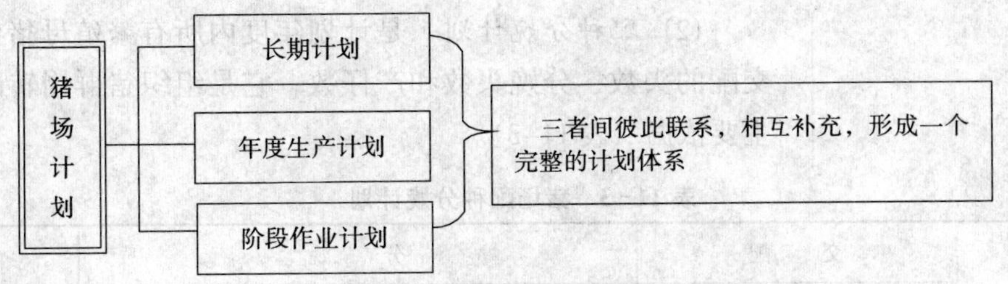

图 11-9　猪场计划的组成

长期计划　是猪场长期（一般为 5 年）发展生产的纲领和安排年度生产计划的依据，由于长期计划涉及时间长，影响因素多且复杂，因此，不可能规划得十分详尽具体。长期计划的主要内容见图 11-10。

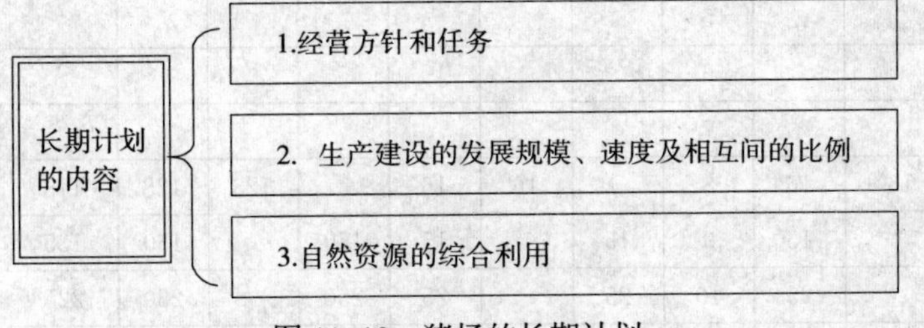

图 11-10　猪场的长期计划

年度生产计划　是拟定猪场当年生产经营活动的行动方案，是计划管理的主要内容，也是长期计划的具体实施和阶段作业计划的依据。年度生产计划应在前一个生产年度末，在总结前一年度生产经验、编制财务决策、修订各项定额（如饲料、劳动、设备利用、繁殖和增重定额等）的基础上来制订，其中应以销售计划为前提，生产计划为核心，技术、物质和资金为保证。年度生产计划的主要内容有以下几个方面。

(1) *总任务*　即猪场年内生产和推广的种用幼猪头数与总增重，或者是出售肥育猪的头数与总增重，以及总产量、成本和利润等经济效益计划指标。

（2）配种分娩计划　是计划年度内所有繁殖母猪各交配的头数、分娩头数和产仔数，它是组织猪群周转的主要依据（表 11-3）。

表 11-3　猪场配种分娩计划

年度	交配				分娩							
	月份	基础母猪头数	检定母猪头数	合计	本年度月份	分娩胎数			活产仔数			产仔头数
						基础母猪	检定母猪	合计	基础母猪	检定母猪	合计	
上年度	9				1							
	10				2							
	11	15		15	3	15		15	150		150	135
	12	25	16①	41	4	25	16	41	250	128	378	340
本年度	1				5							
	2				6							
	3				7							
	4		16②	16	8		16	16		128	128	115
	5	15		15	9	15		15	150		150	135
	6	25③		25	10	25		25	250		250	225
	7				11							
	8				12							
	9				全年	80	32	112	800	256	1056	950
	10											
	11											
	12											

注：①是前一年度转来的检定母猪，第二产后，选优秀者转入基础母猪群 8 头；②是前一年度 32 头后备母猪群中，选留优秀者转入检定母猪群 16 头；③25 头原有基础母猪，淘汰 8 头老年者，剩下 17 头。再从 16 头检定母猪中选留优秀者转入 8 头，即为 25 头。

（3）猪群周转计划　反应在一定时期内各类猪群的头数因出生、成长、购入、出售、淘汰而引起的增减变化，以及要求年终保存合理结构的猪群。该计划是计算产品、产量的依据之一，也是制定饲料与劳动需要的依据之一(表 11-4)。

表 11-4 猪群周转计划表

项目		上年存栏	本年度月份												合计
			1	2	3	4	5	6	7	8	9	10	11	12	
基础公猪	月初数														
	淘汰数														
	转入数														
检定公猪	月初数														
	淘汰数														
	转入数														
	转出数														
后备母猪	月初数														
	淘汰数														
	转入数														
	转出数														
基础母猪	月初数														
	淘汰数														
	转入数														
检定母猪	月初数														
	淘汰数														
	转入数														
	转出数														
后备母猪	月初数														
	淘汰数														
	转入数														
	转出数														
哺乳仔猪															
断奶仔猪															
育 成 猪															
育肥猪	60 千克前														
	60 千克后														
月末存栏总数															
出售淘汰总数	后备公猪														
	后备母猪														
	育肥猪														
	淘汰种猪														

①种猪场的主产品是仔猪，以头数计算产量；商品猪场的主产品是猪肉，以育肥头数乘以每头出栏活重获得。猪粪尿则是一切猪场的副产品。

(4) 产品生产计划　指以猪群周转计划为基础，按照猪的单产水平来制定的全年提供产品的总量及其逐月分布的状况，包括主产品和副产品①。

(5) 饲料供需计划　指计划年度内猪群的饲料需要量以及饲料的生产数量。一般根据猪场在计划年度内各类猪群的平均头数，以及每头猪的饲料消耗的定额而定(表11–5)。

表 11-5　饲料每月需要量表

项　目		公　猪		母　猪				仔　猪		育成猪	育肥猪	全年量
		后备公猪	种公猪	后备母猪	空怀母猪	妊娠母猪	哺乳母猪	哺乳仔猪	断奶仔猪			
1	头　数											
	饲料量											
2	头　数											
	饲料量											
3	头　数											
	饲料量											
4	头　数											
	饲料量											
5	头　数											
	饲料量											
6	头　数											
	饲料量											
7	头　数											
	饲料量											
8	头　数											
	饲料量											
9	头　数											
	饲料量											
10	头　数											
	饲料量											
11	头　数											
	饲料量											
12	头　数											
	饲料量											
合计												

(6) 物质供应计划　包括生产用物质供应计划和非生产物质供应计划。生产物质计划需要量可根据猪场平均饲养头数，计算计划年度内猪场全年所需的兽医药品及其他物质消耗，必须保证当年生产急需的物质。

(7) 基本建设计划　指本年度内进行基本建设的项目和规模，其中包括增建各类房舍的面积，固定资产的购置，以及材料、用工和投资的数量等。

(8) 劳动力使用计划　根据平均饲养猪的头数及其他作业项目和劳动定额，确定计划期内所需用的人力，并预算劳动工资，编制工资表。

(9) 财务计划　即用货币形式反应猪场全年生产成果和各项消耗的计划，其内容包括：各项收入计划，各项生产费用和管理费用计划，年度收支盈亏计划和按猪群或生产单位核算的全年收支盈亏计划等。

阶段作业计划　指年度生产任务在各个不同时期的具体安排，可以按照季度和月份来编制。计划中应提出本阶段的具体任务，合理组织劳动和组织物质供应，保质保量地在规定的时间内完成全部作业。

猪场计划的编制方法　(1) 平衡法　即把计划任务同猪场内不可能提供的各种条件，如土地、劳力、机具、设备技术力量、饲料、资金等进行比较，通过反复平衡，有计划地协调它们之间的比例关系。平衡法的应用主要通过编制各种平衡表来实现（表11-6)。

(2) 定额法　是以有关定额为主要约束来编制计划的方法。如房舍容量有限时，则应限制养猪头数。

(3) 动态计划法　即把猪场作为系统，运用动态仿真模型使系统内部结构和外部协调关系表达出来，根据内外部条件变化趋势进行动态仿真，以此编制出生产发

表 11-6　猪场计划平衡表

项目		饲料			劳力（个）	资金（元）	…	产品			
		精料（吨）	青料（吨）	粗料（吨）				种猪（头）	仔猪（头）	肉猪（头）	猪肉（千克）
Ⅰ	需要量										
	供应量										
	余缺量										
Ⅱ	需要量										
	供应量										
	余缺量										

展与投入产出计划。

2. 猪场劳动管理

岗位职责

在猪场的劳动管理中，应包括场长、技术副厂长、技术员、兽医防疫人员、各类饲养员、会计和出纳、值班人员以及其他杂物人员等，它们应各自承担相应的职责。

（1）场长　负责猪场的全面指导、指挥和经营决策工作。

（2）技术副厂长　负责猪场的全面科技工作和技术指导工作。

（3）技术员　负责猪场的技术工作。

（4）兽医防疫人员　负责全厂的防疫、消毒、卫生检查以及病猪的诊断、治疗及病死猪的无害化处理等工作。

（5）饲养员　负责猪只的饲喂、圈舍内的卫生、饲料质量的检查；协助维修人员及时检查修理养猪设施；配合配种员、兽医及时给猪治病、配种，保证完成规定的任务。

（6）会计与出纳　负责全场的财务，包括预算、决算、成本核算、发放工资和平时统计工作。

生产责任制 实行生产责任制，能使猪场在生产中建立起正常的秩序，有效地进行计划领导和推行经济核算，有利于发挥员工的积极性，达到以期增加生产、降低成本的目的[①]。

①以往猪场未实行责任制，养好养坏都一样，谁都不愿多出力。如今实行了养猪生产责任制，直接与个人的经济效益挂钩，饲养员都能精心饲养，严格按照规程操作。

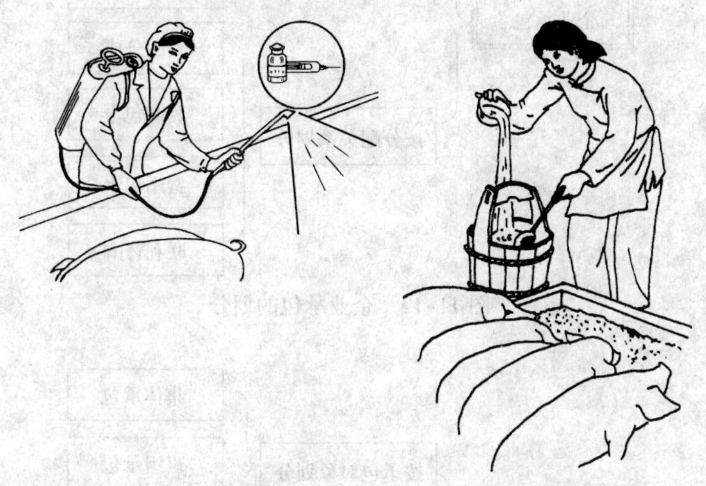

图 11-11　实行责任制可以提高人们的积极性

生产责任制有多种形式。

(1) *联产计酬*　是联系产量计算报酬，即年初按不同生产类别制订包产量、质量或产值值勤指标，到年底结算，超产奖励，减产惩罚。

(2) *联产承包*　有企业承包和企业内部承包两种方式（图 11-12、图 11-13）。

岗位责任制 定额管理是岗位责任制管理的核心，其显著特点是管理的数量化。养猪业岗位责任制管理的主要内容有以下几方面。

(1) *劳动定额*　是生产过程中完成一定养猪作业量或产品量所规定的或劳动消耗标准。劳动定额的划分标准有以下几种（图 11-14）：

劳动定额主要有以下几种类型。

①劳动手段定额：是完成一定生产任务所规定的机

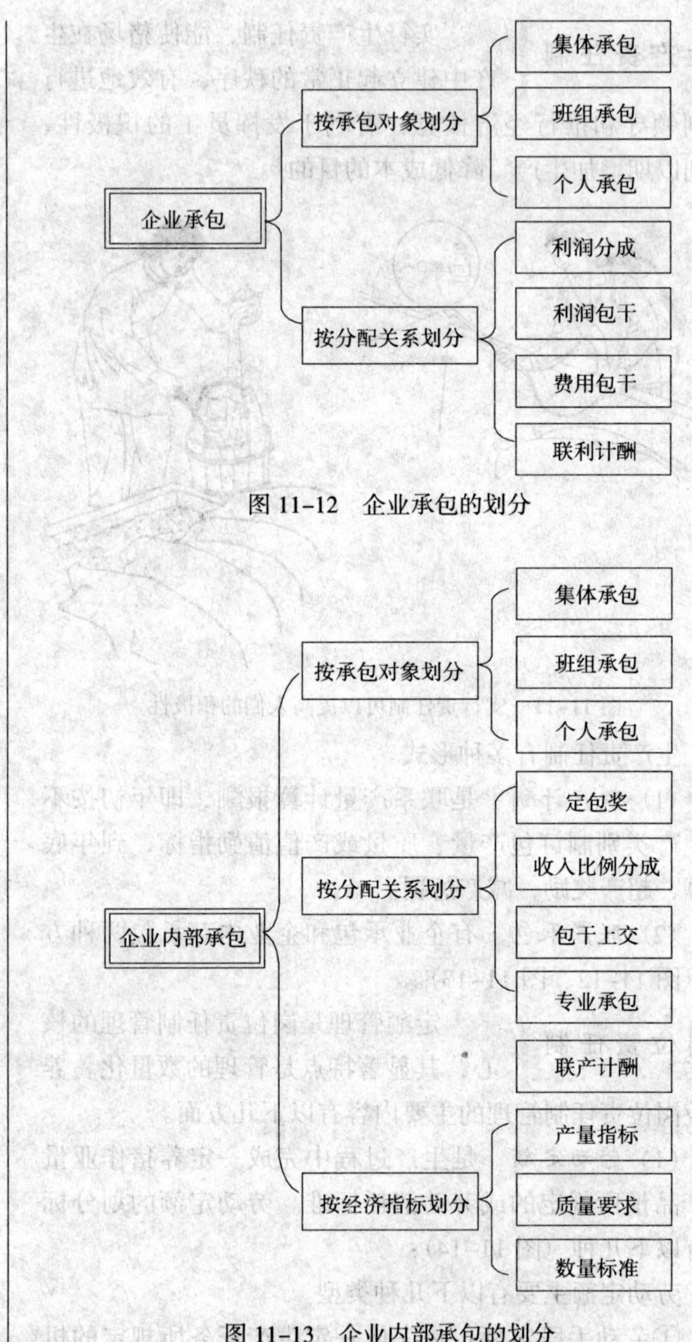

图 11-12　企业承包的划分

图 11-13　企业内部承包的划分

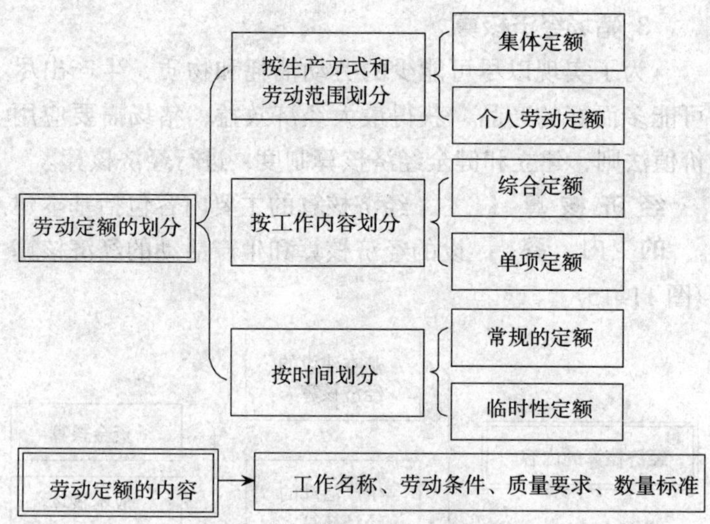

图 11-14　劳动定额的划分与内容

械和设备，及其他落实到手段应配备的数量标准。如饲料加工机具、饲喂工具、猪栏等。

②劳动力配备定额：按生产和管理实际需要所规定的人员配备标准。如每个饲养员应负担的猪群头数、饲料管理人员的编制定额等。

③劳动定额：在一定的质量标准前提下，规定单位时间内完成的工作量或产量，如人工日作业定额等。

(2) 其他定额管理

①物质消耗定额：为生产一定产品或完成某项工作所规定的原材料、燃料、电力等的消耗指标。如饲料消耗、药品消耗等。

②工作质量和产品质量定额：如母猪受胎率、产仔率、成活率、肥猪出栏率、产品的等级品质等。

③财务收支定额：在一定的生产经营条件下，允许占用或消耗财力的标准，以及应达到的财务标准。如资金占用定额、成本定额、各项产值、收入、支出、利润定额等。

3. 猪场经济核算

为了实现以尽可能少的劳动消耗和物质，生产出尽可能多而好的产品，获得最大经济效益，猪场需要应用价值法则，建立和健全经济核算制度，进行经济核算。

经济核算的内容

经济核算的主要内容包括基本建设的经济核算和生产活动的经济核算（图 11-15）。

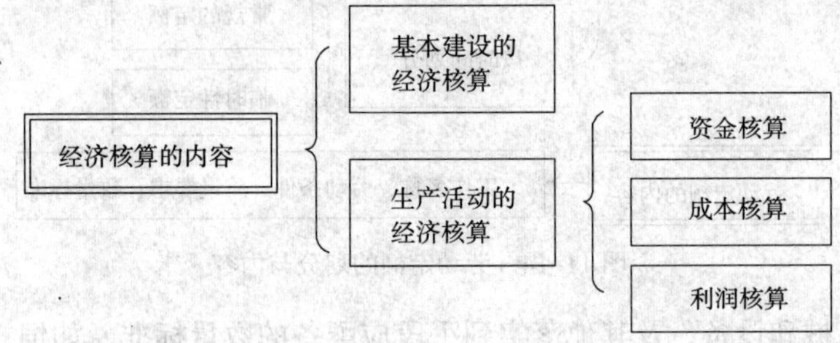

图 11-15　经济核算的内容

猪场的经济核算，应以计划财务部门为中心，组织各职能部门对全场范围的品种、产量、质量、消耗、劳动生产效率、资金、成本、利润等指标进行全面核算。生产班组是基层生产单位，也要核算，一般只核算产量、质量、劳动考勤、劳动生产效率、原材料消耗等指标。实行联产承包的劳动单位，除需核算与生产班组核算的指标相同外，还要全面核算其费用成本、收入、利润以及有关资金等指标内容。

资金核算

包括固定资金和流动资金核算。

（1）固定资金核算　也就是固定资金的利用情况核算和折旧核算。通过分析固定资金的利用情况，来核算其使用的经济效果，一般用每 100 元产值占用多少固定资金数量来表示，占用的越少，说明利用得越好；或用每 100 元固定资金提供的纯收入来表示，提供的纯收入越多，其利用效果就越好，它们可按下列公式求得：

$$\text{固定资金占用率}=\frac{\text{以原值计算的固定资产全年平均总值}}{\text{全年各业总产值}}\times 100\%$$

或

$$\text{固定资金收入率（或纯收入）}=\frac{\text{总收入（或纯收入）}}{\text{生产用固定资金总额}}\times 100\%$$

在日常工作中，计算固定资产折旧额，采用平均使用年限法，其公式如下：

$$\text{某项固定资产年折旧额}=\frac{\text{某项固定资产原值}-\text{预计残值收入}-\text{预计管理费用}}{\text{某项固定资金使用年限}}\times 100\%$$

如果事先规定了折旧率，就可以根据固定资产原值来计算折旧额。

$$\text{某项固定资产折旧额}=\text{该固定资产原值}\times\text{该固定资产折旧率}$$

(2) *流动资金核算*　就是用流动资金[①]周转速度来评价流动资金的利用情况。一般采用下面两种指标，其计算公式是：

$$\text{流动资金年周转次数}=\frac{\text{年销售收入总额}}{\text{年流动资金平均占用额}}$$

年平均流动资金占用额，一般按四个季度会计账上的流动资金平均计算。

$$\text{流动资金周转一次所需天数}=\frac{360}{\text{年周转次数}}$$

还可以用一定时间内实现每 100 元收入所占用的流动资金额表示，其计算公式是：

$$\text{每 100 元收入占用的流动资金额}=\frac{\text{年流动资金平均占用额}}{\text{年销售收入总额}}\times 100\%$$

流动资金周转速度越快，其利用率就越高，就能以较少的流动资金生产出更多的产品。

①流动资金指可以在一年或者超过一年的一个营业周期内变现或者耗用的资金。主要包括现金、银行存款、短期投资、应收及预付款项、待摊费用、存货。

成本核算 指把在生产中所发生的各项费用（包括直接费用和间接费用[①]），按不同的产品对象和规定的方法进行归集和分配，借以确定各项生产阶段的总成本和单位成本。猪场成本核算的主要内容有养猪生产费用核算和猪群产品成本核算。

(1) *养猪生产费用核算* 指养猪生产中的各项消耗费用的核算，包括劳动消耗和物质消耗两方面。

①劳动消耗：其内容包括交付给饲养、配种、防疫、饲料生产、产品加工人员的工资和福利费等支出。计算支付产品的工资，是用工资单价乘以投到该产品的总用工数。工资单价计算公式如下：

$$工资单价=\frac{实际支付工人的工资福利费总额}{实际投入的生产工数}$$

②物质消耗：其内容包括以下几项。

◆ **饲料费** 指饲养各类猪群直接消耗的各种饲料的费用。

◆ **燃料和动力费** 指猪场养猪生产过程中所用的燃料和动力费用。

◆ **水电费** 指猪场生产过程中消耗的全部水费、电费。

◆ **医药费** 指直接用于猪群预防和疾病治疗所消耗的兽药和器械等费用。

◆ **种猪摊销费** 指种公猪、母猪逐年减少的价值摊销产品成本中的金额。

◆ **折旧费及修理费** 指为各类猪群使用的猪舍及其他设备的折旧与修理费用。

◆ **低值易耗品费** 指能直接计入的低值工具和劳保用品消耗的费用。

◆ **其他费用** 包括猪场内不属于上述费用的其他开支，如共同生产费、企业管理费[②]等。

①直接与养猪生产有关的各种开支称为直接费用，如饲养人员的工资和福利费、饲料、猪舍折旧费等；间接与生产相关的费用称为间接费用，如场长、管理人员的工资、各项管理费等。

②共同生产费指为组织管理生产而发生的间接费用消耗，并应在几种畜群内分配，如管理人员工资、折旧费、运输费等；企业管理费指按一定指标计入本场各级管理部门的费用，为非直接生产费，如行政执勤人员的工资、办公费及销售费等。

以上各项成本费的总和,减去副产品收入即为该猪场生产总成本。产品总成本除以产品产量即得出产品单位成本。

(2) 猪群成本核算　包括猪的活重成本核算和猪的增重成本核算，前者是计算总活重中每单位重量的成本，后者是计算每增重一单位重量的成本。

①猪的活重成本核算：以下为猪的活重计算公式。

$$\text{猪的全年活重}=\frac{\text{年终存栏}}{\text{猪活重}}+\frac{\text{本年内离群猪的活重}}{\text{(不包括死亡猪)}}$$

$$\frac{\text{猪的全年}}{\text{活重总成本}}=\frac{\text{年初存栏}}{\text{猪的价值}}+\frac{\text{购入(即转}}{\text{入)猪的价值}}+\frac{\text{全年饲}}{\text{养费用}}-\frac{\text{全年粪}}{\text{肥价值}}$$

②猪的增重成本核算：主要是计算每增重一单位重量的成本。其计算步骤是先计算出猪群的总增重量，再计算其每增重一单位重量的成本。以下为计算公式。

$$\frac{\text{猪群的}}{\text{总增重量}}=\frac{\text{期内存栏}}{\text{猪活重}}+\frac{\text{期内离群猪活重}}{\text{(包括死亡在内)}}-\frac{\text{期内购入转入和期}}{\text{初接转的猪的活重}}$$

$$\frac{\text{猪群每千克}}{\text{增重成本}}=\frac{\text{该群猪全部饲养费用(包括死亡在内)}-\text{副产品收入}}{\text{猪群的总增重(千克)}}$$

③成年猪群成本核算：以下为其计算步骤和公式。

$$\text{生产总成本}=\text{直接费}+\text{共同费}+\text{管理费}$$

$$\text{产品成本}=\text{生产总成本}-\text{副产品收入}$$

$$\text{单位产品成本}=\frac{\text{产品成本}}{\text{产品数量}}$$

$$\text{饲养日成本}=\frac{\text{猪群饲养费用(不减副产品价值)}}{\text{猪群饲养头日数}}$$

④仔猪成本核算：仔猪成本包括基础母猪和种公猪的全部饲养费用。以断奶仔猪活重总量除以基础母猪群的饲养总费用(减去副产品收入),即得仔猪单位活重成本。但是由于哺乳仔猪往往有跨年度的情况,所以计算公式比较复杂。

在不跨年度的情况下，其计算公式如下：

$$\text{断奶仔猪单位活重成本}=\frac{\text{基本猪群（基础母猪、种公猪、未断奶仔猪等）饲养费用}-\text{副产品收入}}{\text{断奶仔猪头数}}$$

在跨年度的情况下，其计算公式如下：

$$\text{断奶仔猪单位活重成本}=\frac{\text{年初结存未断奶仔猪价值}+\text{当年基本猪群饲养费用}-\text{副产品收入}}{\text{当年断奶仔猪转群时的总重量}+\text{年末结存未断奶猪总重量}}$$

由于各种原因而造成猪死亡或丢失的损失，一般由群内活猪负担，进行摊销。

(3) 猪群成本分析　成本核算的结果，只是反映了猪场在一定时期内的成本状况，还不能清晰说明成本水平的高低、成本结构变化和这些变化的原因，以及成本升降与利润等指标之间的内在联系，因此，还需要搞好成本分析[①]，检查成本计划的执行情况，了解成本升降的原因及其影响因素。

①成本分析指利用成本核算及其他有关资料，分析成本水平与构成的变动情况，研究影响成本升降的各种因素及其变动原因，从而寻找降低成本的途径。

成本分析常采用对比法，即以本期实际成本，与计划成本比，与上年成本比，与先进单位成本比（横向对比），通过对比，找出差距，发现问题，最后提出解决问题的办法。采用对比分析，必须保证指标的可比性，也就是计算方法要一致、时间单位相同等。

盈利核算　盈利是销售产品收入减去成本后的所得，它包含利润和税金两部分。盈利减去上缴国家及地方政府的税金，即是利润。盈利越多，说明经营管理水平越好，对社会贡献也越大。盈利核算主要是考核利润总额和利润率。

利润总额＝产品销售收入－生产成本－销售费用－税金±营业外收支净额。

利润率是将利润与生产成本、产值、资金进行比较。有以下三种表示方式。

（1）成本利润率　反映进入生产阶段被消耗的那一部分流动资金的利用情况。成本利润率不仅是反映猪场生产、经营管理效果的重要指标，而且也是制定价格的重要依据。其计算公式如下：

$$成本利润率（\%）=\frac{销售利润}{销售产品成本}\times 100\%$$

（2）产值利润率　指一定时期的销售利润总额与总产值之比，它表明单位产值获得的利润，反映产值与利润的关系。其计算公式如下：

$$产值利润率（\%）=\frac{总利润额}{产品总值}\times 100\%$$

（3）资金利润率　即占用的单位资金所创造的利润，反映猪场资金利用的效果。资金利润率高，说明经营有成效。其计算公式如下：

$$资金利润率（\%）=\frac{年利润总额}{资金总额}\times 100\%$$

降低养猪成本与提高养猪效益的途径　猪场的效益来源于生产水平、生产成本、产品质量、管理水平、销售价格等方面，每个环节都至关重要。在市场经济社会要想使自己的猪场处于不败之地，就要努力提高养猪生产水平，尽可能节约开支、降低成本、加强管理、提升产品质量，只有这样才能提高经济效益（图11-16）。

（四）猪场日常管理制度

在猪场经营管理工作中，为保证养猪生产有组织、有计划、有步骤地进行，必须加强技术管理，建立和健全合理的规章制度，并严格按照规章制度经常督促检查工作，以求切实做到按计划生产，实现科学养猪，逐步使猪场生产达到先进水平。

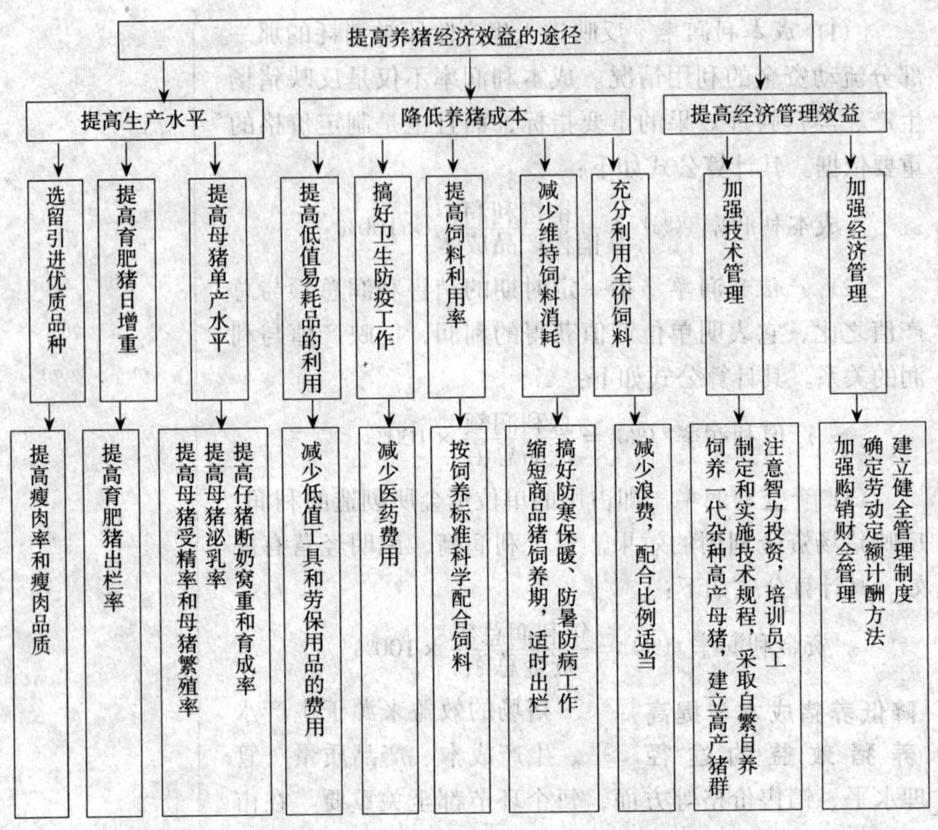

图 11-16　养猪效益分析图

1. 猪场工作日程

在猪场生产中，必须合理安排每天的工作程序，把各项工作用工时间加以固定，以便于遵循。饲养人员可按照工作时间表所设定的工作项目有条不紊地进行，从而提高工作效率。

由于各猪场的具体生产条件不同，所以不可能订出一个适用于各地猪场的统一工作日程。但是，在制订工作日程时，需要考虑以下几个原则。

(1) 制订日程应以符合猪的生物学特性为原则，而不应以养猪人员的工作或生活意愿出发。但应考虑场内工作人员的学习休息。

(2) 应按不同季节的特点（主要是冬夏季），拟定不同的工作内容及时间安排，制订以后不可轻易变动。

(3) 拟定日程时必须将一天内要做的工作项目明确安排于时间表内，以便彻底执行。

(4) 制订日程时要考虑本场的具体情况，根据各猪场的不同特点，分别拟定项目或予以照顾。

(5) 拟定工作日程，必须经过全体饲养员的认真讨论，对不切合实际的内容，应提出修改和完善意见，一经公布要严格遵照执行。

2. 技术操作规程

技术操作规程，包括猪群饲养管理、人工授精、饲料加工调制等操作规程，其内容要重点突出、简明扼要，要在总结先进经验的基础上，结合场内具体条件来拟定，并以此作为生产人员的工作守则和检查工作质量的依据之一。

为了使技术操作规程符合猪场生产实际，并为全场生产人员所掌握，所以在制定操作规程时，最好由领导、技术人员和操作人员共同研究讨论、修改完善。

3. 统计报表制度

各类猪场都应建立和健全统计报表制度，以便及时反映猪群动态和完成任务的情况。制定统计报表的原则，应力求简明扼要，便于记载，格式统一，计算单位一致。一般常用的报表有 9 种：产仔报告表；猪群变动(出售、购入、调出，调入)报告表；配种报告表；称重报告表；转群报告表；死亡报告表；猪群变动月报表；饲料消耗月报表；猪群卫生防疫月报表等，详见表 11-7 至表 11-15。对于各项报表，均应予以编号，经常填写，不得间断或涂改，并应指定专人负责保管。

表 11-7　产仔报告表

猪场　　　对　　　组　　　　　　　年　　　月　　　日　　No：

产仔窝数编号	出生日期	胎次	交配公猪		交配母猪		产　仔										其他
								活　胎						死　胎			
			品种	编号	品种	编号	总头数	头数	公	母	最大体重（千克）	最小体重（千克）	平均体重（千克）	头数	公	母	

验收人　　　　　　　　接生员

表 11-8　猪群变动报告表

猪场　　　对　　　组　　　　　　　年　　　月　　　日　　No：

编号	品种	性别	年龄及群别	出售或拨出				购入或拨入				备注
				头数	体重（千克）	原因	出售拨往何处	头数	体重（千克）	原因	购自拨自何处	

组长　　　　　　　　填报人

表 11-9　配种报告表

猪场　　　对　　　组　　　　　　　年　　　月　　　日　　No：

母猪耳号	品种	组别或群别	断乳时间	发情时间		第一次配种			第二次配种			第三次配种		
				开始	停止	公耳号	猪品种	时间	公耳号	猪品种	时间	公耳号	猪品种	时间

验收人　　　　　　　　饲养员

表 11-10　猪群称重报告表

猪场　　　对　　　组　　　　　　　年　　　月　　　日　　No：

编号	品种	性别	年龄	组别或群别	头数	始重（千克）	称重（千克）	增重（千克）	增重率（%）	记事

验收人　　　　　　　　饲养员

表 11-11　猪转群报告表

猪场　　　对　　　组　　　　　　年　　　　月　　　　日　　　　№：

编号	品种	性别	由何群转出	转至何群	转群猪			备注
					头数	体重（千克）	等级	

组长　　　　　　　　填报人

表 11-12　死亡报告表

猪场　　　对　　　组　　　　　　年　　　　月　　　　日　　　　№：

编号	品种	性别	年龄	组别或群别	死亡猪				备注
					头数	体重（千克）	时间	主要原因	

组长　　　　　　　　填报人

表 11-13　猪群变动月报告表

猪场　　　　　　　　　　　　年　　　　月　　　　日　　　　№：

群别		月初头数	增加				合计	减少					合计	月末头数	备注
			出生	调入	购入	转入		转出	调出	出售	淘汰	死亡			
种公猪	基础公猪 检定公猪														
种母猪	基础母猪 检定母猪														
后备公猪 后备母猪 4月龄以上肥猪 3～4月龄育成猪 2月龄以内仔猪															
总　计															

队长　　　　　　　　填表人

表 11-14　猪场饲料消耗月报表

猪场　　　　　　　　　　　　　　年　　月　　日　　№：

支付饲料的日期		头数	饲料消耗量（千克）					
开始月日	停止月日		青饲料	粗饲料	多汁饲料	精饲料	矿物质饲料	备注

队长　　　饲料保管员　　　组长　　　饲养员

表 11-15　猪群防疫卫生月报表

猪场　　　　　　　　　　　　　　年　　月　　日　　№：

类别	疾病									预防接种			检疫					
	疾病名称						发病总头数	本月在群总数	发病率	接种类型	接种总头数	占在群总头数(%)	检疫类别	检疫总头数	占在群总头数(%)	检疫结果		
	猪瘟		病		病											可疑	阳性	阴性
	头数	月末未愈	头数	月末未愈	头数	月末未愈												

队长　　　兽医　　　饲养员

此外，有的猪场饲养员每天填写值班日记，其内容包括：猪舍温度、湿度、猪群饲养、配种、产仔，以及疫病防制等情况。这对检查工作和总结生产经验有很大好处，值得推广。

4. 卫生防疫制度

建立卫生防疫制度与建立健康猪群有着密切的关系。一个猪场，只有在保证猪群健康的情况下，才能充分发挥其生产潜力，有利于猪群的发展。搞好卫生防疫工作，必须坚持预防为主的方针，制订出切实可行的预防措施，做好防疫工作。卫生防疫制度，大体包括以下几个方面的内容。

加强经常性的卫生消毒工作　首先应改善猪群的饲养管理，搞好经常性的卫生清洁和消毒工作（图 11-17 和图 11-18）。

图 11-17 保持猪圈舍清洁卫生①

图 11-18 猪场门前设置消毒池②

坚持自繁自养，严格引种检疫制度 猪场应坚持自繁自养的原则，一般尽可能不从外地购猪，必须引入少数种猪时，首先应对产区进行疫情调查，不得在疫区购猪。购回的猪，至少要经一个月以上的隔离观察，并经严格检查、确认无病后方能合群（图 11-19）。

定期预防注射 猪场应针对本地疫情发生情况，制订合理的免疫程序，并严格执行。注射时，应做好登记，以便查询（图 11-20）。

定期驱虫 每年春秋两季或定期对全场猪群进行驱虫，随后全场消毒。同时要搞

①如图 11-17 所示，猪场环境及猪舍要保持清洁卫生，应经常进行清扫和定期消毒。

②如图 11-18 所示，猪场大门口、猪舍门口，均应设消毒池或消毒道，出入人员、车辆等，都必须进行消毒。

图 11-19　自繁自养①

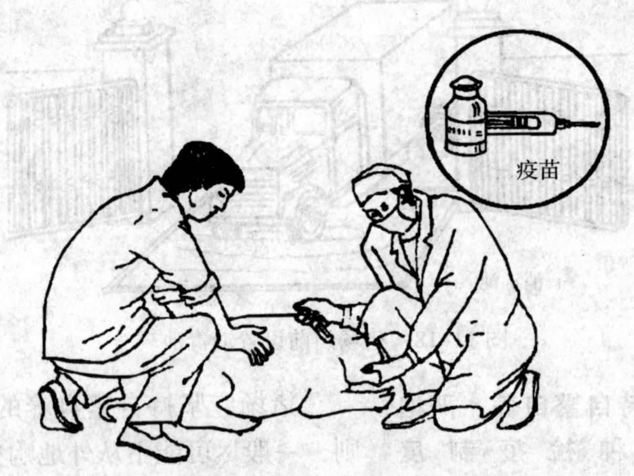

图 11-20　预防注射②

好日常的粪便管理，防止体内外寄生虫的传播（图 11-21）。

坚持健康检查制度　专业兽医人员要经常对猪群进行健康检查，饲养人员每天都要注意观察猪群的变化（图 11-22）。

做好传染病的隔离消毒工作　当猪场发生传染病或疑似传染病时，应立即予以隔离，迅速确诊。采

①如图 11-19 所示，为防止传染病的发生，养猪场必须实行自繁自养，即通过自家场的母猪的后代留种和育肥。

②如图 11-20 所示，严格按照免疫程序进行预防注射。出售的仔猪要进行预防注射后方可出场。

图 11-21　定期驱虫、消毒[①]

图 11-22　注意观察猪群的变化[②]

取封锁、隔离、消毒等紧急措施和防制、扑灭、无害化处理尸体等办法，及时控制流行病的发生（图 11-23）。

①如图 11-21 所示，按照程序选择广谱、高效、低毒的药物，定期给猪群驱虫和消毒。

②如图 11-22 所示，在日常的饲养管理中，饲养员应密切注意观察并记录猪群的精神、食欲、运动和粪尿等状况，如发现有不正常者，应及时报告兽医，以便及时进行诊治。

图 11-23　封锁疫区①

①如图 11-23 所示，不能到疫区引进种猪和进行猪只买卖交易等活动，以防疫病传播。

十二、猪场废弃物的无害化处理

目标

- 了解猪场废弃物（猪粪）的主要成分及危害
- 掌握猪粪的利用与无害化处理的技术措施

随着养猪业的不断发展，养殖规模不断扩大，饲养密度不断增加，以及大量有机废弃物的产生和排放，严重污染着周围的环境和水源，影响人畜的健康。妥善处理好猪场废弃物，解决环境污染问题，是保障养猪业持续健康发展的重要措施。

（一）猪粪的主要成分及危害

猪场最主要的废弃物就是猪粪便，粪便中存在有大量的病原微生物及含量较高的氮、碳和重金属。排出体外的有害物质渗透到土壤及水中，会造成水中的细菌、硝酸盐、亚硝酸盐、磷及重金属等数量增加，污染土壤、水源等。粪便堆放，会分解有机物，产生氨气、硫化氢、甲硫醇、乙醛等有害气体物质，不仅对周围环境、水源造成严重的污染①，而且对猪场自身也造成了污染，并可以传播疾病，严重影响人畜健康，若处理不当，将造成重大损失。因此，猪粪便的处理与利用是养猪业健康发展的重要保障（图 12-1）。

①据测定，一个年出栏 10.8 万头的猪场每小时可向大气排放 15.9 千克氨、14.5 千克硫化氢、15 亿个菌体、25.9 千克粉尘，污染半径可达 4.5～5.0 千米。

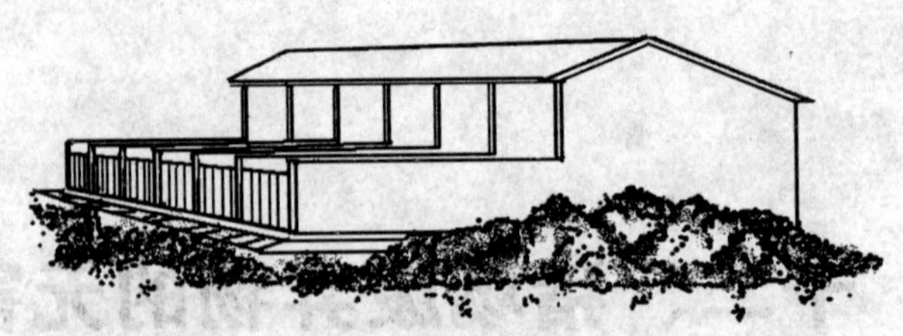

图 12-1 猪粪便污染严重

(二) 猪粪的处理与利用

1. 合理规划猪场

合理规划猪场是搞好环境保护的先决条件，否则，不仅会影响日后生产，而且会使猪场的环境条件恶化，或者会为了保护环境而付出很高的代价。

猪场应选择建在地势高燥、远离居民闹市、僻静，且交通较为方便，污物自然流向好的地方。根据养猪所产生的废弃物的数量（主要是猪粪尿量）及土地面积的大小，规划猪场的规模，并使废弃物能科学、合理、较均匀地在本地区内加以利用，以减少污染。

2. 用作肥料

土地还原法 即将猪粪尿直接施入农田的方法。猪粪尿不仅可给作物提供营养，而且还含有许多微量元素，能增加土壤中有机质的含量，改良土壤结构，提高肥力（图 12-2）。

图 12-2 猪粪尿土地还原法示意图①

①如图 12-2 所示，将猪粪尿施入农田时应注意：一是要在施入土地后及时翻耕，以便使鲜粪尿在土壤中迅速分解，不会造成污染，不会散发恶臭；二是猪排出的新鲜粪尿须及时施用，否则应妥善堆放。

腐熟堆肥法 即用生猪粪便、垃圾、秸秆、杂草等作为原料，按适当比例拌匀后堆积起来进行发酵的方法[3]，也可以使用发酵池发酵法（图12-3）。

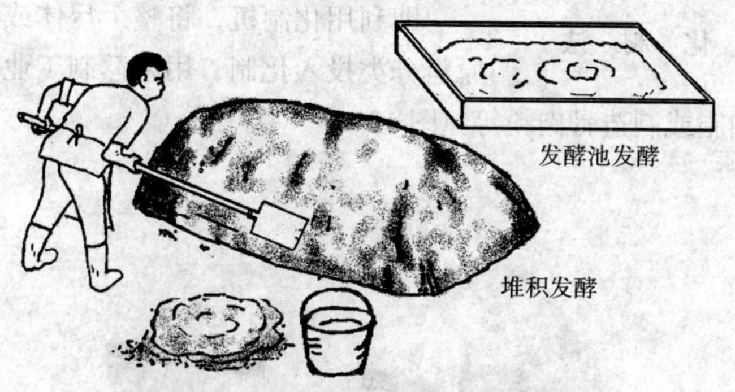

图 12-3 猪粪便腐熟堆积法示意图[1]

①如图 12-3 所示，将猪粪尿堆积起来，外面用湿泥封抹，让微生物对堆料中的有机物进行分解转化、腐熟、产热，堆内温度达 50～70℃后维持一段时间，以杀灭细菌、虫卵，促使有机物腐熟。

3. 粪便的生物能利用

饲料是具有能量的有机物，这些潜在于饲料中的能量可通过被微生物分解而释放。猪采食饲料后，大约可利用其中能量的 49%~62%，其余的随粪尿排出。如果将猪粪尿与其他有机废弃物混合，在一定的条件下进行厌氧发酵而产生沼气，作为燃料或供照明用，则可以回收一部分猪生物能，或者利用发酵床来分解转化猪粪尿等，这是猪场解决环境污染的一种良性循环机制，也是生态农业发展的一部分。

（三）病死猪的无害化处理措施

病死猪，尤其是患传染病及寄生虫病致死的猪，是疫病传播和扩散的重要传染源，不仅可对养猪业造成重大的经济损失，而且还可严重地威胁人畜的健康。因此，对病死猪及其产品必须按照《畜禽病害肉尸及其产品无害化处理规程》（GB 16548）的标准进行无害化处理。

1. 销毁法

对确认为猪瘟、口蹄疫、猪传染性水疱病、猪密螺旋体痢疾、急性猪丹毒等烈性传染病死亡的猪只，可采取销毁的方法。

化 制 法 即利用化制机，将整个尸体或将原料分类投入化制，用来熬制工业用油脂或制造骨肉粉等（图 12-4）。

图 12-4 湿化处理机①

①如图 12-4 所示，将病死猪尸体或病变部分投入到湿化机内，利用高压饱和蒸汽，使油脂溶化和蛋白质凝固，并将病原体完全杀灭。

焚 毁 法 指将整个尸体或割除下来的病变部分和内脏投入焚化炉中烧毁炭化的方法。如无焚尸炉，也可挖掘焚尸坑进行烧毁（图 12-5）。

图 12-5 病死猪焚尸掩埋示意图②

②如图 12-5 所示，挖掘焚尸坑，底部放上木柴，再放上病死猪尸体，倒上柴油，用火焚烧，直到把尸体烧成黑炭为止，最后用土掩埋。

2. 高温处理法

对确认患猪肺疫、猪链球菌病、猪副伤寒、弓形虫病等的病死猪和其内脏，以及其他烈性传染病的同群猪以及怀疑被其污染的肉尸和内脏，应采取高温处理法。

高温蒸煮法 利用高温蒸煮处理器处理病死猪（图 12-6）。

图 12-6 高温蒸煮处理器①

一般煮沸法 即将病死猪尸体分割后放在锅内进行煮沸，以达消毒的目的（图 12-7）。

图 12-7 一般蒸煮法示意图②

3. 掩埋法

即根据病死猪的大小、多少，挖一深坑将其掩埋的方法。这种方法简便易行，在实际工作中经常用到（图

①如图 12-6 所示，把尸首切成重不超过 2 千克，厚不超过 8 厘米的肉块，放在密闭高压容器内，在 112 千帕压下蒸煮 1.5~2 小时即可达到完全杀灭病原体的目的。

②如图 12-7 所示，将尸体切成重 2 千克，厚 8 厘米的肉块，放在普通锅内煮沸 2 ~2.5 小时（从水沸腾时算起）。

12-8)。但因消毒不严,病原体往往不能被彻底杀灭,常给疫情留下隐患。如某些芽孢杆菌,几十年后仍有隐患性。

图 12-8 病死猪尸体掩埋示意图[①]

①如图 12-8 所示,一般挖 2 米以上的深坑,坑里铺上 2~5 厘米厚的石灰或其他固体消毒剂,将病死猪尸体放入使之侧卧,并将污染的土层、捆尸体的绳索一起抛入坑内,然后再铺上 2~5 厘米厚的石灰或其他固体消毒剂,填土夯实。

4. 发酵法

此种方法是将病死猪尸体抛入专门的尸体坑(贝卡里坑)内,利用生物热的方法将尸体发酵分解,以达到消毒的目的。

贝卡里坑应选择建在远离村庄、住宅、农牧场、草原、水源及道路的僻静地方。将尸体放入贝卡里坑内,经 3~5 个月,尸体完全腐败分解后,可以将其挖出作为肥料使用(图 12-9)。

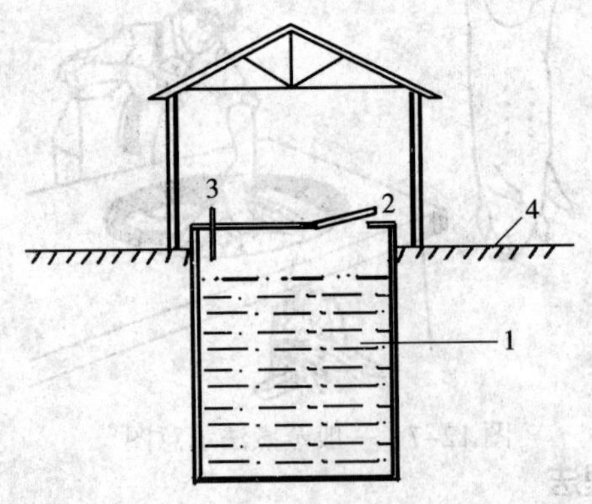

图 12-9 贝卡坑发酵法示意图[②]

1.发酵池 2.坑盖活动门 3.通气管 4.地面

②如图 12-9 所示,尸坑为圆井形,深 9~10 米,直径 3 米,坑壁及坑底用不透水材料做成(多用水泥)。坑口高出地面约 30 厘米,坑口上有盖,盖上留有一活动门(平时锁上),坑内有通气管。如有条件,可在坑上修一小屋。坑内尸体可以堆到距坑口 1.5 米处。

附录一　中国猪饲养标准

表 1　瘦肉型生长肥育猪每头每日营养需要量

项　　目	体重阶段（千克）					
	1～5	5～10	10～20	20～35	35～60	60～90
预期日增重（克）	160	280	420	500	600	750
采食风干料（千克）	0.20	0.46	0.91	1.60	1.81	2.87
消化能（兆焦）	3.35	7.00	12.60	20.75	23.48	36.02
消化能（兆卡）	0.80	1.70	3.01	4.96	5.61	8.61
代谢能（兆焦）	3.20	6.70	12.10	19.96	22.57	34.60
代谢能（兆卡）	0.77	1.60	2.89	4.77	5.39	8.27
粗蛋白质（克）	54	101	173	256	290	402
赖氨酸（克）	2.80	4.60	7.10	12.00	13.60	18.08
蛋氨酸＋胱氨酸（克）	1.60	2.70	4.60	6.10	6.90	9.20
苏氨酸（克）	1.60	2.70	4.60	7.20	8.20	10.90
异亮氨酸（克）	1.80	3.10	5.00	6.60	7.40	9.80
钙（克）	2.00	3.80	5.80	9.60	10.90	14.40
磷（克）	1.60	2.90	4.90	8.00	9.10	11.5
食盐（克）	0.50	1.20	2.10	3.70	4.20	7.20
铁（毫克）	33	67	71	96	109	144
锌（毫克）	22	48	71	176	199	258
铜（毫克）	1.30	2.90	4.50	7.00	7.90	10.80
锰（毫克）	0.90	1.90	2.70	3.50	3.90	2.20
碘（毫克）	0.30	0.07	0.13	0.22	0.25	0.40
硒（毫克）	0.30	0.08	0.13	0.42	0.47	0.80
维生素 A（国际单位）	480	1 060	1 560	1 970	2 230	3 520
维生素 D（国际单位）	50	105	179	302	342	339
维生素 E（国际单位）	2.40	5.10	10.00	16.0	18.0	29.0
维生素 K（毫克）	0.44	1.00	2.00	3.2	3.6	5.7

（续）

项　　目	体重阶段（千克）					
	1～5	5～10	10～20	20～35	35～60	60～90
维生素 B_1（毫克）	0.30	0.60	1.00	1.6	1.8	2.9
维生素 B_2（毫克）	0.66	1.40	2.60	4.0	4.5	6.0
烟酸（毫克）	4.80	10.60	16.40	20.8	23.5	25.8
泛酸（毫克）	3.00	6.20	9.80	16.0	18.0	28.7
生物素（毫克）	0.03	0.05	0.09	0.14	0.16	0.26
叶酸（毫克）	0.13	0.30	0.54	0.91	1.03	1.60
维生素 B_{12}（微克）	4.80	10.60	13.70	16.0	18.0	29.0

注：磷的给量中应有30%的无机磷或动物性饲料的磷。

表2　瘦肉型生长肥育猪每千克饲料养分含量

项　　目	体重阶段（千克）				
	1～5	5～10	10～20	20～60	60～90
预期日增重（克）	160	280	420	550	700
采食风干料（千克）	0.20	0.46	0.91	1.81	2.87
消化能（兆焦）	16.74	15.15	13.85	12.97	12.55
消化能（兆卡）	4.00	3.62	3.31	3.10	3.10
代谢能（兆焦）	16.07	14.05	13.31	12.47	12.05
代谢能（兆卡）	3.84	3.48	3.18	2.98	2.98
粗蛋白质（克）	27	22	19	16	14
赖氨酸（克）	1.40	1.00	0.78	0.75	0.63
蛋氨酸＋胱氨酸（克）	0.80	0.59	0.51	0.38	0.32
苏氨酸（克）	0.80	0.59	0.51	0.45	0.38
异亮氨酸（克）	0.90	0.67	0.55	0.41	0.34
钙（克）	1.00	0.83	0.64	0.60	0.50
磷（克）	0.80	0.63	0.54	0.50	0.40
食盐（克）	0.25	0.26	0.23	0.23	0.25
铁（毫克）	165	146	78	60	50
锌（毫克）	110	104	78	110	90
铜（毫克）	6.50	6.30	4.90	4.36	3.75
锰（毫克）	4.50	4.10	3.00	2.18	2.50
碘（毫克）	0.15	0.15	0.14	0.14	0.14
硒（毫克）	0.15	0.17	0.14	0.26	0.28
维生素 A（国际单位）	2 400	2 300	1 700	1 250	1 250
维生素 D（国际单位）	240	230	200	190	120
维生素 E（国际单位）	12	11	11	10	10

（续）

项　　目	体重阶段（千克）				
	1～5	5～10	10～20	20～60	60～90
维生素 K（毫克）	2.2	2.2	2.2	2.0	2.0
维生素 B_1（毫克）	1.50	1.30	1.10	1.00	1.00
维生素 B_2（毫克）	3.30	3.10	2.90	2.50	2.10
烟酸（毫克）	24	23	18	13	9
泛酸（毫克）	15.00	13.40	10.80	10.00	10.00
生物素（毫克）	0.15	0.11	0.10	0.09	0.09
叶酸（毫克）	0.65	0.68	0.59	0.57	0.57
维生素 B_{12}（微克）	24	23	15	10	10

表 3　肉脂型妊娠母猪每头每日营养需要量

指　　标	妊娠前期（千克）				妊娠后期（千克）			
体重（千克）	＜90	90～120	120～150	＞150	＜90	90～120	120～150	＞150
采食风干料（千克）	1.5	1.7	1.9	2.0	2.0	2.2	2.4	2.5
消化能（兆焦）	17.57	19.92	22.26	23.43	23.43	25.77	28.12	29.29
消化能（兆卡）	4.2	4.76	5.32	5.6	5.6	6.16	6.72	7.0
代谢能（兆焦）	10.65	19.12	21.38	22.51	22.18	24.75	26.99	28.12
代谢能（兆卡）	2.55	4.57	5.11	5.38	5.3	5.91	6.45	6.72
粗蛋白质（克）	165	187	209	220	240	264	288	300
赖氨酸（克）	5.3	6.0	6.7	7.0	7.2	7.9	8.6	9
蛋氨酸＋胱氨酸（克）	2.9	3.2	3.6	3.8	3.8	4.2	4.6	4.7
苏氨酸（克）	4.2	4.8	5.3	5.6	5.6	6.2	6.7	7
异亮氨酸（克）	4.7	5.3	5.9	6.2	6.2	6.8	7.4	7.8
钙（克）	9.2	10.4	11.6	12.2	12.2	13.4	14.61	15.3
磷（克）	7.4	8.3	9.3	9.8	9.8	10.8	11.8	12.3
食盐（克）	4.8	5.4	6.1	6.4	6.4	7.0	8.0	8.0
铁（毫克）	98.0	111.0	124.0	130.0	130.0	143.0	156.0	163.0
锌（毫克）	63.0	71.0	80.0	84.0	84.0	92.0	101.0	105.0
铜（毫克）	6.0	7.0	8.0	8.0	8.0	9.0	10.0	10.0
锰（毫克）	12.0	14.0	15.0	16.0	16.0	18.0	19.0	20.0
碘（毫克）	0.16	0.19	0.21	0.22	0.22	0.24	0.26	0.28
硒（毫克）	0.2	0.22	0.25	0.26	0.26	0.29	0.3	0.33
维生素 A（国际单位）	4 800	5 440	6 100	6 400	6 600	7 260	7 920	8 250
维生素 D（国际单位）	2 400	270	300	320	320	352	384	400
维生素 E（国际单位）	12.0	14.0	15.0	16.0	16.0	18.0	19.0	20.0
维生素 K（毫克）	2.6	2.9	3.2	3.4	3.4	3.7	4.1	4.3
维生素 B_1（毫克）	1.2	1.4	1.5	1.6	1.6	1.8	2.0	2.4

（续）

指　　标	妊娠前期（千克）				妊娠后期（千克）			
维生素 B_2（毫克）	3.8	4.3	4.8	5.0	5.0	5.5	6.0	6.3
烟酸（毫克）	12.0	14.0	15.0	16.0	16	18.0	19.0	20.0
泛酸（毫克）	14.6	16.5	18.4	19.4	19.6	21.6	32.5	24.5
生物素（毫克）	0.12	0.14	0.15	0.16	0.16	0.18	0.2	0.22
叶酸（毫克）	0.75	0.85	0.95	1.0	1.01	1.1	1.2	1.3
维生素 B_{12}（微克）	12.0	20.0	23.0	24.0	24.0	29.0	31.0	33.0

表 4　肉脂型种母猪与种公猪每千克饲料中养分含量

项　　目	妊娠前期	妊娠后期	哺乳期	种公猪
消化能（兆焦）	11.72	11.72	12.13	12.55
消化能（兆卡）	2.8	2.8	2.9	3.0
代谢能（兆焦）	11.25	11.25	11.72	12.05
代谢能（兆卡）	2.69	2.69	2.8	2.88
粗蛋白质（克）	11.0	12.0	14.0	12.0
赖氨酸（克）	0.35	0.36	0.5	0.38
蛋氨酸＋胱氨酸（克）	0.19	0.19	0.31	0.2
苏氨酸（克）	0.28	0.28	0.37	0.3
异亮氨酸（克）	0.31	0.31	0.33	0.33
钙（克）	0.61	0.61	0.64	0.66
磷（克）	0.49	0.49	0.46	0.53
食盐（克）	0.32	0.32	0.44	0.35
铁（毫克）	65.0	65.0	70.0	71.0
锌（毫克）	42.0	42.0	44.0	44.0
铜（毫克）	4.0	4.0	4.4	5.0
锰（毫克）	8.0	8.0	8.0	9.0
碘（毫克）	0.11	0.11	0.12	0.12
硒（毫克）	0.15	0.15	0.09	0.13
维生素 A（国际单位）	3 200	3 300	1 700	3 500
维生素 D（国际单位）	160	160	160	180
维生素 E（国际单位）	8	8	8	9
维生素 K（毫克）	1.7	1.7	1.7	1.8
维生素 B_1（毫克）	0.8	0.8	0.9	2.6
维生素 B_2（毫克）	2.5	2.5	2.6	0.9
烟酸（毫克）	8.0	8.0	9.0	9.0
泛酸（毫克）	15.00	13.40	10.80	10.00
生物素（毫克）	0.08	0.08	0.09	0.09
叶酸（毫克）	0.5	0.5	0.5	0.5
维生素 B_{12}（微克）	12.0	13.0	13.0	13.0

表 5　肉脂型泌乳母猪与种公猪每日每头营养需要量

指　　标	妊娠前期（千克）				妊娠后期（千克）		
体重（千克）	<90	90～120	120～150	>150	<90	90～120	>120
采食风干料（千克）	4.8	5.0	5.2	5.3	1.4	1.9	2.3
消化能（兆焦）	58.24	60.67	63.1	64.31	17.57	23.85	28.87
消化能（兆卡）	13.92	14.0	14.5	14.8	4.03	5.47	6.62
代谢能（兆焦）	56.23	58.58	60.67	61.92	16.86	22.9	27.7
代谢能（兆卡）	13.44	14.0	14.5	14.8	4.03	5.47	6.62
粗蛋白质（克）	672	700	728	742	196	228	276
赖氨酸（克）	24.0	25.0	26.0	27.0	5.3	7.2	8.7
蛋氨酸+胱氨酸（克）	14.9	15.5	16.1	16.4	3.1	3.8	4.6
苏氨酸（克）	17.8	18.5	19.2	19.6	4.2	5.7	6.9
异亮氨酸（克）	15.8	16.5	17.2	17.5	4.6	6.3	7.6
钙（克）	30.7	32.0	33.3	33.9	9.2	12.5	15.2
磷（克）	21.6	23.0	23.9	24.4	7.4	10.1	12.3
食盐（克）	21.1	22.0	22.9	23.3	5.0	6.7	8.1
铁（毫克）	336.0	350.0	364.0	371.0	99.0	135.0	163.0
锌（毫克）	211.0	220.0	229.0	233.0	62.0	84.0	101.0
铜（毫克）	21.0	22.0	23.0	23.0	7.0	10.0	12.0
锰（毫克）	38.0	40.0	42.0	42.0	13.0	17.0	21.0
碘（毫克）	0.85	0.6	0.62	0.64	0.17	0.23	0.28
硒（毫克）	0.43	0.45	0.47	0.48	0.18	0.25	0.3
维生素 A（国际单位）	8 160	8 500	8 840	9 000	4 943	6 700	8 100
维生素 D（国际单位）	826	860	900	920	248	340	400
维生素 E（国际单位）	38.0	40.0	42.0	42.0	12.5	17.0	21.0
维生素 K（毫克）	8.0	8.5	8.8	9.0	2.5	3.4	4.1
维生素 B_1（毫克）	4.3	4.5	4.7	4.8	1.3	1.7	2.1
维生素 B_2（毫克）	12.5	13.0	13.5	13.8	3.6	4.9	6.0
烟酸（毫克）	43.0	45.0	47.0	48.0	12.5	16.9	20.5
泛酸（毫克）	48.0	60.0	62.0	64.0	14.8	20.1	24.4
生物素（毫克）	0.43	0.45	0.47	0.48	0.13	0.17	0.21
叶酸（毫克）	2.4	22.5	2.6	2.7	0.73	1.0	1.2
维生素 B_{12}（微克）	62.0	65.0	68.0	69.0	18.6	25.5	30.5

注：（1）哺乳母猪营养需要量均以 10 头仔猪作为计算基数。

（2）种公猪营养需要量应注意：①配种前 1 个月时，应在标准基础上增加 20%～25%；②冬季严寒期时，应在标准基础上增加 10%～20%。

表 6　肉脂型后备母猪每日每头营养需要与每千克饲料中养分含量

项　目	每日每头营养需要量			每千克饲料中氧分含量		
体重（千克）	20～35	35～60	60～90	20～35	35～60	60～90
预期日增重（克）	400	480	500	—	—	—
采食风干料（千克）	1.26	1.8	2.39	—	—	—
消化能（兆焦）	15.82	22.21	29	12.55	12.34	12.13
消化能（兆卡）	3.78	5.31	6.93	3.0	2.95	2.9
代谢能（兆焦）	15.19	21.34	27.82	12.05	11.84	11.63
代谢能（兆卡）	3.63	5.1	6.65	2.88	2.83	2.78
粗蛋白质（克）	202	252	311	160	140	130
赖氨酸（克）	7.8	9.5	11.5	6.2	5.3	4.8
蛋氨酸＋胱氨酸（克）	5.0	6.3	8.1	4.0	3.5	3.4
苏氨酸（克）	5.0	6.1	7.4	4.0	3.4	3.1
异亮氨酸（克）	5.7	6.8	8.1	4.5	3.8	3.4
钙（克）	7.6	10.8	14.3	6.0	6.0	6.0
磷（克）	6.3	9.0	12.0	5.0	5.0	5.0
食盐（克）	5.0	7.2	9.6	4.0	4.0	4.0
铁（毫克）	67.0	79.0	91.0	53.0	44.0	38.0
锌（毫克）	67.0	79.0	91.0	53.0	44.0	38.0
铜（毫克）	5.0	5.4	7.2	4.0	3.0	3.0
锰（毫克）	2.5	3.6	4.8	2.0	2.0	2.0
碘（毫克）	0.18	0.25	0.35	0.14	0.14	0.14
硒（毫克）	0.19	0.27	0.36	0.15	0.15	0.15
维生素 A（国际单位）	1 460	2 020	2 650	1 160	1 120	1 110
维生素 D（国际单位）	220	234	275	178	130	115
维生素 E（国际单位）	13.0	18.0	14.0	10.0	10.0	10.0
维生素 K（毫克）	2.5	3.6	4.8	2.0	2.0	2.0
维生素 B_1（毫克）	1.3	1.8	2.4	1.0	1.0	2.0
维生素 B_2（毫克）	2.9	3.6	4.5	2.3	2.0	1.9
烟酸（毫克）	15.1	18.0	21.5	12.0	10.0	9.0
泛酸（毫克）	13.0	18.0	24.0	10.0	10.0	10.0
生物素（毫克）	0.11	0.16	0.22	0.09	0.09	0.09
叶酸（毫克）	0.6	0.9	1.2	0.5	0.5	0.5
维生素 B_{12}（微克）	13.0	18.0	24.0	10.0	10.0	10.0

附录二　猪的营养需要 NRC（1998）第十版

表 1　瘦肉型生长肥育猪每千克饲料养分含量

项　目	体重阶段（千克）					
	3～5	5～10	10～20	20～50	50～80	80～120
干物质（%）	90.00	90.00	90.00	90.00	90.00	90.00
日粮采食量（克）	250.00	500.00	1 000.00	1 855.00	1 855.00	3 075.00
日粮消化能（兆卡）	3.40	3.40	3.40	3.4	3.40	3.40
日粮消化能（兆焦）	14.23	14.23	14.23	14.23	14.23	14.23
日粮代谢能（兆卡）	3.27	3.27	3.27	2.26	2.27	2.27
日粮代谢能（兆焦）	13.66	13.66	13.66	13.64	13.66	13.66
粗蛋白质（%）	26.00	23.70	20.90	18.00	18.00	13.20
精氨酸（%）	0.59	0.54	0.46	0.37	0.27	0.19
组氨酸（%）	0.48	0.43	0.36	0.30	0.24	0.19
异亮氨酸（%）	0.83	0.73	0.63	0.51	0.42	0.33
亮氨酸（%）	1.50	1.32	1.12	0.90	0.71	0.54
赖氨酸（%）	1.50	1.35	1.15	0.95	0.75	0.60
蛋氨酸（%）	0.40	0.35	0.35	0.25	0.20	0.16
蛋氨酸＋胱氨酸（%）	0.86	0.76	0.65	0.54	0.44	0.35
苯丙氨酸（%）	0.90	0.80	0.68	0.55	0.44	0.34
苯丙氨酸＋酪氨酸（%）	1.41	1.25	1.05	0.87	0.70	0.55
苏氨酸（%）	0.98	0.86	0.74	0.61	0.51	0.41
色氨酸（%）	0.27	0.24	0.21	0.17	0.14	0.11
缬氨酸（%）	1.04	0.92	0.79	0.64	0.52	0.40
钙（%）	0.70	0.66	0.60	0.50	0.45	0.40
总磷（%）	0.70	0.66	0.60	0.50	0.45	0.40
有效磷（%）	0.55	0.40	0.32	0.23	0.19	0.15
钠（%）	0.25	0.20	0.15	0.10	0.10	0.15
氯（%）	0.25	0.20	0.15	0.08	0.08	0.08

（续）

项　目	体重阶段（千克）					
	3～5	5～10	10～20	20～50	50～80	80～120
镁（%）	0.04	0.04	0.04	0.04	0.04	0.04
钾（%）	0.30	0.28	0.26	0.23	0.19	0.17
铜（毫克）	6.00	6.00	5.00	4.00	3.50	3.00
碘（毫克）	0.14	0.14	0.14	0.14	0.14	0.14
铁（毫克）	100.00	100.00	80.00	60.00	50.00	40.00
锰（毫克）	4.00	4.00	3.00	2.00	2.00	2.00
硒（毫克）	0.30	0.30	0.25	0.15	0.15	0.15
锌（毫克）	100.00	100.00	80.00	60.00	50.00	50.00
维生素 A（国际单位）	2 200.00	2 200.00	1 750.00	1 300.00	1 300.00	1 300.00
维生素 D_3（国际单位）	220.00	220.00	200.00	150.00	150.00	150.00
维生素 E（国际单位）	16.00	16.00	11.00	11.00	11.00	11.00
维生素 K（毫克）	0.50	0.50	0.50	0.50	0.50	0.50
生物素（毫克）	0.08	0.05	0.05	0.05	0.05	0.05
胆碱（克）	0.60	0.50	0.40	0.30	0.30	0.30
叶酸（毫克）	0.30	0.30	0.30	0.30	0.30	0.30
烟酸（毫克）	20.00	15.00	12.50	10.00	7.00	7.00
泛酸（毫克）	12.00	10.40	9.00	8.00	7.00	7.00
核黄素（毫克）	4.00	3.50	3.00	2.50	2.00	2.00
硫胺素（毫克）	1.50	1.00	1.00	1.00	1.00	1.00
维生素 B_6（毫克）	2.00	1.50	1.50	1.00	1.00	1.00
维生素 B_{12}（微克）	20.00	17.50	15.00	10.00	5.00	5.00
亚油酸（%）	0.10	0.10	0.10	0.10	0.10	0.10

表 2　瘦肉型生长肥育猪每头每日营养需要量

项　目	体重阶段（千克）					
	3～5	5～10	10～20	20～50	50～80	80～120
干物质（%）	90.00	90.00	90.00	90.00	90.00	90.00
日粮采食量（克）	250.00	500.00	1 000.00	1 855.00	1 855.00	3 075.00
消化能摄入量（兆卡）	0.86	1.69	3.40	6.31	6.31	10.45
消化能摄入量（兆焦）	3.59	7.10	14.28	26.48	26.48	43.89
代谢能摄入量（兆卡）	0.82	1.62	3.27	6.05	8.41	10.03
代谢能摄入量（兆焦）	3.44	6.80	13.71	25.41	35.32	42.13
粗蛋白质（%）	65.00	118.50	209.00	333.90	333.90	405.90
精氨酸（%）	1.20	2.70	4.60	6.80	7.10	5.70
组氨酸（%）	1.20	2.10	3.70	5.60	6.30	5.90
异亮氨酸（%）	2.10	3.70	6.30	9.50	10.70	10.10

（续）

项　目	体重阶段（千克）					
	3～5	5～10	10～20	20～50	50～80	80～120
亮氨酸（%）	3.80	6.60	11.20	16.80	18.40	16.60
赖氨酸（%）	3.80	6.70	11.50	17.50	19.70	18.50
蛋氨酸（%）	1.00	1.80	3.00	4.60	5.10	4.80
蛋氨酸＋胱氨酸（%）	2.2	3.80	6.50	9.90	11.30	10.80
苯丙氨酸（%）	2.30	4.00	6.80	10.20	11.30	10.40
苯丙氨酸＋酪氨酸（%）	3.50	6.20	10.60	16.10	18.00	16.80
苏氨酸（%）	2.50	4.30	7.40	11.30	13.00	12.60
色氨酸（%）	0.70	1.20	2.10	3.20	3.60	3.40
缬氨酸（%）	2.60	4.60	7.90	11.90	13.30	12.40
钙（%）	2.25	4.00	7.00	11.13	12.88	13.84
总磷（%）	1.75	3.25	6.00	9.28	11.59	12.30
有效磷（%）	1.38	2.00	3.20	4.27	4.89	4.61
钠（%）	0.63	1.00	1.50	1.86	2.58	3.08
氯（%）	0.63	1.00	1.50	1.48	2.06	2.46
镁（%）	0.10	0.20	0.40	0.74	1.03	1.23
钾（%）	0.75	1.4	2.60	4.27	4.89	5.23
铜（毫克）	1.50	3.00	5.00	7.42	9.01	9.23
碘（毫克）	0.04	0.07	0.14	0.26	0.36	0.43
铁（毫克）	25.00	50.00	80.00	111.30	129.75	123.00
锰（毫克）	1.00	2.00	3.00	3.71	5.15	6.15
硒（毫克）	0.08	0.15	0.25	0.28	0.39	0.46
锌（毫克）	25.00	50.00	80.00	111.30	129.75	153.75
维生素 A（国际单位）	550.00	1 100.00	1 750.00	2 412.00	3 348.00	3 998.00
维生素 D_3（国际单位）	55.00	110.00	200.00	278.00	386.00	461.00
维生素 E（国际单位）	4.00	8.00	11.00	20.00	28.00	34.00
维生素 K（毫克）	0.13	0.25	5.00	0.93	1.29	1.54
生物素（毫克）	0.02	0.03	0.05	0.09	0.13	0.15
胆碱（克）	0.15	0.25	0.40	0.56	0.77	0.92
叶酸（毫克）	0.08	0.15	0.30	0.56	0.77	0.92
烟酸（毫克）	5.00	7.50	12.50	18.55	18.03	21.53
泛酸（毫克）	3.00	5.00	9.00	14.84	18.03	21.53
核黄素（毫克）	1.00	1.75	3.00	4.64	5.15	6.15
硫胺素（毫克）	0.38	0.50	1.00	1.86	2.58	3.08
维生素 B_6（毫克）	0.50	0.75	1.50	1.86	2.58	3.08
维生素 B_{12}（微克）	5.00	8.75	15.00	18.55	12.88	15.38
亚油酸（%）	0.25	0.50	1.00	1.86	2.58	3.08

表 3　妊娠母猪每千克饲料养分含量

饲养体重（千克）	125.00	150.00	175.00	200.00	200.00	200.00
分娩体增重（千克）	55.00	45.00	40.00	35.00	30.00	35.00
预期窝产仔数（只）	11.00	12.00	12.00	12.00	12.00	14.00
干物质（%）	90.00	90.00	90.00	90.00	90.00	90.00
日粮采食量（千克）	1.96	1.84	1.88	1.92	1.80	1.85
日粮消化能（兆卡）	3.40	3.40	3.40	3.4	3.40	3.40
日粮消化能（兆焦）	14.23	14.23	14.23	14.23	14.23	14.23
粗蛋白质（%）	12.90	12.80	12.40	12.00	12.10	12.40
精氨酸（%）	0.06	0.03	0.00	0.00	0.00	0.00
组氨酸（%）	0.19	0.18	0.17	0.16	0.17	0.17
异亮氨酸（%）	0.33	0.32	0.31	0.30	0.30	0.31
亮氨酸（%）	0.50	0.49	0.46	0.42	0.43	0.45
赖氨酸（%）	0.58	0.57	0.54	0.52	0.52	0.54
蛋氨酸（%）	0.15	0.15	0.14	0.13	0.13	0.14
蛋氨酸+胱氨酸（%）	0.37	0.38	0.37	0.36	0.36	0.37
苯丙氨酸（%）	0.32	0.32	0.30	0.28	0.28	0.30
苯丙氨酸+酪氨酸（%）	0.54	0.54	0.51	0.49	0.49	0.51
苏氨酸（%）	0.44	0.45	0.44	0.43	0.44	0.45
色氨酸（%）	0.11	0.11	0.11	0.10	0.10	0.11
缬氨酸（%）	0.99	0.38	0.36	0.34	0.34	0.36
钙（%）		0.75				
总磷（%）		0.60				
有效磷（%）		0.35				
钠（%）		0.15				
氯（%）		0.12				
镁（%）		0.04				
钾（%）		0.20				
铜（毫克）		5.00				
碘（毫克）		0.14				
铁（毫克）		80.00				
锰（毫克）		20.00				
硒（毫克）		0.15				
锌（毫克）		50.00				
维生素 A（国际单位）		4 000.00				
维生素 D_3（国际单位）		200.00				
维生素 E（国际单位）		44.00				
维生素 K（毫克）		0.50				
生物素（毫克）		0.20				
胆碱（克）		1.25				
叶酸（毫克）		1.30				
烟酸（毫克）		10.00				

（续）

泛酸（毫克）		12.00				
核黄素（毫克）		3.75				
硫胺素（毫克）		1.00				
维生素 B_6（毫克）		1.00				
维生素 B_{12}（微克）		15.00				
亚油酸（%）		0.10				

表 4　妊娠母猪每头每日营养需要量

饲养体重（千克）	125.00	150.00	175.00	200.00	200.00	200.00
分娩体增重（千克）	55.00	45.00	40.00	35.00	30.00	35.00
预期窝产仔数（只）	11.00	12.00	12.00	12.00	12.00	14.00
干物质（%）	90.00	90.00	90.00	90.00	90.00	90.00
日粮采食量（千克）	1.96	1.84	1.88	1.92	1.80	1.85
消化能摄入量（兆卡）	6.66	6.27	6.41	6.54	6.12	6.28
消化能摄入量（兆焦）	27.97	26.31	26.90	27.45	25.68	26.36
代谢能摄入量（兆卡）	6.40	6.02	6.15	6.28	5.87	6.03
代谢能摄入量（兆焦）	26.86	25.26	25.83	26.36	24.65	25.31
粗蛋白质（克）	252.84	235.52	233.12	230.40	217.80	229.40
精氨酸（克）	1.30	0.50	0.00	0.00	0.00	0.00
组氨酸（克）	3.60	3.40	3.30	3.20	3.00	3.20
异亮氨酸（克）	6.40	6.00	5.90	5.70	5.40	5.80
亮氨酸（克）	9.90	9.00	8.60	8.20	7.70	8.30
赖氨酸（克）	11.40	10.60	10.30	9.90	9.40	10.00
蛋氨酸（克）	2.90	2.70	2.60	2.60	2.40	2.60
蛋氨酸＋胱氨酸（克）	7.30	7.00	6.90	6.80	6.50	6.90
苯丙氨酸（克）	6.30	5.80	5.60	5.40	5.00	5.40
苯丙氨酸＋酪氨酸（克）	10.60	9.90	9.60	9.40	8.90	9.50
苏氨酸（克）	8.60	8.30	8.30	8.20	7.80	8.30
色氨酸（克）	2.20	2.00	2.00	1.90	1.80	2.00
缬氨酸（克）	7.60	7.00	6.80	6.60	6.20	6.70
钙（克）		13.90				
总磷（克）		11.10				
有效磷（克）		6.50				
钠（克）		2.80				
氯（克）		2.20				
镁（克）		0.70				
钾（克）		3.70				
铜（毫克）		9.30				
碘（毫克）		0.30				
铁（毫克）		148.00				

（续）

锰（毫克）		37.00				
硒（毫克）		0.30				
锌（毫克）		93.00				
维生素 A（国际单位）		7 400.00				
维生素 D_3（国际单位）		370.00				
维生素 E（国际单位）		81.00				
维生素 K（毫克）		0.90				
生物素（毫克）		0.40				
胆碱（克）		2.30				
叶酸（毫克）		2.40				
烟酸（毫克）		19.00				
泛酸（毫克）		22.00				
核黄素（毫克）		6.90				
硫胺素（毫克）		1.90				
维生素 B_6（毫克）		1.90				
维生素 B_{12}（微克）		28.00				
亚油酸（%）		1.90				

表 5　泌乳母猪每千克饲料养分含量

产后体重（千克）	175.00	175.00	175.00	175.00	175.00	175.00
预期产奶体增重变化（千克）	0.00	0.00	0.00	−15.00	−15.00	−15.00
母猪日增重（克）	150.00	200.00	250.00	150.00	200.00	250.00
干物质（%）	90.00	90.00	90.00	90.00	90.00	90.00
日粮采食量（千克）	4.31	5.35	6.40	3.56	4.61	5.66
日粮消化能（兆卡）	3.40	3.40	3.40	3.4	3.40	3.40
日粮消化能（兆焦）	14.23	14.23	14.23	14.23	14.23	14.23
日粮代谢能（兆卡）	3.27	3.27	3.27	3.26	3.27	3.27
日粮代谢能（兆焦）	13.66	13.66	13.66	13.66	13.66	13.66
粗蛋白质（%）	16.30	17.50	18.40	17.20	18.50	19.20
精氨酸（%）	0.40	0.48	0.54	0.39	0.49	0.55
组氨酸（%）	0.32	0.326	0.38	0.34	0.38	0.40
异亮氨酸（%）	0.45	0.50	0.53	0.50	0.54	0.57
亮氨酸（%）	0.86	0.97	1.05	0.95	1.05	1.12
赖氨酸（%）	0.82	0.91	0.97	0.89	0.97	1.03
蛋氨酸（%）	0.21	0.23	0.24	0.22	0.24	0.26
蛋氨酸＋胱氨酸（%）	0.40	0.44	0.46	0.44	0.47	0.49
苯丙氨酸（%）	0.43	0.48	0.52	0.47	0.52	0.55
苯丙氨酸＋酪氨酸（%）	0.90	1.00	1.07	0.98	1.08	1.14
苏氨酸（%）	0.54	0.58	0.61	0.58	0.63	0.65
色氨酸（%）	0.15	0.16	0.17	0.17	0.18	0.19

（续）

缬氨酸（%）	0.68	0.76	0.82	0.76	0.83	0.88
钙（%）		0.75				
总磷（%）		0.60				
有效磷（%）		0.35				
钠（%）		0.20				
氯（%）		0.16				
镁（%）		0.04				
钾（%）		0.20				
铜（毫克）		5.00				
碘（毫克）		0.14				
铁（毫克）		80.00				
锰（毫克）		20.00				
硒（毫克）		0.15				
锌（毫克）		50.00				
维生素A（国际单位）		2 000.00				
维生素D_3（国际单位）		200.00				
维生素E（国际单位）		44.00				
维生素K（毫克）		0.50				
生物素（毫克）		0.20				
胆碱（克）		1.25				
叶酸（毫克）		1.30				
烟酸（毫克）		10.00				
泛酸（毫克）		12.00				
核黄素（毫克）		3.75				
硫胺素（毫克）		1.00				
维生素B_6（毫克）		1.00				
维生素B_{12}（微克）		15.00				
亚油酸（%）		0.10				

表6 泌乳母猪每头每日营养需要量

产后体重（千克）	175.00	175.00	175.00	175.00	175.00	175.00
预期产奶体增重变化(千克)	0.00	0.00	0.00	−15.00	−15.00	−15.00
母猪日增重（克）	150.00	200.00	250.00	150.00	200.00	250.00
干物质（%）	90.00	90.00	90.00	90.00	90.00	90.00
日粮采食量（千克）	4.31	5.35	6.40	3.56	4.61	5.66
消化能摄入量（兆卡）	14.65	18.21	21.77	12.12	15.68	19.24
消化能摄入量（兆焦）	61.51	76.46	91.41	50.90	65.86	8.81
代谢能摄入量（兆卡）	14.06	17.48	20.90	11.64	15.06	18.47
代谢能摄入量（兆焦）	59.05	73.40	87.76	48.87	63.23	77.57
粗蛋白质（克）	702.53	936.25	1 177.60	612.32	852.85	1 086.72

（续）

精氨酸（克）	17.40	25.80	34.30	14.00	22.40	30.80
组氨酸（克）	13.80	19.10	24.40	12.20	17.50	22.50
异亮氨酸（克）	19.50	26.80	34.10	17.70	25.00	32.00
亮氨酸（克）	37.20	52.10	67.00	33.70	48.60	63.50
赖氨酸（克）	35.30	48.60	61.90	31.60	44.90	58.20
蛋氨酸（克）	8.80	12.20	15.60	7.90	11.30	14.60
蛋氨酸＋胱氨酸（克）	17.30	23.40	29.40	15.70	21.70	27.80
苯丙氨酸（克）	18.70	25.90	33.20	16.60	23.90	31.10
苯丙氨酸＋酪氨酸（克）	38.70	53.40	68.20	35.10	49.80	64.60
苏氨酸（克）	23.00	31.10	39.10	20.80	28.80	36.90
色氨酸（克）	6.30	8.60	11.00	5.90	8.20	10.60
缬氨酸（克）	29.50	40.90	52.30	26.90	38.40	49.80
钙（克）		39.40				
总磷（克）		31.50				
有效磷（克）		18.40				
钠（克）		10.50				
氯（克）		8.40				
镁（克）		2.10				
钾（克）		10.50				
铜（毫克）		26.30				
碘（毫克）		0.70				
铁（毫克）		420.00				
锰（毫克）		105.00				
硒（毫克）		0.80				
锌（毫克）		263.00				
维生素 A（国际单位）		10 500.00				
维生素 D_3（国际单位）		1 050.00				
维生素 E（国际单位）		231.00				
维生素 K（毫克）		2.60				
生物素（毫克）		1.10				
胆碱（克）		5.30				
叶酸（毫克）		6.80				
烟酸（毫克）		53.00				
泛酸（毫克）		63.00				
核黄素（毫克）		19.70				
硫胺素（毫克）		5.30				
维生素 B_6（毫克）		5.30				
维生素 B_{12}（微克）		79.00				
亚油酸（%）		5.30				

表 7　种公猪的营养需要量

项　　目	种公猪每千克饲料养分含量	种公猪每头每日营养需要量
干物质（%）	90.00	90.00
日粮采食量（千克）	2.00	2.00
日粮消化能（兆卡）	3.40	6.80
日粮消化能（兆焦）	14.23	28.56
日粮代谢能（兆卡）	3.27	6.53
日粮代谢能（兆焦）	13.66	27.43
粗蛋白质（%）	13.00	260.00
精氨酸（%）	0.19	3.80
组氨酸（%）	0.35	7.00
亮氨酸（%）	0.51	10.20
赖氨酸（%）	0.60	12.00
蛋氨酸（%）	0.16	3.20
蛋氨酸＋胱氨酸（%）	0.42	8.40
苯丙氨酸（%）	0.33	6.60
苯丙氨酸＋酪氨酸（%）	0.57	11.40
苏氨酸（%）	0.50	10.00
色氨酸（%）	0.12	2.40
缬氨酸（%）	0.40	8.00
钙（%）	0.75	15.00
总磷（%）	0.60	12.00
有效磷（%）	0.35	7.00
钠（%）	0.15	3.00
氯（%）	0.12	2.40
镁（%）	0.04	0.80
钾（%）	0.20	4.00
铜（毫克）	5.00	10.00
碘（毫克）	0.14	0.28
铁（毫克）	80.00	160.00
锰（毫克）	20.00	40.00
硒（毫克）	0.15	0.30
锌（毫克）	50.00	100.00
维生素 A（国际单位）	4 000.00	8 000.00
维生素 D_3（国际单位）	200.00	400.00
维生素 E（国际单位）	44.00	88.00
维生素 K（毫克）	0.50	1.00
生物素（毫克）	0.20	0.40
胆碱（克）	1.25	2.50

（续）

项　　目	种公猪每千克 饲料养分含量	种公猪每头 每日营养需要量
叶酸（毫克）	1.30	2.60
烟酸（毫克）	10.00	20.00
泛酸（毫克）	12.00	24.00
核黄素（毫克）	3.75	7.50
硫胺素（毫克）	1.00	2.00
维生素 B_6（毫克）	1.00	2.00
维生素 B_{12}（微克）	15.00	30.00
亚油酸（%）	0.10	2.00

附录三　允许使用的饲料添加剂品种目录

类　别	饲料添加剂名称
饲料氨基酸 7 种	L-赖氨酸烟酸盐；DL-蛋氨酸；DL-羟基蛋氨酸；DL-羟基蛋氨酸钙；N-羟基甲级蛋氨酸；L-色氨酸；L-苏氨酸
饲料级维生素 26 种	β-胡萝卜素；维生素 A；维生素 A 乙酸酯；维生素 A 棕榈酸酯；维生素 D_3；维生素 E；维生素 E 乙酸酯；维生素 K_3（亚硫酸氢钠甲萘醌）；二甲级嘧啶醇亚硫酸甲萘醌；维生素 B_1（盐酸硫胺）；维生素 B_1（硝酸硫胺）；维生素 B_2（核黄素）；维生素 B_6；烟酸；烟酰胺；D-泛酸钙；DL-泛酸钙；叶酸；维生素 B_{12}（氰钴胺）；维生素 C（L-抗坏血酸）；L-抗坏血酸钙；L-抗坏血酸-2-磷酸酯；D-生物素；氯化胆碱；L-肉碱烟酸盐；肌醇
饲料级矿物质、微量元素 43 种	硫酸钠；氯化钠；磷酸二氢钠；磷酸氢二钠；磷酸氢二钾；磷酸二氢钾；碳酸钙；氯化钙；磷酸氢钙；磷酸二氢钙；磷酸三钙；乳酸钙；七水硫酸镁；一水硫酸镁；氧化镁；七水硫酸亚铁；一水硫酸亚铁；三水乳酸亚铁；六水柠檬酸亚铁；富马酸亚铁；甘氨酸铁；蛋氨酸铁；五水硫酸铜；一水硫酸铜；蛋氨酸铜；七水硫酸锌；一水硫酸锌；无水硫酸锌；氧化锌；蛋氨酸锌；一水硫酸锰；氯化锰；碘化钾；碘酸钾；碘酸钙；六水氯化钴；一水氯化钴；亚硒酸钠；酵母铜；酵母铁；酵母锰；酵母硒
饲料级酶制剂 12 类	蛋白酶（黑曲霉，枯草芽孢杆菌）；淀粉酶（地衣芽孢杆菌，黑曲霉）；支链淀粉酶（嗜酸乳杆菌）；果胶酶（黑曲霉）；脂肪酶；纤维素酶（reesei 木霉）；麦芽糖酶（枯草芽孢杆菌）；木聚糖酶（insolens 腐质霉）；β-聚葡萄糖酶（枯草芽孢杆菌，黑曲霉）；甘露聚糖酶（缓慢芽孢杆菌）；植酸酶（黑曲霉，米曲霉）；葡萄糖氧化酶（青霉）
饲料级微生物添加剂 12 种	干酪乳杆菌；植物乳杆菌；粪链球菌；尿链球菌；乳酸球菌；枯草芽孢杆菌；纳豆芽孢杆菌；嗜酸乳杆菌；如链球菌；啤酒酵母菌；产朊假丝酵母；沼泽红假单胞菌
饲料级非蛋白氮 9 种	尿素；硫酸铵；液氨；磷酸氢二铵；缩二脲，异丁叉二脲；磷酸脲；羟甲基脲

（续）

类　别	饲 料 添 加 剂 名 称
抗氧剂 4 种	乙氧基喹啉；二丁基羟基甲苯（BHT）；丁基羟基茴香醚（BHA）；没食子酸丙酯
防腐剂、电解质平衡剂 25 种	甲酸；甲酸钙；甲酸铵；乙酸；双乙酸钠；丙酸；丙酸钙；丙酸钠；丙酸铵；丁酸；乳酸；苯甲酸；苯甲酸钠；山梨酸；山梨酸钠；山梨酸钾；富马酸；柠檬酸；酒石酸；苹果酸；磷酸；氢氧化钠；碳酸氢钠；氯化钾；氢氧化铵
着色剂 6 种	β-阿朴-8′-胡萝卜素醛；辣椒红；β-阿朴-8′-胡萝卜素酸乙酯；虾青素；β，β-胡萝卜素-4，4-二酮（斑蝥黄）；叶黄素（万寿菊花提取物）
调味剂、香料 6 种（类）	糖精钠；谷氨酸钠；5′-肌苷酸二钠；5′-鸟苷酸二钠；血根碱；食品用香料均可作为饲料添加剂
黏结剂、抗结块剂和稳定剂 13 种（类）	α-淀粉；海藻酸钠；羧甲基纤维素钠；丙二醇；二氧化硅；硅酸钙；三氧化二铝；蔗糖脂肪酸酯；山梨醇酐脂肪酸酯；甘油脂肪酸酯；硬脂酸钙；聚氧乙烯20 山梨醇酐单油酸酯；聚丙烯酸树脂Ⅱ
其他 10 种	糖萜素；甘露低聚糖；肠膜蛋白素；果寡糖；乙酰氧肟酸；天然类固醇萨洒皂角苷（YUCCA）；大蒜素；甜菜碱；聚乙烯聚吡咯烷酮（PVPP）；葡萄糖山梨醇

注：摘自中华人民共和国农业部第 105 号公告。

附录四　猪饲料、饲料添加剂卫生指标

序号	卫生指标项目	产品名称	指 标	试验方法	备 注
1	砷（以总砷计）的允许量（每千克产品中），毫克	石粉 硫酸亚铁、硫酸镁、磷酸盐 沸石粉、膨润土、麦饭石 硫酸铜、硫酸锰、硫酸钙、氯化钴 氧化锌 鱼粉、肉粉、肉骨粉 猪配合饲料 猪添加剂与混合饲料	≤2 ≤20 ≤10 ≤5 ≤10 ≤10 ≤10	GB/T 13079	不包括国家主管部门批准使用的有机砷制剂中的砷含量 以在配合饲料中20%的添加量计 以在配合饲料中1%的添加量计
2	铅（以Pb计）的允许量（每千克产品中），毫克	猪配合饲料 仔猪、生长肥育猪浓缩饲料 骨粉、肉骨粉、鱼粉、石粉 磷酸盐 仔猪、生长肥育猪符合预混合饲料	≤5 ≤13 ≤10 ≤10 ≤30	GB/T 13080	以在配合饲料中20%的添加量计 以在配合饲料中1%的添加量计
3	氟（以F计）的允许量（每千克产品中），毫克	鱼粉 石粉 磷酸盐 猪配合饲料 骨粉、肉骨粉 猪、禽添加剂预混合饲料 猪浓缩饲料	≤500 ≤2 000 ≤1 800 ≤100 ≤1 800 ≤1 000 按添加比例折算后，与相应猪配合饲料规定值相同	GB/T 13083 HG 2636 GB/T 13083 GB/T 13083	高氟饲料用HG 2636—1994中4.4条 以在配合饲料中1%的添加量计

（续）

序号	卫生指标项目	产品名称	指　标	试验方法	备　注
4	霉菌的允许量（每克产品中），霉菌数×10^3个	玉米 小麦麸、米糠 豆饼（粕）、棉籽饼（粕）、菜籽饼（粕） 鱼粉、肉骨粉 猪配合饲料、猪浓缩饲料	≤40 ≤50 ≤20 ≤45	GB/T 13092	限量使用：40～100 禁用：＞100 限量饲用：40～80 禁用：＞80 限量饲用：50～100 禁用：＞100 限量饲用：20～50 禁用：＞50
5	黄曲霉毒素 B_1 允许量（每千克产品中），微克	玉米 花生饼（粕）、棉籽饼（粕）、菜籽饼（粕） 豆粕 仔猪配合饲料及浓缩饲料 生长肥育猪、种猪配合饲料及浓缩饲料	≤50 ≤30 ≤10 ≤20	GB/T 17480 或 GB/T 13092	
6	铬（以Cr计）的允许量（每千克产品中），毫克	皮革蛋白粉 猪配合饲料	≤100 ≤10	GB/T 13088	
7	汞（以Hg计）的允许量（每千克产品中），毫克	鱼粉 石粉 猪配合饲料	≤100 ≤10	GB/T 13088	
8	镉（以Cd计）的允许量（每千克产品中），毫克	米糠 鱼粉 石粉 猪配合饲料	≤1.0 ≤2.0 ≤0.75 ≤0.5	GB/T 13082	
9	氰化物（以HCN计）的允许量（每千克产品中），毫克	木薯干 胡麻饼、粕 猪配合饲料	≤100 ≤350 ≤50	GB/T 13082	

（续）

序号	卫生指标项目	产品名称	指　标	试验方法	备　注
10	亚硝酸盐（以 $NaNO_2$ 计）的允许量(每千克产品中),毫克	鱼粉 猪配合饲料	≤60 ≤15	GB/T 13085	
11	游离棉酚的允许量（每千克产品中),毫克	棉籽饼、粕 生长肥育猪配合饲料	≤1 200 ≤60	GB/T 13086	
12	异硫氰氨脂（以丙烯基异硫氰酸酯计）的允许量（每千克产品中),毫克	棉籽饼、粕 生长肥育猪配合饲料	≤4 000 ≤500	GB/T 13087	
13	六六六的允许量（每千克产品中），毫克	米糠 小麦麸 大豆饼、粕 鱼粉 生长肥育猪配合饲料	≤0.05 ≤0.4	GB/T 13090	
14	滴滴涕的允许量（每千克产品中），毫克	米糠 小麦麸 大豆饼、粕 鱼粉 生长肥育猪配合饲料	≤0.02 ≤0.2	GB/T 13090	
15	沙门氏杆菌	饲料	不得检出	GB/T 13091	
16	细菌总数的允许量（每克产品中),细菌总数×10^6 个	鱼粉	＜2	GB/T 13093	限量饲用：2～5 禁用：＞5

注：①所列允许量均以干物质含量为88%的饲料为基础计算；②浓缩料、添加剂混合饲料添加比例与本标准备注不同时，其卫生指标允许量可进行折算。

图书在版编目（CIP）数据

轻轻松松学养猪/周元军编著．—北京：中国农业出版社，2010.1

ISBN 978-7-109-14276-3

Ⅰ．轻… Ⅱ．周… Ⅲ．养猪学 Ⅳ．S828

中国版本图书馆 CIP 数据核字（2009）第 228902 号

中国农业出版社出版
（北京市朝阳区农展馆北路 2 号）
（邮政编码 100125）
策划 宋维平 黄向阳
责任编辑 颜景辰
文字编辑 周锦玉

北京中兴印刷有限公司印刷 新华书店北京发行所发行
2010 年 1 月第 1 版 2010 年 1 月北京第 1 次印刷

开本：720mm×960mm 1/16 印张：24.75
字数：424 千字 印数：1～8 000 册
定价：52.00 元